JN046979

Officeによるデータリテラシー

大学生のデータサイエンス

著 松山恵美子・黄海湘・八木英一郎
黒澤敦子・石野邦仁子・堀江郁美

共立出版

【執筆担当者】

第 1 章　　黄 海湘
第 2 章　　石野 邦仁子
第 3 章　　八木 英一郎（3.1-3.5），石野 邦仁子（3.6）
第 4 章　　松山 恵美子
第 5 章　　石野 邦仁子
第 6 章　　黒澤 敦子
第 7 章　　堀江 郁美
第 8 章　　黄 海湘
第 9 章　　松山 恵美子

教材データサービスのご案内

本書で使用している練習問題ファイルとデータベースファイルは，以下のサイトからダウンロードできます。どうぞご活用ください。

www.kyoritsu-pub.co.jp/bookdetail/9784320124837

Windows10, Windows11, Microsoft Office, Word2019, Excel2019, PowerPoint2019, Access2019, Microsoft Edge は，米国 Microsoft Corporation の米国およびその他の国における登録商標または商標です。

まえがき

2020年3月以降，新型コロナウイルス感染症の感染拡大防止を目的とし，多くの大学においては遠隔授業やオンライン授業と対面授業とのハイブリッド等の教育形態となった。義務教育課程においても同様で，これまでにはない教育形態の実践が求められた。これらの対応を受け，2023年度までを目標としていた「GIGAスクール構想」は，学びを提供する多くの教育の場でネットワーク，Web会議システム等が活用できる環境への整備が急速に前進した。教職課程においてはICT活用指導ができる教員養成の充実が求められ，すべての学部においてデータに基づいた判断や提案ができる基礎力養成としてデータサイエンス関連の科目設置等，新たな情報教育の時代に突入した。本書は学生自らが考えて活用できるテキストを目指し，事前事後学習も視野に入れた多くの練習問題をWeb上に用意するとともに今後は必要に応じて説明動画についてもアップしていく。

本書で扱うOSはMicrosoft Windows10，アプリケーションソフトウェアはMicrosoft Office 2019のWord 2019，Excel 2019，PowerPoint 2019，Access 2019を基本としているが，Microsoft Office 2021，Microsoft 365においても十分学習できる内容となっている。様々な環境下で学ぶ学生への理解としてOSについても触れていくとともに，クラウドサービスを利用する際のアカウントおよびWeb会議システムについても網羅した内容となっている。

第1章から第9章までの各章について簡単に述べる。

第1章は「Windowsの基礎」の解説である。基礎となるコンピューターの構成やコンピューターの種類への理解，データの容量，ファイル管理，文字入力，保存といったPCを安全に利用していく基本的な機能・操作について学ぶ。

第2章は「Officeの基礎」の解説である。Officeの各アプリケーションに共通する機能・操作について学ぶ。画像，図形，表，グラフといったオブジェクトについて学ぶことで，第4章以降への学びに繋げていく。

第3章は「インターネット」の解説である。インターネットを利用した様々なサービス，情報セキュリティについて，その他にSNSを利用する際の情報倫理などを学ぶ。インターネットの歴史についても学ぶ。またクラウドサービスの活用，アカウント，ネットワークドライブについても詳細に学ぶ内容となっている。

第4章は「Wordの活用」の解説である。ビジネス文書の作成から印刷までを基本として，さらに表や画像，図形を取り込んだ文書の作成，レポートなど長文には欠かせない機能について学ぶ。

第5章は「Excelの活用」の解説である。ワークシートの概念，入力からグラフ作成までを基本として，計算式や関数の利用には欠かせない知識については例題と練習問題を繰り返すことで理解を深めながら学ぶ。

第6章は「PowerPointの活用」の解説である。効果的なプレゼンテーションを行うためのスライド作成や全体の構成等および発表に向けたリハーサルの大切さについて学ぶ。またスライドへの音声の挿入やプレゼンテーションを動画として保存する手法などについても学んでいく。

第7章は「データベースの活用」の解説である。第5章で学んだExcelの基礎を土台として大量のデータを取り扱うためのデータベース機能について学び，次にAccessでのデータベースの活用を学ぶ。実データを利用し，大量のデータの分析手法を学ぶ。

第8章は「データサイエンスの基礎」の解説である。データを分析する目的を理解し，文字データと数値データなどデータサイエンスを理解する上で必要な基礎知識を学ぶ。次の段階で分析に必要な統計の基礎としてデータの収集やデータの前処理などを学習していく。

第9章は「Excel記録マクロの活用」の解説である。Excelの基礎の理解があれば活用できる。毎回同じ処理が必要な作業については，一連の流れを記録し，ボタンから実行する手法を学ぶ。1クリックで瞬時に結果を得ることができるので，是非学んでいただきたい。

本書の執筆では，できるかぎり用語や表現を統一するよう心掛けたが，皆様にはご満足いただけない点もあるかと懸念している。お気づきの際は忌憚のないご意見をいただきたい。より良い進化を目指し，今後へと繋げていく所存である。

最後に，練習問題へのご協力をいただいた株式会社プラムシックスの室井恭子氏，旭紀美氏，野尻美香氏，そして本書の完成までいろいろとお世話をいただいた共立出版株式会社の中川暢子氏，時盛健太郎氏に深謝する。

2022年2月

著者一同

目　次

1　Windows の基礎

この章は，コンピューターの基礎を学び，Windows が搭載されたパソコン（以降，PC）の基本的な知識と操作方法，および活用していくための技法や PC を扱うための基礎を身に付けることを目的とする。基本とする Windows は Windows 10 である。様々な PC 用語を学ぶと同時に，ファイルの保存と管理，トラブルシューティング（困った場合の対処法）についても学習していく。本章では PC を活用していくための基本的スキルの習得を目指していく。

1.1　コンピューターの基礎

コンピューターは，計算機（あるいは電子計算機）とも呼ばれ，あらかじめ決められた手続きに従ってデータを処理する装置である。1946 年，アメリカのペンシルベニア大学で開発された「ENIAC（エニアック）」が世界最初と言われている。当初は主に科学計算を目的としていた。技術の進歩により，計算以外に，文字，画像，動画など，様々なデータの処理ができるようになって，今は我々の生活の基盤として欠かせない装置になっている。

1.1.1　コンピューターの構成

コンピューターで情報を処理する場合は，まず対象データの入力から始まる。次に必要な処理を行って，最後に結果を出力する。典型的なコンピューターは５つの機能を備えていると言われている。「入力」，「出力」，「記憶」，「演算」，「制御」である。これらの機能を担当する装置は以下のようになっている。一般的にはコンピューターのハードウェアと呼ぶ。

- 入 力 装 置：「入力」をつかさどる。例えば，キーボード，マウスなどである。
- 中央処理装置：「演算」と「制御」をつかさどる。CPU（Central Processing Unit）とも呼ぶ。
- 記 憶 装 置：「記憶」をつかさどる。主記憶装置と補助記憶装置に分けられる。主記憶装置はメモリーとも呼ばれ，補助記憶装置は外部記憶装置とも呼ぶ。ハードディスクや USB フラッシュメモリーなどは補助記憶装置である。
- 出 力 装 置：「出力」をつかさどる。例えば，ディスプレイ，プリンターなどである。

コンピューターの内部では，マザーボードと言われている基板で各装置をつなげている。一般的には，上記装置の中で、コンピューターの処理速度に強い影響を及ぼすのは CPU とメモリーである。CPU の速さは演算の速度を決める。メモリーの大きさは同時処理できる手続きの数を決める。なお，コンピューター内の情報表現は２進数を利用している。情報量の多さは bit（ビット）や byte（バイト）を使って表す。２進数については 1.2 節後のコラムを参照されたい。

1.1.2　コンピューターの種類

コンピューターは様々な観点から分類することができる。規模や処理速度，用途などに着目すると以下のような種類がある。

(1)　スーパーコンピューター

処理・演算を行うCPUを数千〜数万個使い，高い計算能力と処理能力を持つコンピューターである。主に気象観測や宇宙開発などの用途で使われている。

(2)　汎用コンピューター

事務処理や科学計算など，あらゆる処理に利用可能な大型コンピューターである。「メインフレーム」とも呼ぶ。特にネットワークにつながっている場合は「ホストコンピューター」の役割もある。

(3)　パーソナルコンピューター

我々が普段よく使うコンピューターである。主に個人で利用することを想定して作られたコンピューターである。「パソコン（PC）」ともいわれ，本書の説明対象である。パソコンの形態として，デスクトップ型，ノート型，一体型などがある。

(4)　マイクロコンピューター

家電製品，自動車，自販機などに搭載されている小さな1枚の基板から構成しているコンピューターである。

(5)　サーバ

メールやホームページなどのネットワークサービスを提供するコンピューターである。

上記5つの種類以外には，iPadのような携帯端末やスマートフォンなども立派なコンピューターである。さらに，運動や健康などを測定するウェアラブル端末も一種のコンピューターである。

1.1.3　ソフトウェア

コンピューターを動かすためには，ハードウェアを組み立てるだけではできない。ソフトウェアが必要である。コンピューター中のソフトウェアは大きく2種類に分けられる。

1つは，**OS（Operating System）**である。主にキーボードやディスプレイ，プリンターといった入出力機能やディスクやメモリーの管理など，コンピューターのハードウェア全体を管理する。そのため「基本ソフトウェア」とも呼ぶ。本書で説明するPC環境のOSはWindowsである。WindowsにはWindows 7，Windows 8.1，Windows 10，Windows 11などの名称が付けられ，名称によってOSのバージョンがわかる。新しいバージョンになるに従い新たな機能が追加されていく。したがって，使っていて何らかのトラブルが起こった場合の対処法はOSによって異なる部分がある。自分のPCのOSを正しく把握して利用していくことは基本のひとつといえる。1.2節後のコラムでOSの種類について紹介している。

もう1つは，アプリケーションである。基本ソフトウェアとなるOSが提供する機能を使い，何らかの専門性に特化した機能を提供するソフトウェアである。「応用ソフトウェア」とも呼ぶ。本書で扱うアプリケーションは，文書の作成に特化したWord，計算やグラフの作成に特化したExcel，プレゼンの機能として特化したPowerPoint，大量のデータ処理に特化したAccessである。これらはOffice（オフィス）と呼ばれる商品群に含まれている。Officeは提供形態により商品群に含まれるアプリケーションが異なる。Officeの商品群として他にはニュースレターやパンフレット等の作成に特化したPublisher，メール機能に特化したOutlookなどがある。図1.1.1はコンピューターのハードウェアと基本ソフトウェアおよび応用ソフトウェアの関係を示している。

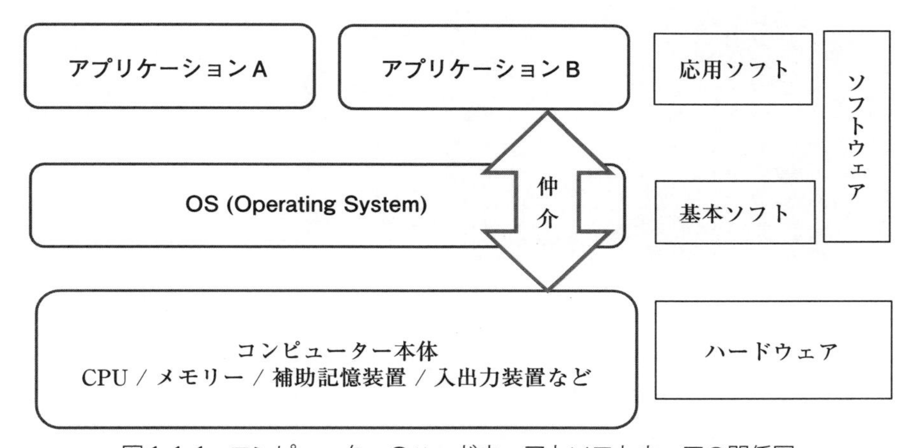

図1.1.1　コンピューターのハードウェアとソフトウェアの関係図

練習問題1.1　URL参照

1.2　Windowsの基本操作

Windowsの基本的な使い方と，本書で説明するWord，Excel，PowerPoint，Accessなどのアプリケーションに共通するいくつかの機能について学習する。

1.2.1　Windowsの初期画面

図1.2.1左図はWindows 10のスタート画面になる。図1.2.1右図は新バージョンのWindows 11のスタート画面で，Windowsスタートのボタンは Windows 10の左隅から中央に変更され，メニューの表示形式も変更になった。このように，バージョンが変わると画面構成や文言が変わることはあるが，基本的な操作に大きな変更はない。Windowsのバージョンに左右されない基本的な考え方を理解することが大切となる。

また Windowsでは，これまでの Windows環境で利用されていた「**ローカルアカウント**」でサインインする方法と，「**Microsoftアカウント**」でサインインする方法という2通りの利用が可能となっている。Windows にはクラウドサービスの機能が OS に統合されているが，ローカルアカウントでのサインイン時は利用できないなど，一部の機能に制限がかかる。Windows を利用する環境によっては本書の内容とは一部異なる場合もある。本書では，ローカルアカウントでサインインし，マウスとキーボードを利用するデスクトップ画面の環境下に基づいた解説を進めていく。

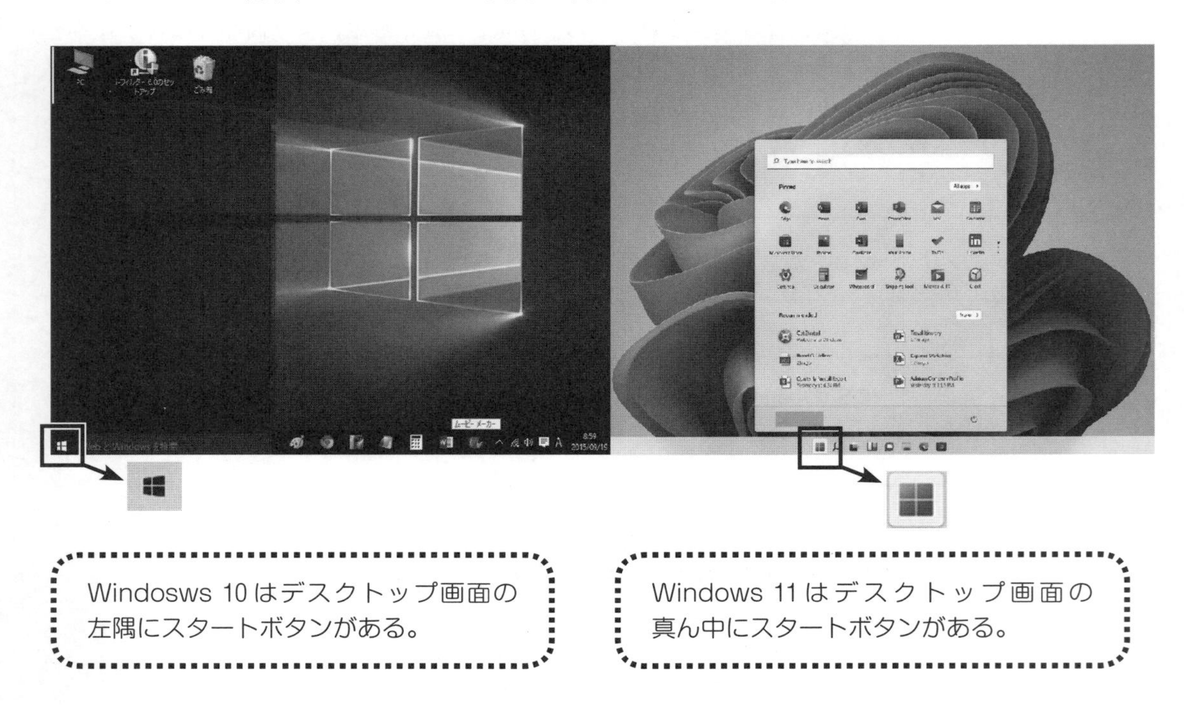

図 1. 2. 1　Windows 10 のスタート画面と（左）と Windows 11 のスタート画面（右）

1.2.2　Windows の起動と終了

PC の電源を入れ，サインインすると図 1.2.1 のようなスタート画面が表示される。ここではデスクトップ画面からの終了方法について学習する。

操作 1.2.1　Windows 10 の終了

1．スタートボタンをクリックし，メニューから〔電源〕をクリックする（図 1.2.2）。
2．〔スリープ〕〔シャットダウン〕〔再起動〕から該当の終了方法をクリックする。

・**サインアウト**：サインインして利用していた人の処理は終了するが，電源はオンにしておく場合に使用する。続けて新たな人がサインインして利用することができる。
・**スリープ**：少しの間 PC から離れ，すぐ利用する場合に使用する。電源ボタンを押すと離れたときの状態で表示される。
・**シャットダウン**：完全に電源を切る場合に使用する。
・**再起動**：一度完全に電源を切ったあとに，再び起動する場合に使用する。

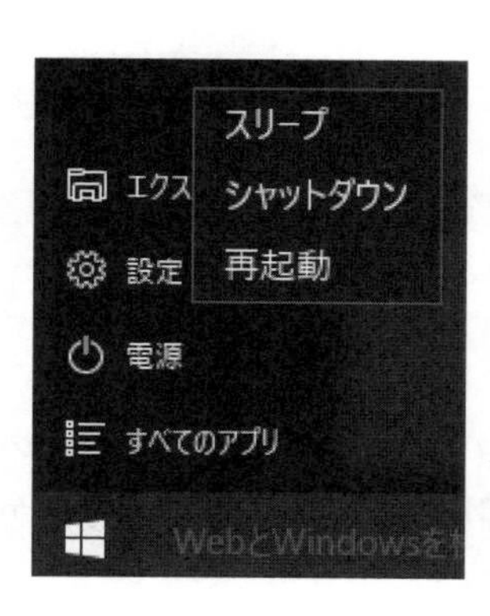

図 1.2.2　Windows 10　スタートメニューと終了

1.2.3　アプリケーションの起動

Windows が提供する**アプリケーション**には Office のほかにも絵が描けるだけでなく，画像のトリミングや編集ができる「**ペイント**」や文字のみの文書が作成できる「**メモ帳**」などがある。

図 1.2.2 のように，Windows 10 では利用したアプリケーションはスタート画面の上部に表示される。ペイントとメモ帳は Windows **アクセサリ**のフォルダーから起動する。

操作 1.2.2　Windows 10 アプリケーションの起動

1. スタートメニューを表示し，一覧から該当アプリケーション名をクリックする。該当アプリケーション名がない場合は，〔すべてのアプリ〕をクリックして選択する。

1.2.4　アプリケーションの切り替え

アプリケーションの切り替えについて，キーボードからの**ショートカットキー**で表示される **Windows フリップ**とマウスから行う方法について学習する。

操作 1.2.3　アプリケーションの切り替え

1. 次のいずれかの方法で起動する。

方法 1（マウスでの方法）

タスクバーアイコンから該当のアプリケーションをクリックする。

方法 2（キーボードでの方法：ショートカットキーの利用）

Alt キーを押しながら Tab で切り替える（図 1.2.3）。

図 1.2.3　Windows フリップによるアプリケーションの切り替え

1.2.5　マウスによるウィンドウ操作

複数のウィンドウを同時に開くことは可能だが，作業できるウィンドウは1つであり，そのウィンドウのことを**アクティブウィンドウ**という。ウィンドウ操作は環境により幾通りかの方法があるので，環境に適した方法を選択する。メモ帳を起動し，ウィンドウ操作を学習していく。

(1) ウィンドウの最小化・元に戻す（縮小）・閉じる

画面右上のボタンからは，以下の操作内容を確認し，該当ボタンを選択する。

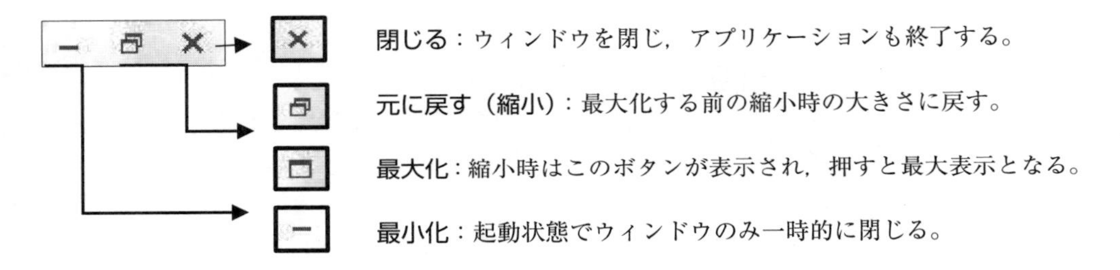

図 1.2.4　画面右上のボタンからのウィンドウ操作

アクティブウィンドウの**タイトルバー**（アプリケーション名が表示されているバー）をマウスでドラッグ（マウスの左ボタンを押したまま動かす）しても同じことができる。

・**縮　小**：タイトルバーをドラッグする（最大表示の状態から縮小する場合）。
・**最大化**：タイトルバーを上にドラッグする。
・**最小化**：タイトルバーを下にドラッグする。

(2) ウィンドウの移動

タイトルバーを移動方向にドラッグする。

(3) ウィンドウの大きさを変える

ウィンドウの周辺をポイントし，マウスポインタの形状が両矢印の状態でドラッグする。

(4) アクティブウィンドウ以外のウィンドウの最小化と復元

アクティブウィンドウのタイトルバーを左右にドラッグして振ると，アクティブウィンドウ以外のウィンドウが最小化となる。再度，同じ操作を行うと元の状態に復元する。

(5) 複数のウィンドウの最小化と復元

タスクバー右端に表示されている日付と時刻の右側をクリックすると，起動しているウィンドウすべてが最小化される。再度クリックするとウィンドウは復元される（図1.2.5）。

図1.2.5　タスクバーの右端

(6) ウィンドウをディスプレイの左右半分に表示

縮小した状態でタイトルバーを左端または右端までドラッグする（図1.2.6）。

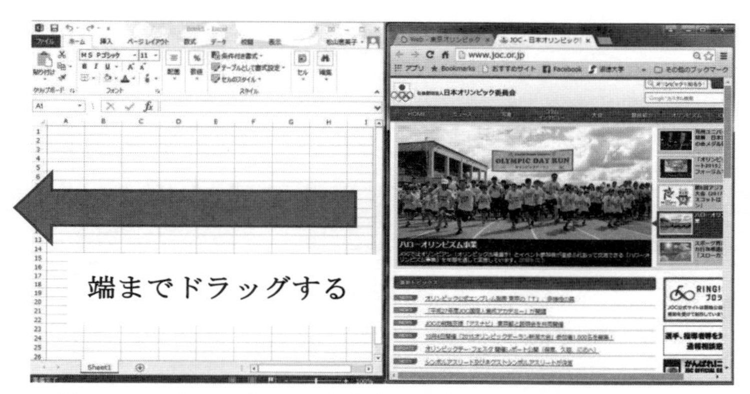

図1.2.6　ディスプレイの左右半分の大きさで表示された状態

1.2.6　PCの環境設定

PCの環境の確認，また設定を変更するには**コントロールパネル**から行う。デスクトップの表示方法や接続しているプリンターの状態確認，不要となったアプリケーションの削除（**アンインストール**）などができる。共同でPCを利用する環境では制限がある。自宅のPCで確認しよう。

操作1.2.4　コントロールパネルの表示

1．スタートボタンを右クリックし，一覧から〔コントロールパネル〕をクリックする。

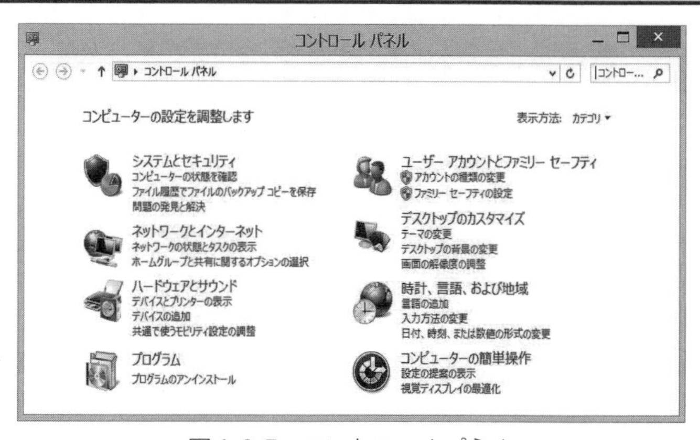

図1.2.7　コントロールパネル

1.2.7　PCと保存状態の確認

エクスプローラーを図1.2.8の①のボタンから起動するとWindowsが内蔵している**ファイルやフォルダー**の状態を確認できる。ファイルやフォルダーはアイコンとファイル名で表示される。ファイルとは入力した文書やデータなどのまとまった情報のことであり，作成したアプリケーションでアイコンが異なる。フォルダーとは関連するファイルをまとめて保存する場所であり，フォルダーのなかにサブフォルダーを作成することもできる。図1.2.8の左側のナビゲーションウィンドウから選択すると，詳細が右側に表示される。図1.2.8はPCが選択され，そこには6個のフォルダーが存在していることがわかる。

「デバイスとドライブ」のローカルディスク（C:）と（D:）は「ドライブ」と呼ばれ，Windowsのプログラムやアプリケーションのプログラムなどが保存されている。その他にもPCに接続されているドライブが表示される。

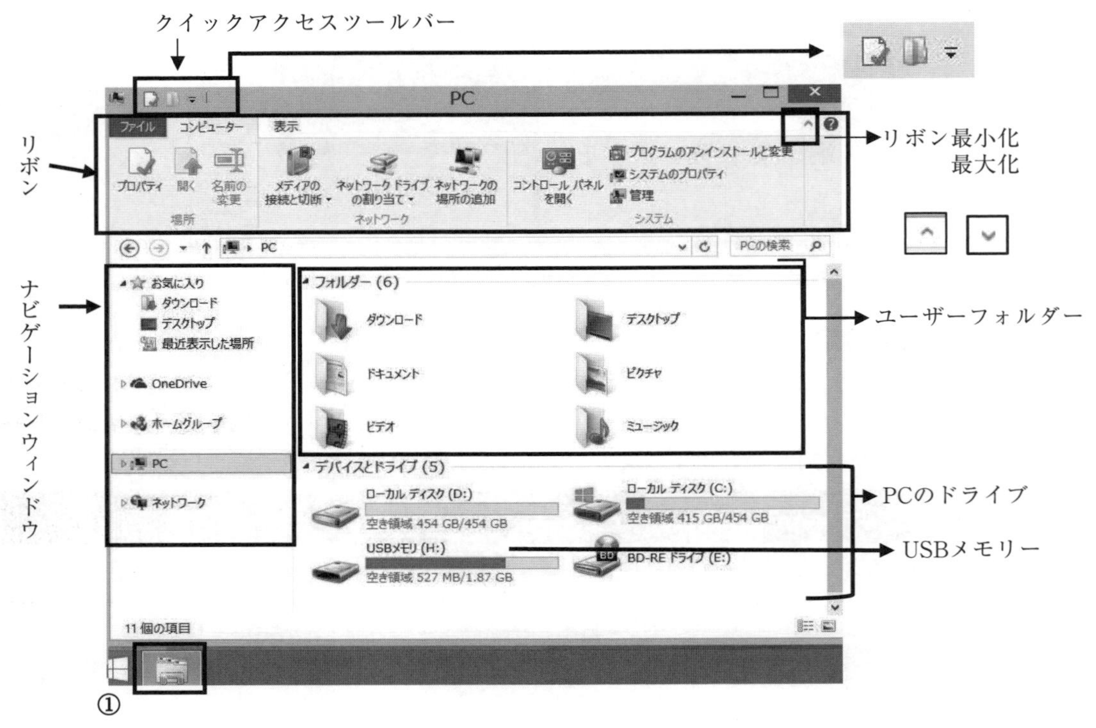

図1.2.8　エクスプローラーの初期画面と部位名称

(1) 画面構成

エクスプローラーの画面構成はWordやExcel，PowerPointにも共通する**リボンインターフェース**となっている。リボン上部にある「ファイル」，「コンピューター」，「表示」は**タブ**といい，クリックすると関連する機能がグループごとにまとまっているリボンが表示される。名称を覚えよう。

(2) クイックアクセスツールバー

頻繁に利用する機能のアイコンを設定する。右側の▼をクリックすると図1.2.9のようなメニューが表示される。チェックが付いている項目が**クイックアクセスツールバー**に表示される。

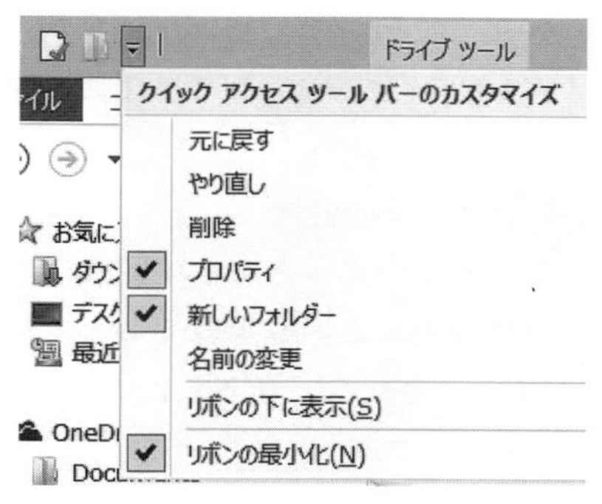

図 1.2.9　クイックアクセスツールバー

(3) ファイル名と拡張子

ファイル名は「ファイルの名前」と「.（ピリオド）」と「拡張子」という構成からなる。拡張子は作成したアプリケーションで決まるため，拡張子を削除するとファイルとアプリケーションの関連付けができなくなる。

図1.2.10はエクスプローラーの〔表示〕タブから〔詳細〕レイアウトを選択した場合の状態である（①参照)。ファイルやフォルダーを表示するレイアウトには「詳細」の他にも〔特大アイコン〕〔小アイコン〕などがあり，その表示内容も異なる。初期設定では拡張子は非表示となっているが，図1.2.10②から表示することができる。

操作 1.2.5　拡張子の表示／非表示

1. エクスプローラーを起動し，保存場所を指定する（図1.2.10)。
2. 〔表示〕タブの〔表示／非表示〕グループの〔ファイル名拡張子〕にチェックを入れると，拡張子が表示される。同様の操作で非表示となる。

表 1.2.1　主なアプリケーションと拡張子一覧

Word … docx doc	PowerPoint … pptx ppt	ペイント … jpg jpeg png gif bmp
Excel … xlsx xls	メモ帳 … txt	

図 1.2.10　拡張子の表示

1.2.8 ファイルの容量と記録メディア・オンラインストレージ

Windows で作成したファイルを**記録するメディア**とファイルの**容量**について学習する。

(1) ファイルの容量

ファイルの大きさを示す**容量**はエクスプローラーから確認できる。容量の単位で最も小さいのは **1b（ビット）**という単位である。8b で半角文字 1 文字分の **1B（バイト）**となる。全角 1 文字は 2B（バイト）となる。表 1.2.2 に単位の一覧を示す。

表 1.2.2　容量の単位の一覧　（※ 1.2 節最終ページのコラムを参照）

<table>
<tr><td>1KB（キロバイト）= 1024B</td><td rowspan="4">コンピューターは 2 進数で処理されるため，
2 の 10 乗 = 1024B
を基本として単位が定められている。
（小）　B ＜ KB ＜ MB ＜ GB ＜ TB　（大）</td></tr>
<tr><td>1MB（メガバイト）= 1024KB</td></tr>
<tr><td>1GB（ギガバイト）= 1024MB</td></tr>
<tr><td>1TB（テラバイト）= 1024GB</td></tr>
</table>

(2) 記録メディア・オンラインストレージ

ファイルを保存する**記録メディア**としては，PC の場合は保存の初期設定がこれまでの PC 内蔵の「ドキュメント」からクラウドの OneDrive に変わった。大学や企業など PC を共同で利用する環境の場合は，指定された保存場所以外はシャットダウン時に削除されるので気を付ける。

保存できる記録メディアには **CD** や **DVD**，**BD（Blu-ray Disc）**，**SD カード**，**USB フラッシュメモリー**などがある。記録する内容や容量，利用目的により使い分ける。

■光ディスク（CD，DVD，BD）

ディスクにレーザー光線でデータを記録・読み取る記録メディアであり，以下の種類がある。

表 1.2.3　光ディスクの種類

記録メディア	容量	備考
CD	700MB	静止画像や文書やデータの保存や受け渡しをする際などに使用する
DVD	4.7GB	標準画質の動画であれば 2 時間，ハイビジョンでは 40 分程記録できる
BD	25GB	約 3 時間のハイビジョン動画の記録ができる　BD 対応の機種が必要

（注）容量はあくまでも標準であり，各記録メディアの種類によって異なる。

■フラッシュメモリー

USB フラッシュメモリーや SD カードなどのメモリーカード類を総称してフラッシュメモリーと呼ぶ。USB フラッシュメモリーは PC の USB 端子に挿入して利用する。持ち運びも容易で使いやすい反面，紛失しやすい面もあるので注意する。SD カードはデジタルカメラやゲーム機，スマートフォンなどに利用されている。SDHC や SDXC など多くの種類があるので確認して利用する。

操作1.2.6　USBフラッシュメモリーの取り外し

1. 通知領域の〔ハードウェアを安全に取り外してメディアを取り出す〕をクリックする。
2. 一覧から該当USBメモリーを選択する。メッセージを確認して外す。

■オンラインストレージ

データの保存先はPCのハードディスク，あるいは外付けの記録メディアとなる。そして，クラウドのOneDriveのようなオンラインストレージも利用できる。オンラインストレージの場合では，契約する必要があり，インターネットさえつながっていれば利用できる利点がある。OneDrive以外では，代表的なオンラインストレージとしてGoogle DriveやDropboxが挙げられる。

1.2.9　PCを安全に使うには

Windowsはセキュリティ機能が強化されており，Windows 8.1以降はWindows Defenderというセキュリティソフトが導入され，ウイルス対策ソフトの機能を持ち合わせウイルス検知だけでなく駆除まで行う機能がある。しかし，ウイルスやスパイウェアなど悪意のあるソフト（マルウェア）の脅威から身を守るためには，市販のセキュリティソフトを利用するなどの対応が必要となる。

(1)　ウイルス対策ソフトの利用

ウイルス対策ソフトはウイルスの情報を持つ**ウイルス定義ファイル**をもとに対処するため，常に最新版の状態で利用しないといけない。また，定期的にハードウェアのスキャンを実施していく。

(2)　Windows Updateの利用

Windowsは人間が作成したプログラムからなるので，後になって欠陥やバグ（問題点）が見つかることがある。それらのバグはWindows Updateにより，脆弱部分の補強やプログラムの修正などがされる。PCの環境を常に最新の状態を保つには継続的にUpdateを適用することが大切となる。

(3)　PC内のソフトウェアを最新に保つ

PCにインストールされているソフトウェアについても，常に**最新版の状態**を保つよう心がける。

1.2.10　トラブルシューティング

PCの利用中にマウスやキーボードを操作しても突然何の反応もない状態になる場合がある。この現象を**フリーズ**と呼ぶ。原因は作業内容により異なるが，頻度が多い場合は原因を確認し，対処法を調べる必要がある。起動している**アプリケーションの強制終了**の方法を学ぶ。

操作1.2.7　アプリケーションの強制終了

1. Ctrlキーと Altキーと Deleteキーを同時に押し，〔タスクマネージャー〕を選択する。起動しているアプリケーションの一覧が表示される。
2. 終了するアプリケーション名を選択して〔タスクの終了〕をクリックする（図1.2.11）。

図 1.2.11　タスクマネージャー

その他の対処法：
　PC の長時間使用により内部に電気が溜り過ぎすると動作が不安定になる場合があるので一度放電し，再度接続する。
　周辺機器（プリンターなど）も外してみるのも良い。

放電方法：
　デスクトップ PC
　　コンセントを抜き 2 分ほど放置する。
　ノート PC
　　コンセントを抜き，バッテリーを外し 2 分ほど放置する。

練習問題 1.2　URL 参照

コラム

◆コンピューターは2進数？

コンピューターは電流が流れる「1」，流れない「0」の 2 通りで処理されるため「2 進数」が基本となります。コンピューターの最も小さい単位を「bit」といいます。1bit の情報量は「0」「1」の 2 種類ですが，2bit だと「00」「01」「10」「11」と 4 種類になります。1bit 増えるごとに情報量も 2 倍になることがわかります。

アルファベットの 26 文字と良く使う記号を含めると，「2 の 8 乗＝ 256」種類が必要だったため，「8bit ＝ 1B（バイト）」がコンピューターの基本となりました。

USB フラッシュメモリーの容量には「64MB」「256MB」といった数字がみられます。64 は 2 の 4 乗，256 は 2 の 6 乗とすべて 2 の n 乗が情報量になっています。

◆ Windows 32bit 版？　64bit 版？

コンピューターには CPU（Central Processing Unit の略）と呼ばれる頭脳にあたる部品があります。コントロールパネルの【システム】から【バージョン情報】を開くと，OS が 32bit 対応か 64bit 対応かを確認できます。

32bit では 2 の 32 乗，64bit では 2 の 64 乗と一度に処理できる情報量が 10 億倍程異なります。PC の CPU の性能により 64bit に対応できないものもあります。

ソフトウェアも同様で，32bit 版と 64bit 版があります。64bit 版ソフトウェアは 64bit 対応 OS 上では機能をフルに発揮できますが，32bit 対応 OS 上では動かない場合もあります。自分の PC がどのようなシステムかを正しく確認して利用することが重要です。

◆ OS は Windows のみ？

コンピューターには様々な OS が開発されている。主なものは以下の通りである。

OS	説明
Unix	1960 年代に開発された OS である。90 年代までに一番よく利用されている OS である。
Windows	マイクロソフト社が開発した OS である。1995 年発売の Windows 95 からはじめ，現在の最新バージョンは Windows 10 である。PC で一番よく使用されている OS である。
Mac OS	アップル社製 PC 用 OS である。iMac や MacBook などに搭載されている。近年では，Unix がベースになっている。
Linux	世界中の有志によって開発されたフリーの OS（GPL ライセンス）である。開発ポリシーによって，様々な「ディストリビューション」という形態で提供されている。
iOS	iPhone に搭載されている携帯電話用 OS である。
Android	Google 社が携帯情報端末のために開発した OS である。Linux がベースになっている。

1.3　文字入力

Windowsで日本語を入力するにはMicrosoft IME（Input Method Editor）という入力システムの環境が必要である。これは言語バーとも呼ばれ，非表示設定するとWindowsのタスクバーに収められている。タスクバー右端にある通知領域のMicrosoft IMEが「A（半角）」表示の場合は日本語入力システムがオフ，「あ」「カ」表示の場合はオンであり日本語の入力が可能な状態である。このMicrosoft IMEを右クリックすると，図1.3.1のような一覧が表示される。日本語入力システムのオン・オフの切り替えはキーボードの 半角／全角 キーからもできる。

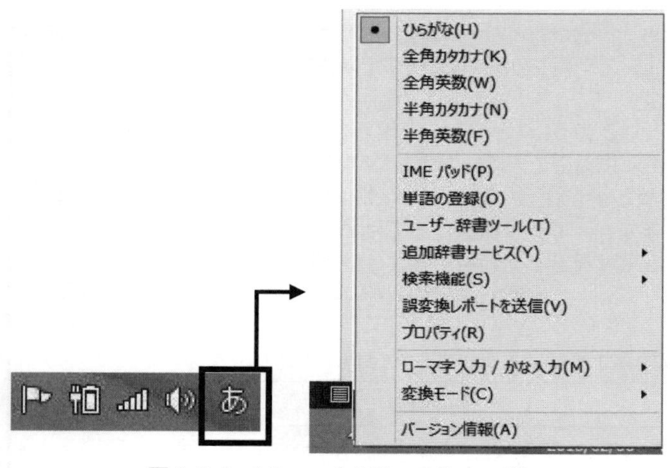

図 1. 3. 1　Microsoft IME　の入力一覧

ひらがなは全角のみ。
英数，カタカナ，記号には
全角文字と半角文字がある。

全角英数：ＡＢＣＤＥ
　　　　　１２３４５
半角英数：ABCDE
　　　　　12345
全角カタカナ：アイウエオ
半角カタカナ：ｱｲｳｴｵ
全角記号：！”＃＄％＆
半角記号：!”#$%

1.3.1　文字入力の基本

文字入力の方法には**ローマ字入力**と**かな入力**がある。図1.3.1の〔ローマ字入力／かな入力〕から切り替えられる。本書はローマ字入力を基本とする。文字入力は Enter キーで確定される。

(1) 大文字の英字を優先した入力

Shift キーを押しながら Caps Lock キーを押しCaps Lockを有効にすると，そのままの状態で英字キーを打つと大文字，Shift キーと英字キーを打つと小文字の英字が入力される。同様の作業でCaps Lockが無効となる。

(2) 漢字の入力

ひらがなを入力し，Space バーで漢字に変換する。変換文字の一覧から該当文字を選択する。

表 1.3.1　文字入力の一覧表

文字種	入力方法
ひらがな	文字を入力して確定
全角カタカナ	ひらがなで入力して F7 キーで変換後に確定 全角カタカナを選択し，全角カタカナで入力して確定
半角カタカナ	ひらがなで入力して F8 キーで変換後に確定 半角カタカナを選択し，半角カタカナで入力して確定
全角英数	ひらがなで入力して F9 キーを押し，全角英数に変換後に確定 全角英数を選択し，英字の大文字は Shift キー＋英字で入力後に確定
半角英数	ひらがなを入力して F10 キーを押し，半角英数に変換後に確定 半角英数を選択し，大文字は Shift キー＋英字で入力後に確定
記号	Shift キーと記号で入力後に確定
拗音	小さい文字は「X」または「L」の後に入力する。「ぁ」は XA,「ぅ」は XU 次の文字の子音を重ねて入力する。「きって」は，KITTE,「はっぱ」は HAPPA
長音記号	「ほ」のキー
文字の削除	カーソルの左側の文字を削除する場合は Back Space キー カーソルの右側の文字を削除する場合は Delete キー 長い文字列を削除する場合は、文字列を選択後 Delete キー

(3) 読みがわからない漢字の入力

IME の右クリックから〔IME パッド〕を選択すると **IME パッド - 手書き**画面となる（図 1.3.2)。左側の白い箇所にマウスで書いていくと，右側に漢字の候補の一覧が表示される（図 1.3.3)。一覧から該当漢字をポイントすると漢字の音読みと訓読みが表示され，クリックするとカーソルの位置に該当漢字が挿入される。その他に，総画数，部首から入力する方法もある。

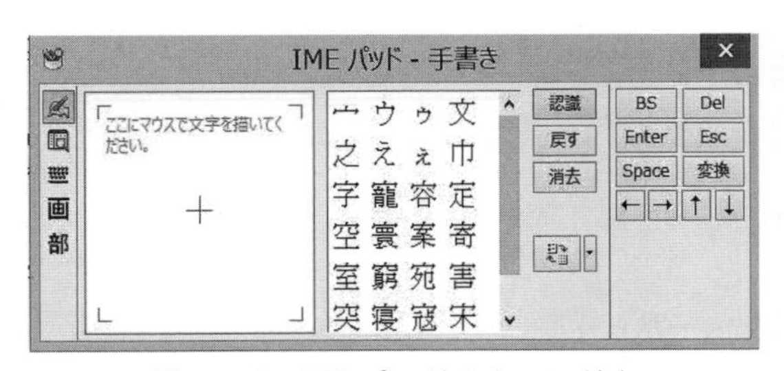

図 1.3.2　IME パッドのウィンドウ

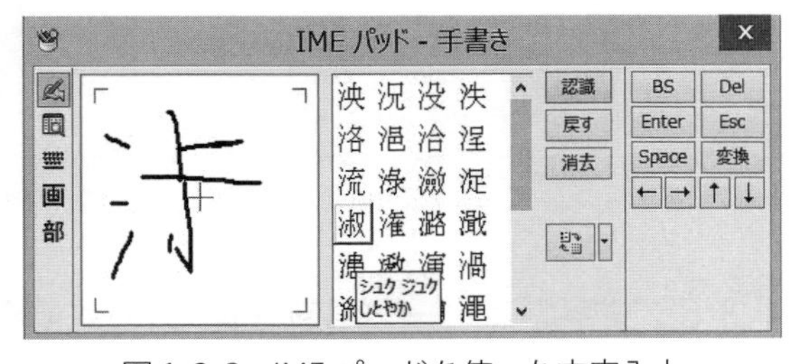

図 1.3.3　IME パッドを使った文字入力

(4) 郵便番号から住所に変換

全角の数字で郵便番号を入力し，Space バーを押し，変換された住所を選択して確定する。

1.3.2　文字の選択

Windowsで何らかの処理をするには，その対象箇所を**選択**した後に指示を行う。同じ処理を複数箇所に行う場合，同時に選択しておくと一度の操作で処理できるなど効率的に作業を進めることができる。ここでは文字列の選択について学習するが，文字列以外の選択にも共通する手法である。

操作 1.3.1　文字の選択

対象が隣接している場合（図1.3.4）

1．1行目（1つ目）の対象を選択し，最終行（次の対象）を Shift キーを押しながらクリックすると，その間の内容すべてが選択される。

対象が離れている場合（図1.3.5）

1．1つ目の対象を選択し，次の対象からは Ctrl キーを押しながら選択する。

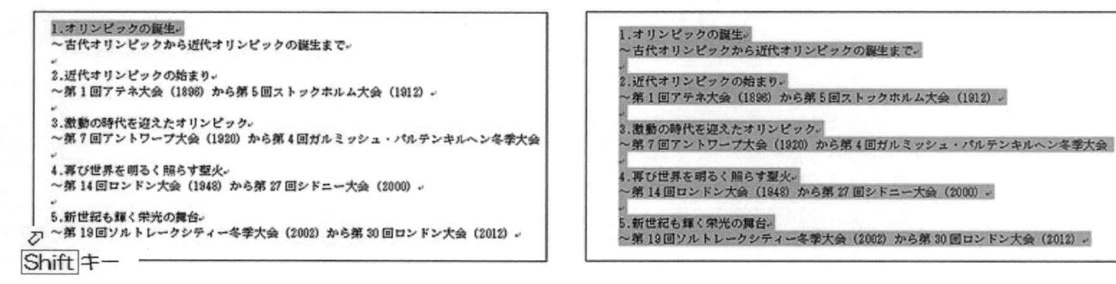

図1.3.4　対象が隣接している場合の選択

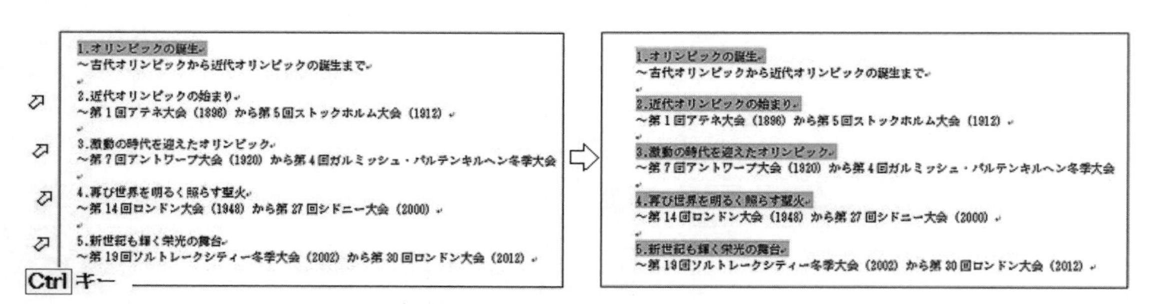

図1.3.5　対象が離れている場合の選択

1.3.3　文字のコピー・移動・貼り付け（メニューバー）

ここではWindowsに搭載されているメモ帳で，文字列を**コピー**して**貼り付け**る方法，また他の箇所に**移動**する方法を学習する。エクスプローラーやOfficeの画面構成はリボンインターフェースであるが，メモ帳は以前のメニューバーの画面構成である（図1.3.6）。メニューバーの〔編集〕をクリックすると図1.3.7のようなプルダウンメニューが表示される。

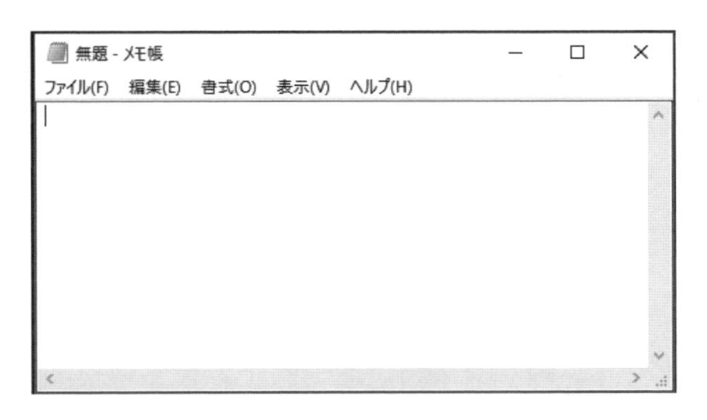

図 1.3.6　メモ帳の初期画面（メニューバー）

編集(E)
元に戻す(U) Ctrl+Z
切り取り(T) Ctrl+X
コピー(C) Ctrl+C
貼り付け(P) Ctrl+V
削除(L) Del
検索(F)... Ctrl+F
次を検索(N) F3
置換(R)... Ctrl+H
行へ移動(G)... Ctrl+G
すべて選択(A) Ctrl+A
日付と時刻(D) F5

図 1.3.7　編集のプルダウンメニュー

操作 1.3.2　コピー

1. 対象を選択し〔編集〕メニューの〔コピー〕をクリックする。
2. 該当箇所にカーソルを移動し，〔編集〕メニューの〔貼り付け〕をクリックする。

操作 1.3.3　移動

1. 対象を選択し〔編集〕メニュー〔切り取り〕をクリックする。
2. 該当箇所にカーソルを移動し，〔編集〕メニューの〔貼り付け〕をクリックする。

ショートカットキーからの操作
コピー：Ctrl キーを押しながら C キー　貼り付け：Ctrl キーを押しながら V キー
切り取り：Ctrl キーを押しながら X キー　上書き保存：Ctrl キーを押しながら S キー

1.3.4　保存（メニューバー）

ここでは Windows に搭載されているメモ帳で，ファイルを保存する方法を学習する。最初に保存する場合，または保存場所や別のファイル名で保存する場合は「名前を付けて保存」で保存する。保存場所，ファイル名がそのままの場合は〔ファイル〕メニューの〔上書き保存〕で保存する。

操作 1.3.4　名前を付けて保存

1. 〔ファイル〕メニューの〔名前を付けて保存〕をクリックする（図 1.3.8）。
2. 名前を付けて保存画面（図 1.3.9）から保存する場所を選択する。
3. ファイル名を入力し，保存 をクリックする。

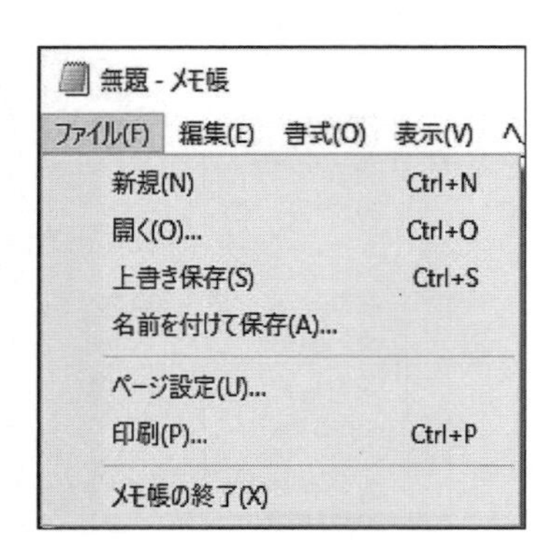

図 1.3.8　ファイルのプルダウンメニュー

図 1.3.9　名前を付けて保存画面

練習問題 1.3　URL 参照

1.4　ファイルの管理

保存したデータを使い勝手よく利用するには，ファイルの管理が必須となる。ファイルを分類・整理することで管理する保管場所として**フォルダー**がある。フォルダーのなかにサブフォルダーを作成することもできる。ここでは，フォルダーやファイルのコピー，移動，削除といったデータを管理する方法とその管理に利用する**エクスプローラー**について学習する。

エクスプローラーを起動して保存先を指定すると，ファイルやフォルダーの保存状態を確認できる。不要なファイルやフォルダーを削除することも管理のひとつである。

また，データの容量を考慮したファイルやフォルダーの圧縮と解凍作業についても学ぶ。

1.4.1　フォルダーの作成

ファイルを管理する場合に使う**フォルダーの新規作成**について学習する。フォルダー名の最初と最後の「.（ピリオド）」と連続したピリオドの使用はできない。

操作 1.4.1　フォルダーの作成

1. エクスプローラーを起動し，フォルダーを作成する場所を指定する。
2. 〔ホーム〕タブの〔新規〕グループの〔新しいフォルダー〕をクリックする。
3. フォルダー名を入力し確定する。

フォルダー名として使用できない文字：　￥ ／ ？ ： ＊ “ > < |

1.4.2　ファイル・フォルダーの削除と復活

削除の方法では一度ごみ箱に待機する場合もあるが，一度削除すると復元できない場合もあるので注意深く行う。フォルダーを削除すると，フォルダー内の全データが削除される。

操作 1.4.2　ファイル・フォルダーの削除

1. エクスプローラーから削除するファイル・フォルダーを選択し，Delete キーを押す。

操作 1.4.3　ファイル・フォルダーの復活

1. ごみ箱フォルダーを開き，復活させるファイル・フォルダーを選択する。
2. 〔選択した項目を元に戻す〕をクリックする。

1.4.3　ファイル・フォルダーのコピー

重要なファイルやフォルダーは異なる保存場所にコピーするなど，バックアップをとっておく。フォルダーをコピーすると，フォルダー内の全データがコピーされる。

操作 1.4.4　ファイル・フォルダーのコピー

1. エクスプローラーを起動し，コピー元の保存場所を表示する。
2. コピー元のファイル（フォルダー）を選択し，〔ホーム〕タブの〔整理〕グループの〔コピー先〕をクリックする（図 1.4.1）。
3. 表示された一覧（図 1.4.2）からコピー先となる保存場所を指定してコピーをクリックする。

図 1.4.1　コピー元からコピー先へファイルのコピー

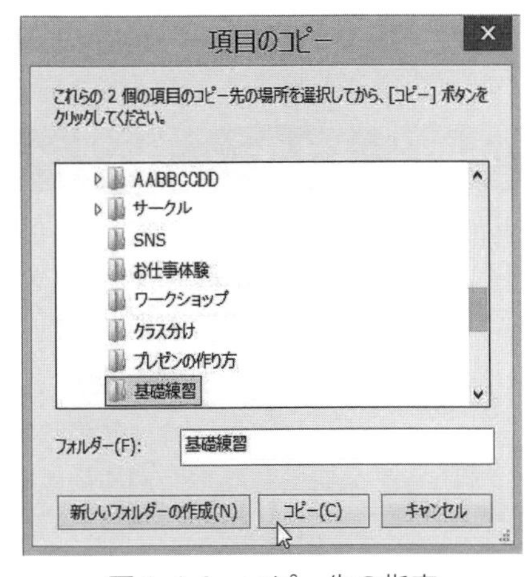

図 1.4.2　コピー先の指定

コピー先または移動先に同じファイル名（拡張子も含む）が既存する場合は，その後の処理を問うメッセージが表示される（図 1.4.3）。

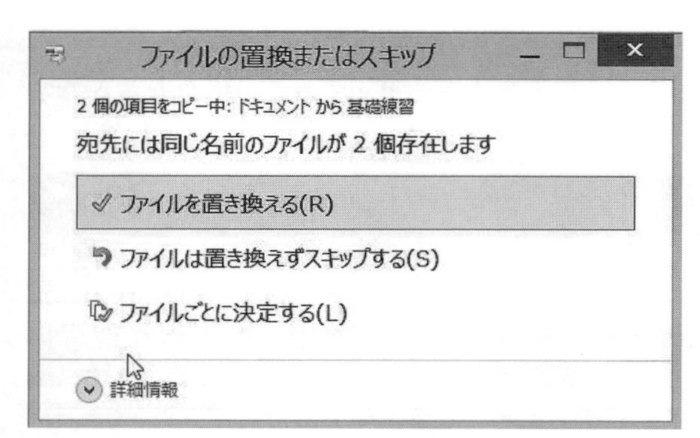

図 1.4.3　同一ファイル名が既存する場合

・**ファイルを置き換える**
　コピー元のファイルに置き換わる
・**ファイルは置き換えずスキップする**
　コピー元はそのまま
・**ファイルごとに決定する**
　複数同時にコピーした場合は個々に対処法を指定する

1.4.4　ファイル・フォルダーの移動

ファイル・フォルダーの移動を学習する。同一ファイル名やフォルダー名がある場合は図 1.4.3 のメッセージが表示される。フォルダーを移動すると，フォルダー内の全データが移動される。

操作 1.4.5　ファイル・フォルダーの移動

1. エクスプローラーを起動し，移動元の保存場所を表示する。
2. 移動元のファイル（フォルダー）を選択し，〔ホーム〕タブの〔整理〕グループの〔移動先〕をクリックする（図 1.4.1）。
3. 表示された一覧から移動先となる保存場所を指定して（図 1.4.2）移動をクリックする。

1.4.5　ファイル・フォルダーの名前の変更

ファイル・フォルダーの名前の変更を学習する。ファイルの名前のみ変更する。拡張子を変更，または削除するとファイルが壊れる場合がある。

操作 1.4.6　ファイル・フォルダーの名前の変更

1. 名前を変更するファイル名（フォルダー名）を選択する。
2. **方法 1（マウスの利用）**
   右クリックして，表示された一覧から〔名前の変更〕を選択する。
   方法 2（メニューの利用）
   エクスプローラーの〔整理〕▼をクリックし，一覧から〔名前の変更〕を選択する。
3. 名前を変更したら，別の箇所をクリックして選択をはずす。

1.4.6　ファイル・フォルダーの圧縮と解凍

ファイル・フォルダーの圧縮と解凍を学習する。圧縮はファイルのデータ量を小さくするために開発された技術である。イメージとしては，文字「A」が 10 個並んでいるデータ「AAAAAAAAAA」があった場合，「A10」と表記すれば 3 文字になり，7 文字分のデータ量が節約になる。また，フォルダーを丸ごと圧縮できるので，複数ファイルを 1 つにまとめることにもなる。

さらに，圧縮する際にパスワードを設定してファイルの保護にも役立つ。解凍とは，一度圧縮されたファイルやフォルダーを元の状態に復元することである。

ファイル圧縮には様々な形式がある。よく利用されているのはZIP形式である。それ以外にもRAR，LZH，TAR，GZ，7Z，CABといった形式がある。いずれも解凍すれば完全な形に復元できる圧縮形式である。

圧縮と解凍には専用のソフトが必要となる。しかし，Windowsでは標準機能としてファイルの圧縮と解凍ができるようになっており，特に何かソフトを導入しなくても簡単に圧縮と解凍ができる。

操作1.4.7　ファイル・フォルダーの圧縮

1．圧縮したいファイル（フォルダー）を選択する。
2．右クリックして，表示された一覧から〔送る〕にマウスを合わせる。
3．選択肢一覧から〔圧縮（Zip形式）フォルダー〕を選択する（図1.4.4左側）。

操作1.4.8　ファイル・フォルダーの解凍

1．圧縮されたフォルダーを選択する。
2．右クリックして，表示された一覧から〔すべて展開〕をクリックする（図1.4.4右側）。

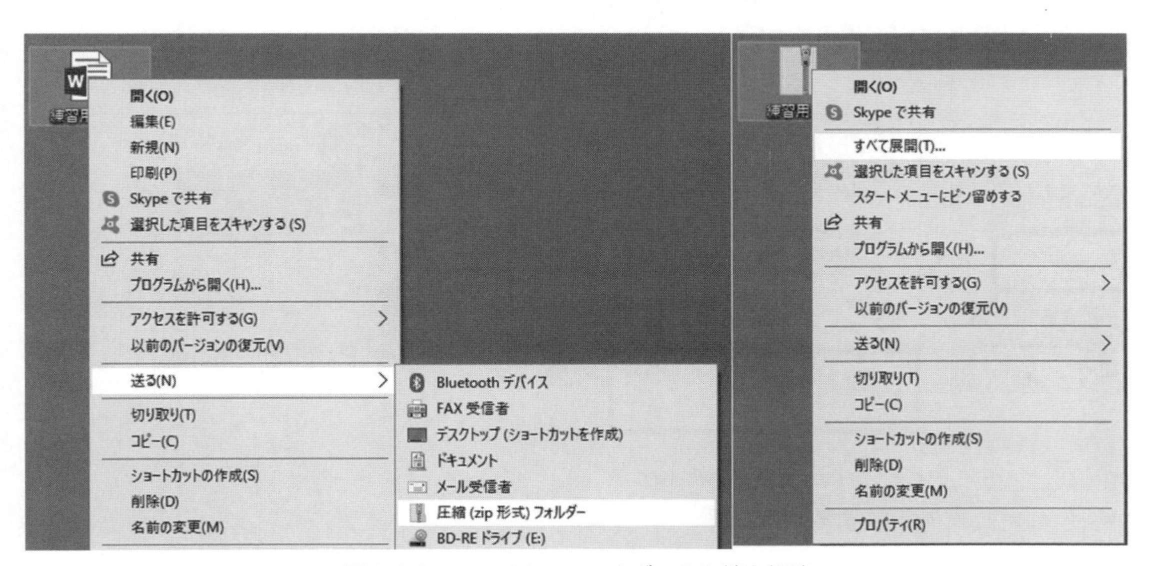

図1.4.4　ファイル・フォルダーの圧縮と解凍

練習問題1.4　URL参照

1.5　その他の機能

1.5.1　ユーザー補助

PC をユーザーにとって使いやすくするための**補助機能（アクセシビリティ）**を学習する。設定の「**簡単操作**」から利用できる。以下で説明する機能の他にも，画面上の情報を読み上げる「ナレーター」やマウスに関する機能などがある。

操作 1.5.1　ユーザー補助の利用

1．デスクトップ左下隅のウィンドウズキーをクリックし，〔設定〕をクリックする。
2．設定画面のメニューから〔簡単操作〕をクリックし，該当のユーザー補助機能を選択する（図 1.5.1）。

(1)　拡大鏡

画面全体の拡大（図 1.5.2 の〔全画面表示〕），画面の一部分を虫眼鏡で見るように大きく表示（図 1.5.2 の〔レンズ〕）などの機能から選択できる。

ショートカットキー：ウィンドウズキーを押しながら + キーを押す。

解　除：ウィンドウズキーを押しながら ESC キーを押す。

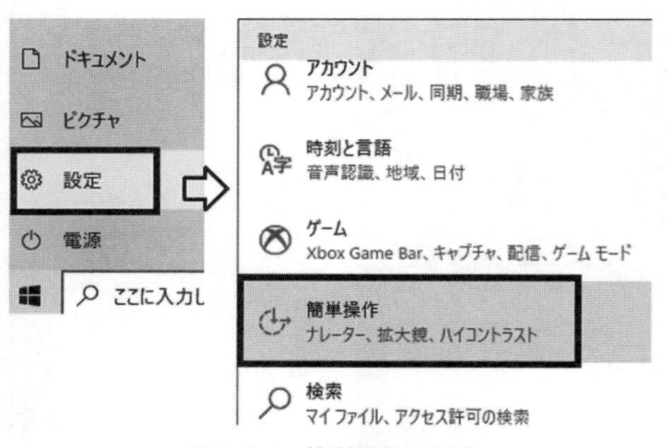

図 1.5.1　簡単操作の設定

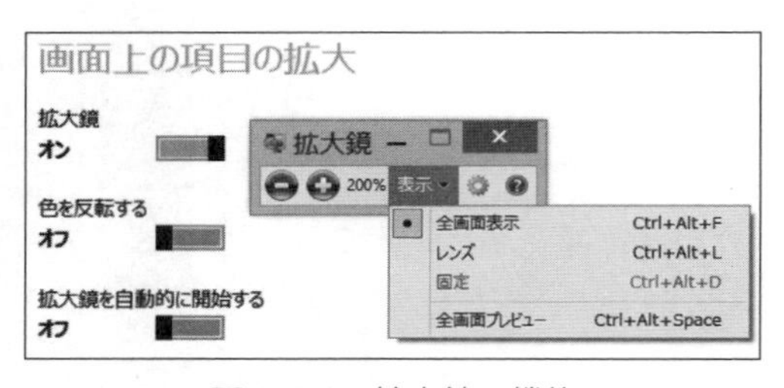

図 1.5.2　拡大鏡の機能

(2)　画面のコントラスト

通常の配色では文字と背景の区別がつきにくい場合は設定することで識別しやすくなる。

ショートカットキー：左側の Ctrl キーと左側の Alt キーを押しながら Prt Sc キーを押す。
Prt Sc キーとは〔Print Screen〕キー。キーボート上 F12 キーの右側。

解　除：同様のキーを再度押す。

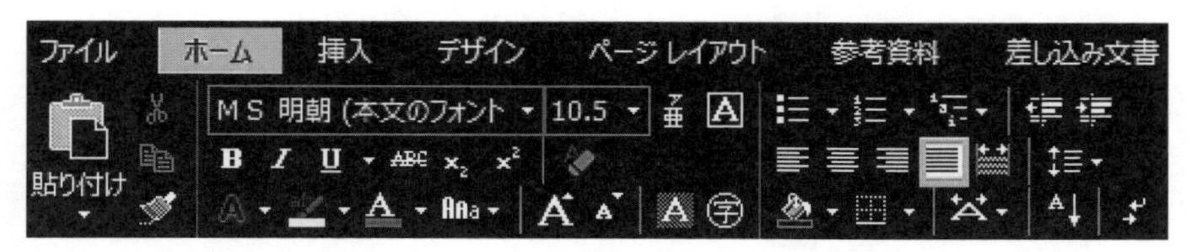

図 1.5.3　ハイコントラストで表示されたリボン

1.5.2　プロジェクターへの投影

最近の PC にはこれまでの USB 端子の他に **HDMI 端子**が整備されている。プロジェクターやテレビなどの家電にも HDMI 端子が整備されるようになった。PC の HDMI 端子とプロジェクターやテレビの HDMI 端子を HDMI ケーブルで接続すると投影できる。HDMI ケーブルは映像や音声をデジタル信号で伝送する通信インターフェースの標準規格となっている。

図 1.5.4　HDMI のケーブルと端子

スマートフォンやモバイル機器に HDMI 端子がない場合は，HDMI に変換するアダプタもある。

1.5.3　多言語の入力

Windows では使用する言語を追加することで，キーボードから英語以外の外国語を入力することが可能である。言語を追加すると，言語バーから言語を選択して切り替えることができる。

操作 1.5.2　多言語の入力

1. コントロールパネルを開き，〔表示方法〕を〔カテゴリ〕にして〔言語の追加〕をクリックする。
2. 〔言語の追加〕をクリックし，一覧から追加する言語を選択し，〔開く〕をクリックする。
3. 地域のバリエーションが表示される。言語の地域を選択し，〔追加〕をクリックする。
   地域のバリエーションがない場合は，〔追加〕をクリックする（図 1.5.5）。
   言語画面から言語と言語用のキーボードが追加されているかを確認する（図 1.5.6）。

図 1.5.5　言語の追加画面

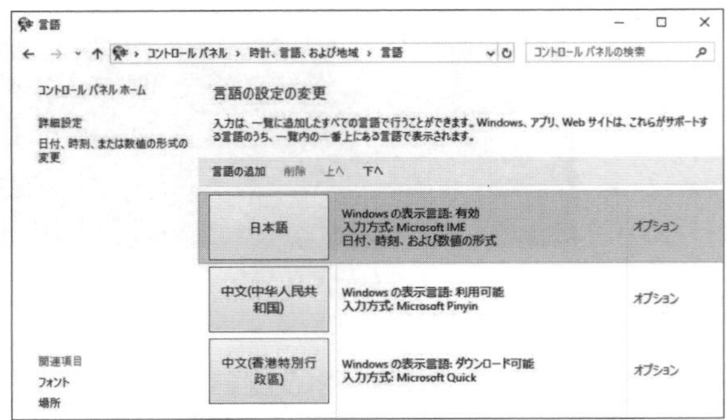

図 1.5.6　言語が追加された画面

操作 1.5.3　キーボードの入力設定

1．デスクトップのタスクバーにある言語アイコンをクリックする。
2．表示された言語選択メニューから，該当の言語をクリックする。
3．言語に合わせたキーボード配置を確認して入力する。

コラム

◆キーボードの配列

キーボードの配列はアルファベットの左上から QWERTY と続いています。最初のタイプライターのキーはアルファベット順の配置でした。これが最も良いと誰もが思いました。

なぜ QWERTY 配列になったのかには諸説あります。例えば「タイプライター時代に人がタイプを打つ速度を落とすことでアームの衝突を防ぐため」という説。また「電報に使われていたモールス信号をタイプライターで文字に変換する際にキーの配列がアルファベット順では非効率だとの意見がオペレーターからあり，効率面からの配置となった」という説がある。有力なのは後者で，現在の QWERTY 配列はモールス信号を効率的に文字に変換するために提案されて誕生した配置のようです。1882 年のことです。

2 Officeの基礎

この章は，以降の章で扱う Word 2019（以降，Word または W），Excel 2019（以降，Excel または E），PowerPoint 2019（以降，PowerPoint または P），Access 2019（以降，Access または A），といった Microsoft Office 2019（以降，Office）に共通する操作方法や機能について，基本的スキルの習得を目指していく。

2.1 リボンの管理

2.1.1 リボンの表示・非表示（W・E・P・A 共通）

リボンは，Office のウィンドウ上部のツールバーのセットで，様々な設定を行うコマンドをすばやく見つけ出すのに役立つ。表示・非表示を切り替えることができる。

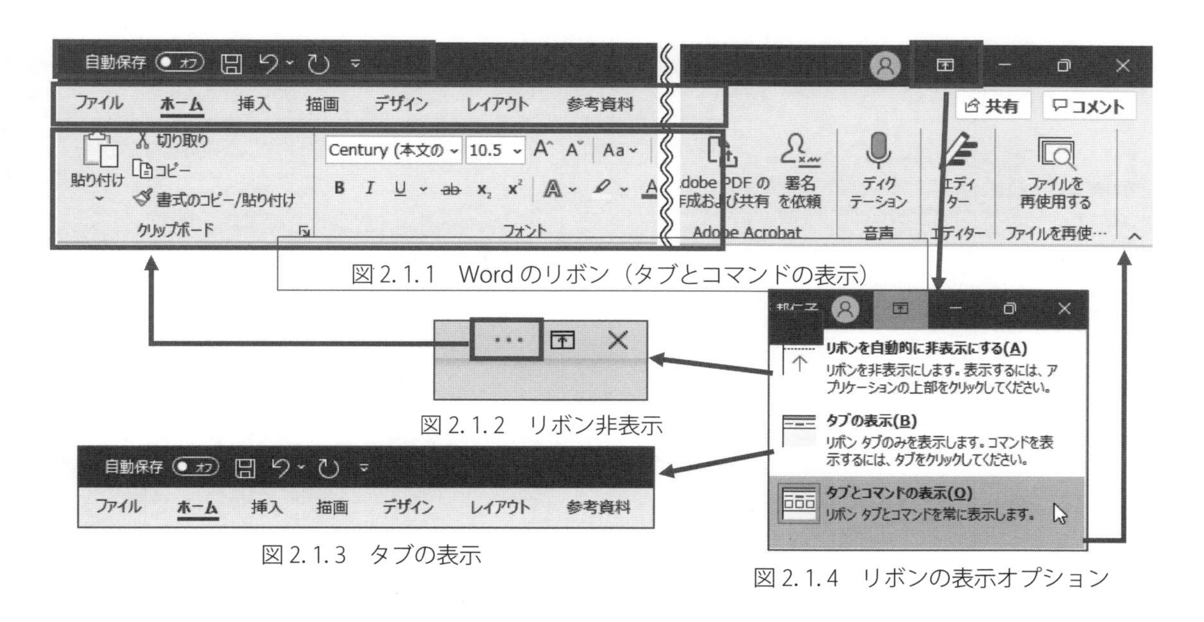

図 2.1.1　Word のリボン（タブとコマンドの表示）

図 2.1.2　リボン非表示

図 2.1.3　タブの表示

図 2.1.4　リボンの表示オプション

2.1.2 クイックアクセスツールバー（W・E・P・A 共通）

素早く実行したいコマンドが表示されている。

表示オプションで表示内容を変更することができる。

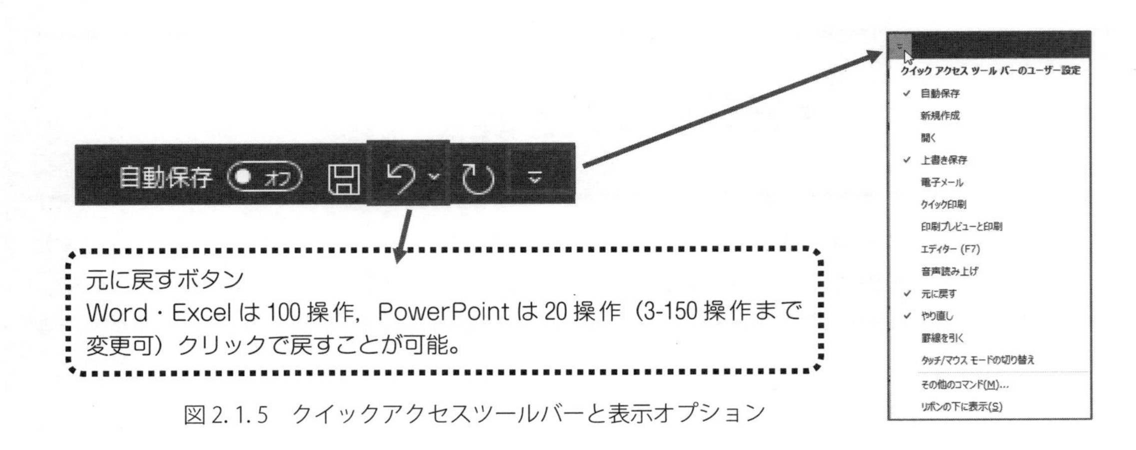

図 2.1.5　クイックアクセスツールバーと表示オプション

2.2　オプション設定（W・E・P・A 共通）

Office の各アプリケーションは，それぞれ，文字サイズやファイルの保存場所，自動設定機能などが初期設定されている。不要な場合には解除や変更をすることができる。

〔ファイル〕タブー〔オプション〕をクリックすると以下の画面が表示される。

図 2.2.1　Word　オプション設定画面

図 2.2.2　PowerPoint　オプション設定画面

変更は個人で使用する PC でのみ実施する。組織内の PC 等では変更不可になっている，または変更しても再起動でリセットされる場合がある。

2.2.1　ユーザー設定リストの編集

ここでは，Excel の〔ユーザー設定リストの編集〕を紹介する。ユーザー設定リストはオートフィルの順序（第 5 章）並べ替えの基準（第 7 章）などで使用される。

ユーザー設定リストで登録すると，オリジナルの連続データをオートフィル機能で入力できる。

操作 2.2.1　ユーザー設定リストの編集

1. Excel で入力したリストのセル範囲を選択し〔ファイル〕タブ〔オプション〕〔詳細設定〕の〔全般〕内にある〔ユーザー設定リストの編集〕をクリックする。
2. リストの取り込み元範囲の選択したセル範囲を確認し〔インポート〕をクリックする（リストの項目内に直接入力して追加することも可能）。
3. 〔ユーザー設定リスト〕に表示されていることを確認し〔OK〕をクリックする。

追加したユーザー設定リストは，削除が可能である。不要になった場合には同じ画面で削除を行う。

図 2.2.3　Excel　オプション設定画面

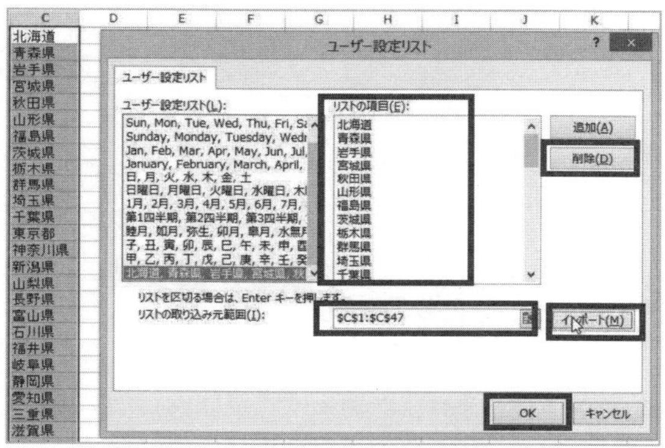

図 2.2.4　Excel　ユーザー設定リストの編集

2.2.2　アドイン設定

Office には機能を追加して利用することができるアドインプログラムがある。

ここでは第 8 章データサイエンスの基礎で使用する Excel のアドイン〔ソルバー〕と〔分析ツール〕を有効にする方法を紹介する。

操作 2.2.2　アドイン設定

1. Excel を起動し，〔ファイル〕タブ〔オプション〕〔アドイン〕カテゴリーをクリックする。
2. 〔管理〕の一覧の〔Excel アドイン〕をクリックし，〔設定〕をクリックする。
3. 表示された〔アドイン〕ボックスの〔有効なアドイン〕リストの横のチェックボックスをオンにして，〔OK〕をクリックする。
   アドインを有効にすると，〔データ〕タブにコマンドが追加される。
4. Excel アドインを無効にするにはチェックをオフにする。

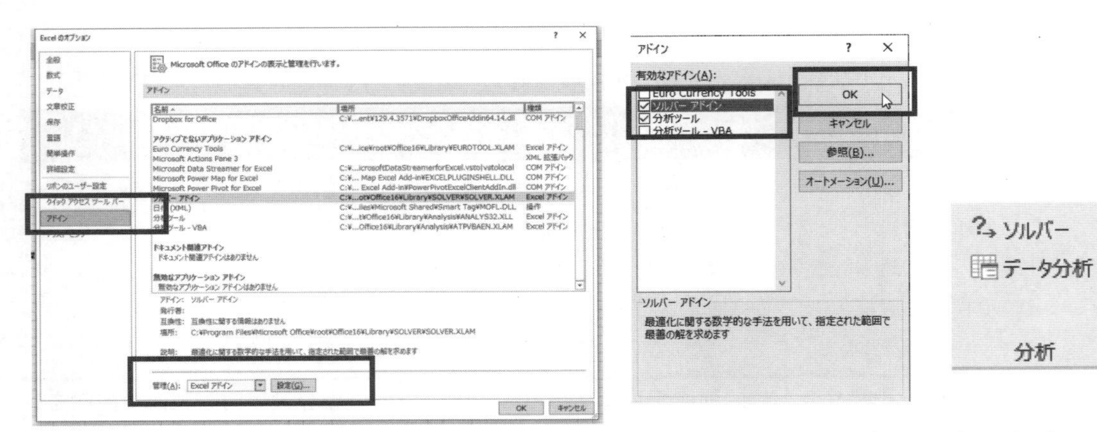

図 2.2.5　Excel アドイン　　　図 2.2.6　Excel アドイン，データタブ，分析グループ

2.3　ファイルの保存と印刷

Office の各アプリケーションで作成したファイルの保存方法と印刷方法を学習する。アプリケーションの起動については第 1 章「アプリケーションの起動」を参照する。

2.3.1　ファイルの保存

ファイルを新規に作成した場合には「名前を付けて保存」を行う。保存後編集を行った場合には，「上書き保存」を行う。例えば昨年作成したファイルを開いて編集し今年のファイルとして保存する場合には，別のファイル名で「名前を付けて保存」を行い新たなファイルとして保存することが可能である。

操作 2.3.2　ファイルの保存

1. 〔ファイル〕タブから〔名前を付けて保存〕をクリックすると図 2.3.1（左図）となる。
2. 〔参照〕をクリックし保存先のドライブ，フォルダー名を指定する（図 2.3.1（右図））。
3. ファイル名を入力し，〔保存〕をクリックする。
4. 指定先に同一ファイル名が既存すると図 2.3.2 が表示される。いずれかを選択する。

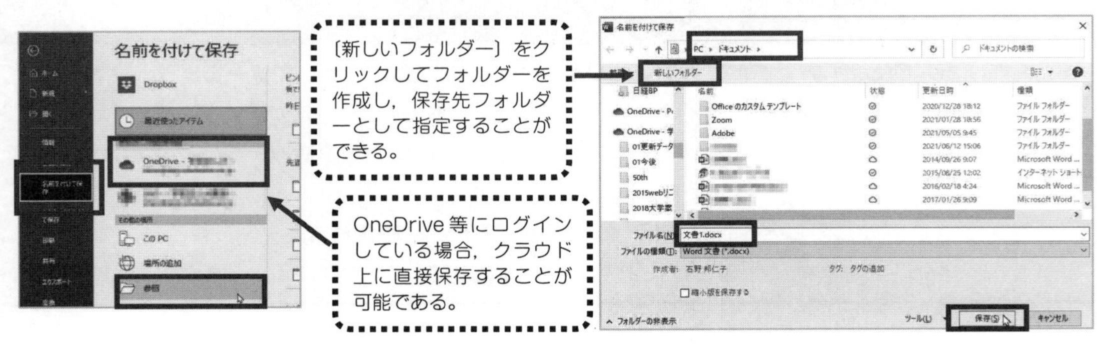

図 2.3.1　名前を付けて保存画面

◆ファイル名として使用できない文字（半角）：￥ ／ ？ ： ＊ “ ＞ ＜ ｜
◆「.（ピリオド）」はファイル名の最初や最後，連続して使用しない。
◆ファイル名の文字数制限は，保存されたドライブ名，フォルダー名を含めて 259 文字である。
（文字数制限は OS やバージョンによって異なる。長すぎるファイル名はエラーの原因になる場合があり注意が必要である。）

【既存のファイルと置き換える】
既存ファイルは上書きされ保存したいファイルが残る。
【変更したファイルを別の名前で保存する】
既存ファイルはそのまま。保存したいファイルは別の名前で保存する。
【変更内容を既存のファイルに反映する】
既存ファイルと保存したいファイルの両方の内容の異なる点を確認する画面が表示される。

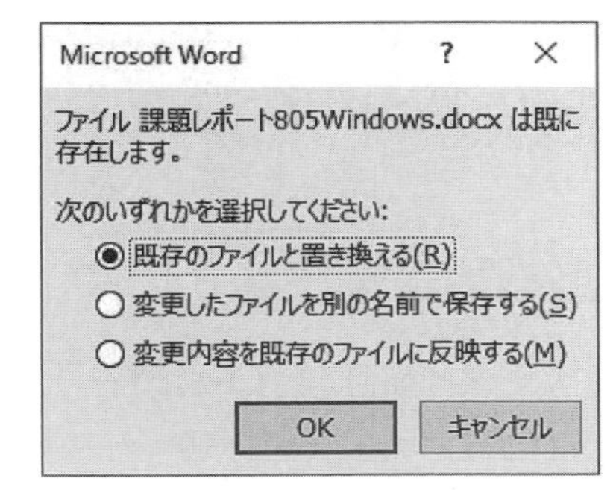

図 2.3.2　同一ファイル名が既存する場合

2.3.2　ファイルを開く

保存したファイルを開く方法について学習する。

操作 2.3.1　ファイルを開く

1. 〔ファイル〕タブをクリックし，〔開く〕をクリックすると図 2.3.3（左図）が表示される。
2. 右側の〔最近使ったファイル〕の一覧に該当ファイル名がある場合はクリックする。
3. 一覧にない場合は，〔参照〕をクリックし保存ドライブ，フォルダーを指定して開きファイル名一覧を表示する（図 2.3.3（右図））。
4. 該当のファイル名を選択し，〔開く〕をクリックする。

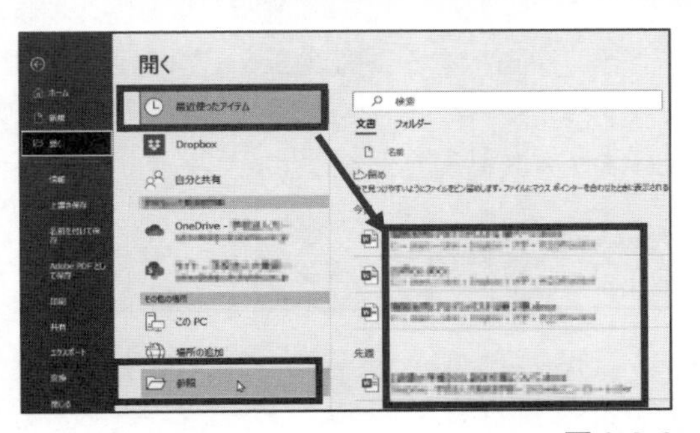

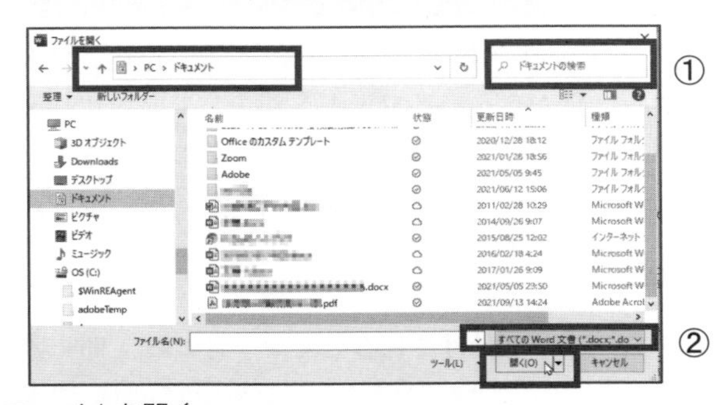

図 2.3.3　ファイルを開く

ファイル名で見つからない場合には，ファイル内の文字列等で検索が可能（①）である
図 2.3.3 では指定した場所に保存されているファイルの一覧が表示されるが，すべてのファイルが表示されてはいない。〔ファイル名〕の右側（②）で指定した拡張子のファイル名のみが表示される。

2.3.3　ファイル形式（ファイルの種類）

通常は，拡張子（ファイルの種類）に関連付けられたアプリケーションで開くが，類似した別のアプリケーションで開くこともできる。ただし，アプリケーションにより対象となる拡張子に制限がある。ファイルを開く画面（図 2.3.4）のファイルの種類一覧に表示されたものがその対象となる。

> 異なるアプリケーションやバージョンでファイルを開いた場合，表示される状態が異なる場合がある。

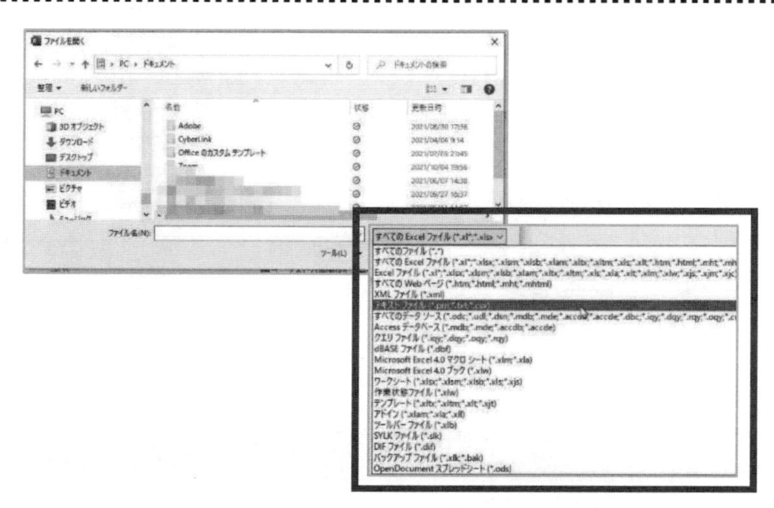

図 2.3.4　Excel 開くことができるファイルの種類

2.3.4　パスワード保護

個人情報や機密情報が含まれる重要なファイルはパスワード保護を付けて保存する。

操作 2.3.3　パスワードを付けた保存

1. 〔ファイル〕タブをクリックし，〔情報〕，〔文書の保護〕を選択する（図 2.3.5（左図））。
2. 一覧から〔パスワードを使用して暗号化〕をクリックする。
3. ドキュメントの暗号化（図 2.3.5（右図））からパスワードを入力する。〔OK〕をクリックする。（パスワードは●●●●で表示される。）
4. 再度，入力が要求されるので，同じパスワードを入力し〔OK〕をクリックする。

パスワードを付けて保存したファイルは，開く際に正しいパスワードを入力する必要がある。

操作 2.3.4　パスワードの解除

1. パスワードで保護されたファイルを開く。パスワードの入力を要求される。
2. 〔ファイル〕タブをクリックし，〔情報〕タブの〔文書の保護〕を選択する。
3. 一覧から〔パスワードを使用して暗号化〕をクリックする。
4. ●●●●で表示されたパスワードを消去して〔OK〕をクリックする。

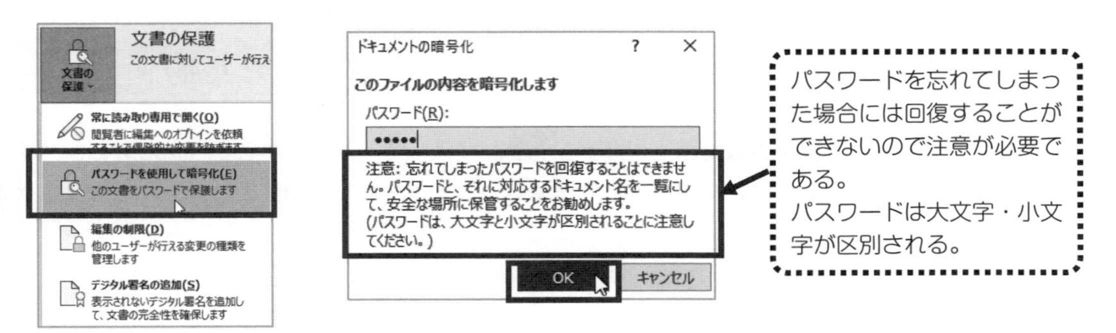

図 2.3.5　文書の保護　パスワード設定と解除

2.3.5　印刷

各アプリケーションに共通の印刷方法を学習する。Excel 特有の印刷方法は第 5 章で，PowerPoint 特有の印刷方法は第 6 章で学習する。

操作 2.3.5　印刷

1. 〔ファイル〕タブの〔印刷〕をクリックすると図 2.3.6 が表示される。
   右側に印刷プレビューが表示される。
2. プリンターを選択し，〔設定〕の各項目を指定して〔印刷〕をクリックする。

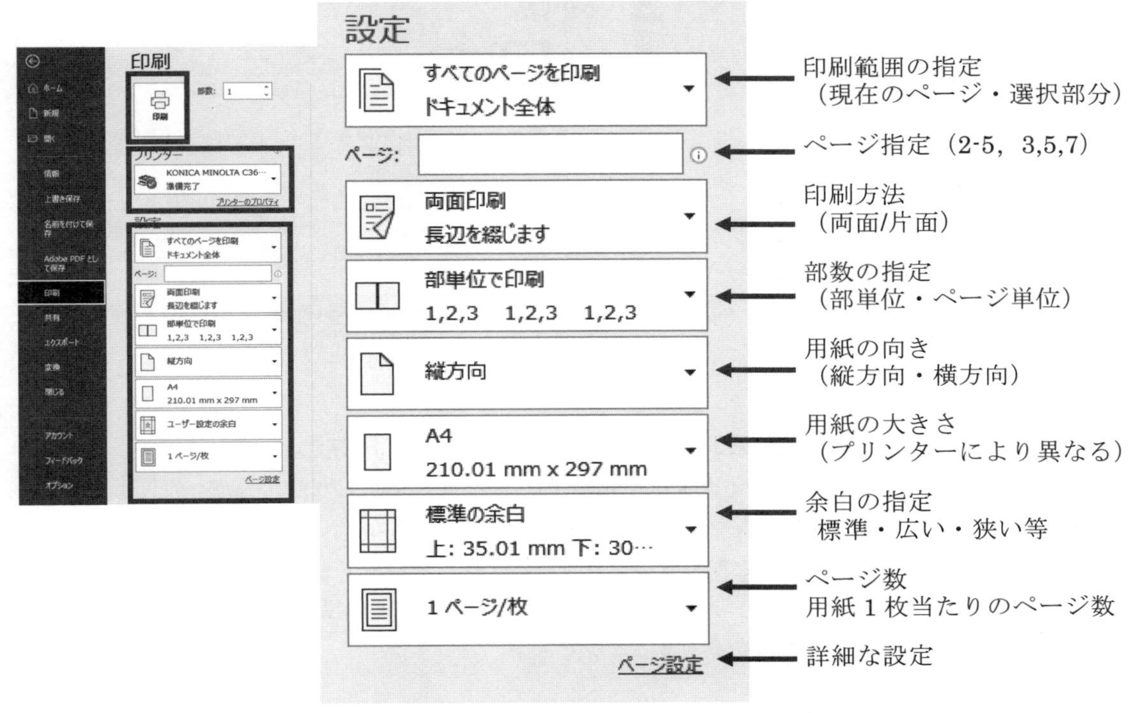

図 2.3.6　印刷設定

2.4　フォントの編集とクリップボード（W・E・P共通）

フォント（文字列）に関する編集はアプリケーションによってそれぞれの特徴があるので共通する編集方法について学習する。ここではフォントの編集のほかに，コピーや移動に共通するクリップボードについても習得する。

2.4.1　フォントの編集

文字の大きさや色，字体の編集は〔ホーム〕タブの〔フォント〕グループ（図 2.4.1）で行う。複数の機能を設定する場合は右下の起動ボタンをクリックし，フォント画面（図 2.4.2）から設定していく。ボタンでは書式のみを解除できる。

操作 2.4.1　フォントの編集

1．編集する文字列を選択する。
2．〔ホーム〕タブの〔フォント〕グループから該当フォント名をクリックする。

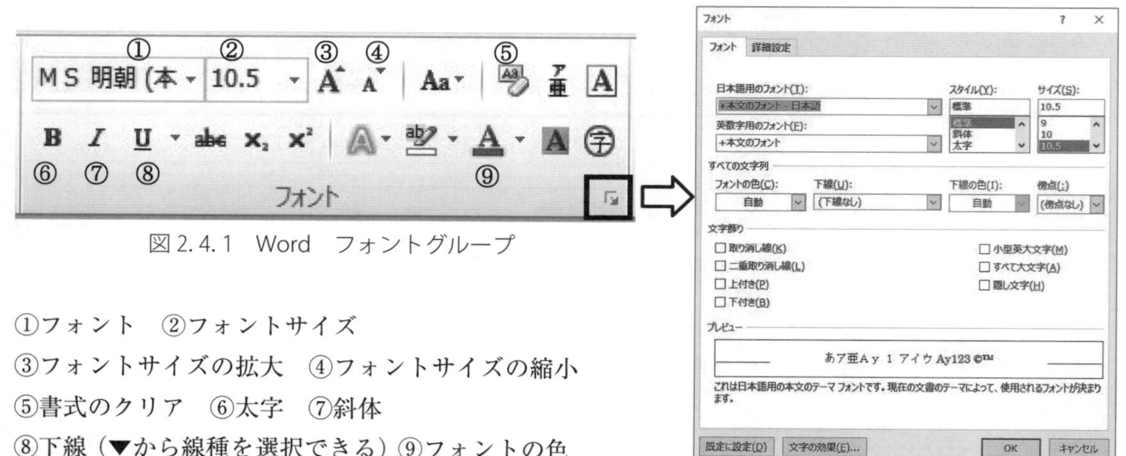

図 2.4.1　Word　フォントグループ

①フォント　②フォントサイズ
③フォントサイズの拡大　④フォントサイズの縮小
⑤書式のクリア　⑥太字　⑦斜体
⑧下線（▼から線種を選択できる）⑨フォントの色

図 2.4.2　Word　フォント画面

2.4.2　アプリケーション間のコピーと貼り付け（W・E・P共通）

例えばWordで入力した文字列をPowerPointに貼り付ける，PowerPointで作成した図形をExcelに貼り付ける，Excelで作成した表やグラフをWordに貼り付けるなど，異なるアプリケーション間や，複数のファイル間でのコピーと貼り付けを行うにはクリップボードを使う。クリップボードとはコピーや切り取りをしたデータを一時的に保存しておくOffice共通の場所のことをいう。クリップボードの内容は作業ウィンドウに表示することができる。

操作 2.4.2　クリップボードを使用したコピーまたは移動

1. 対象（文字列・画像・表・グラフ等）を選択する。
2. 〔ホーム〕タブの〔クリップボード〕グループの〔コピー〕または〔切り取り〕をクリックする。
3. 〔ホーム〕タブの〔クリップボード〕グループの右下の起動ボタンをクリックする。
   コピーまたは切り取りした内容が作業ウィンドウに表示される。
4. 貼り付け先にカーソルを移動し貼り付けたいアイテムをクリックする。

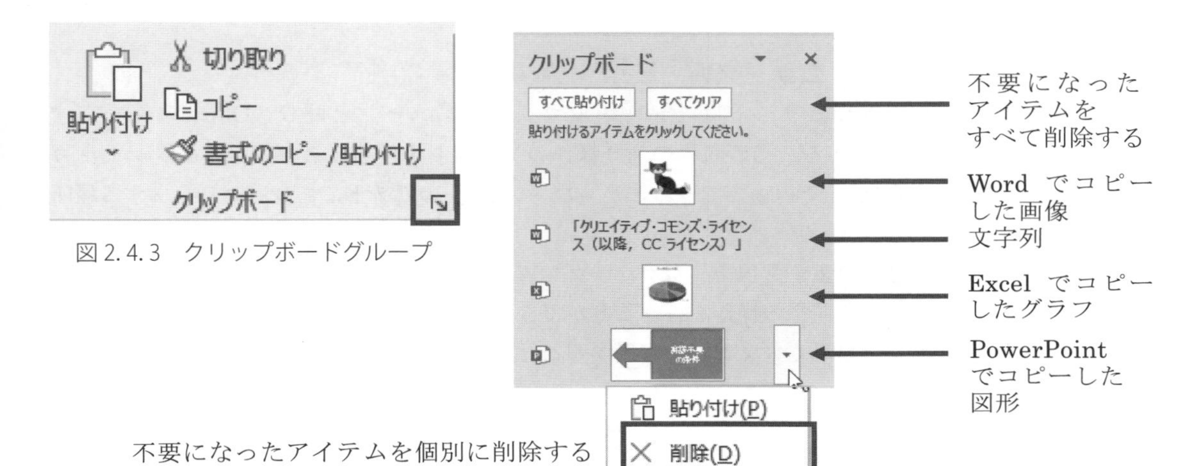

図 2.4.3　クリップボードグループ

図 2.4.4　クリップボード作業ウィンドウ

2.4.3　書式のコピー／貼り付け（W・E・P 共通）

フォントの色・サイズ・書体，セルの色・罫線，図形の色など複数の書式が設定されている場合，他の文字列やセルに同じ書式を一度で設定することが可能である。

図 2.4.5　書式貼り付けマウスポインタ

操作 2.4.3　書式のコピー／貼り付け

1. 対象（文字列・セル・図形）を選択する。
2. 〔ホーム〕タブの〔クリップボード〕グループの〔書式のコピー／貼り付け〕ボタンをクリックする。
3. マウスポインタの形が書式貼り付け用の状態（図 2.4.5）で貼り付ける対象範囲をクリックまたはドラッグする。

【書式貼り付け先が複数の場合】
対象を選択後，〔書式のコピー／貼り付け〕ボタンをダブルクリックすると書式コピーの状態がキープされ繰り返し〔書式貼り付け〕が可能となる。
書式貼り付け後は〔書式のコピー／貼り付け〕ボタンをクリックまたはキーボードの ESC キーで書式コピーを解除する。
【Excel の場合】
「書式のコピー／貼り付け」はセル単位となる。
【PowerPoint の場合】
設定されたテーマ等により反映されない場合がある。

2.4.4 ショートカットメニュー（W・E・P・A 共通）

右クリックして表示されるリストは〔ショートカットメニュー〕と呼び，Office のみならず Windows OS の共通機能である。その名称の通り操作の「近道」をすることができる。ショートカットメニューの表示内容は，「その場でできること（コマンド）」のリストであり右クリックする場所によって異なる。

各アプリケーションで，対象を選択後，右クリックし表示されたリストから，該当のコマンドをクリックして選択することで，同様の操作を行うことができる。タブを切り替えてリボン内のコマンドを探す必要がないためより素早くコマンドを実行することができ，より効率的である。

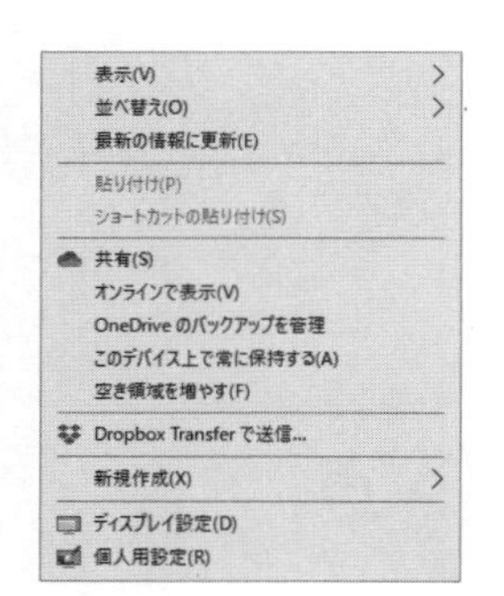

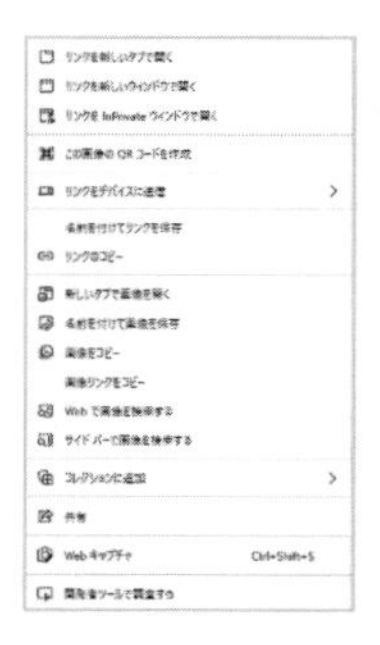

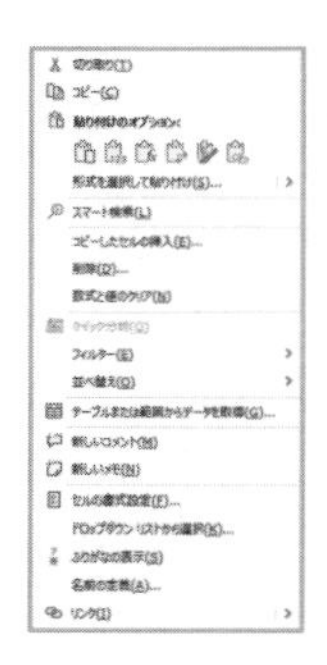

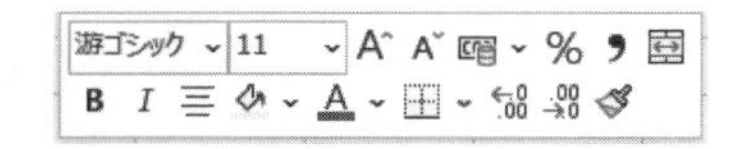

図 2.4.7 ミニツールバー（Excel）

Office アプリケーション内では，対象を選択後，ミニツールバー（主にホームタブにあるコマンドボタン）が表示され，使用することができる。

図 2.4.6 ショートカットメニュー（デスクトップ・ブラウザ内・Excel）

2.5 画像の設定と編集（W・E・P 共通）

〔挿入〕タブ〔図〕〔画像〕グループから利用できるオブジェクトについて学習する。共通するオブジェクトには，画像，オンライン画像，図形，アイコン，3D モデル，SmartArt，スクリーンショット等がある。

オンライン画像には著作権ルールの普及を目的とした「クリエイティブ・コモンズ・ライセンス（以降，CC ライセンス）」が設定され，規則に従って利用することが原則となる。また，自分で撮影した写真を使用する場合にも，顔写真は単独で個人情報となるため，必ず本人の許可を取るなど肖像権に配慮する必要がある。

2.5.1　画像の挿入

(1)　自分で保存した写真やイラスト

自分で撮った写真や自分で描いたイラストなど，保存してある画像を文書内などに挿入する。

操作 2.5.1　画像の挿入

1．画像を挿入する箇所にカーソルを置く。
2．〔挿入〕タブの〔図〕グループの〔画像〕をクリックする。
3．画像の保存先を指定し，挿入する画像を選択して「挿入」をクリックする。

(2)　オンライン画像

オンライン画像を利用する際は必ず CC ライセンスを確認する。

操作 2.5.2　オンライン画像の挿入

1．画像の挿入位置にカーソルを置く。
2．〔挿入〕タブの〔図〕グループの〔オンライン画像〕をクリックする。
3．検索ボックスに該当文字を入力する。
4．CC ライセンス画像が表示されていることを確認し画像を選択する（図 2.5.1）。
5．〔挿入〕をクリックする。

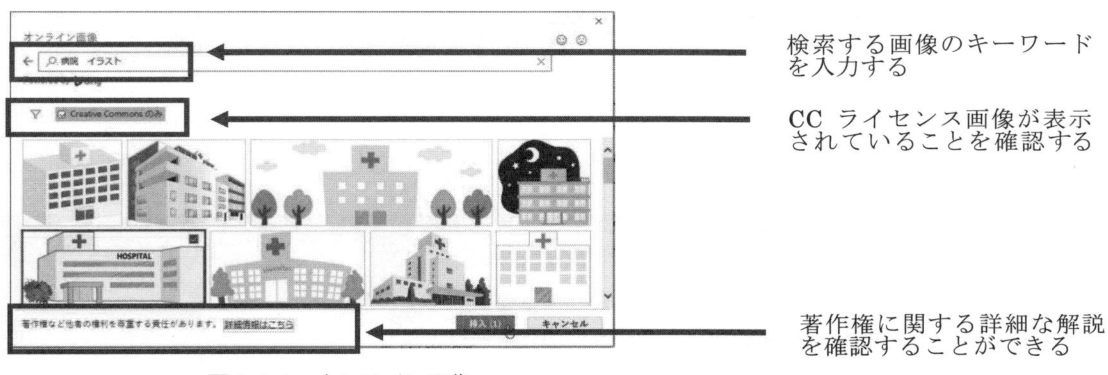

図 2.5.1　オンライン画像

(3)　ネット検索の画像

Web 上には「フリー素材」を提供しているサイトがあり，イラストや写真等の画像を無料で利用することができる。フリー素材であっても著作権は放棄していない場合や，改変や商用利用の可否等の規約がサイトごとに異なるので，利用の際には規約を確認したうえで利用する。

操作 2.5.3　ネット検索画像の挿入

1．ブラウザを開き「フリー素材」「フリー画像」という文字を含めて画像を検索する。
2．該当画像内で右クリックし〔名前を付けて画像を保存〕を選択する。保存先，ファイル名を指定して保存する。
3．ファイル内の画像を挿入する箇所でクリックする。
4．〔挿入〕タブの〔図〕グループの〔画像〕をクリックする。
5．保存先を指定し，該当の画像を選択して〔挿入〕をクリックする。

(4) アイコンの挿入

操作 2.5.4　アイコンの挿入

1．〔挿入〕タブの〔図〕グループの〔アイコン〕をクリックする。
2．〔アイコンの挿入〕画面で，カテゴリーを選択する。
3．該当の画像を選択し，〔挿入〕をクリックする。

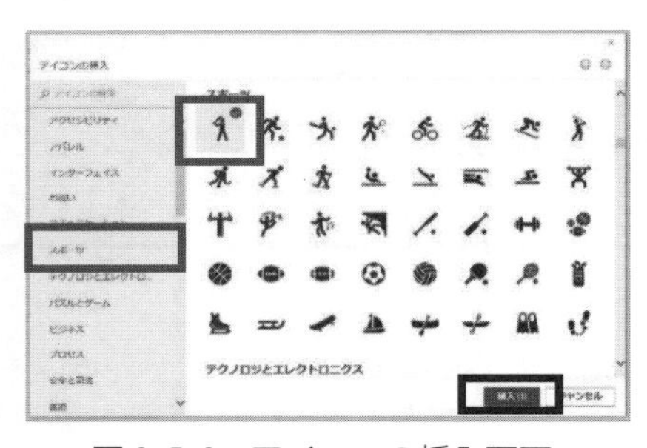
図 2.5.2　アイコンの挿入画面

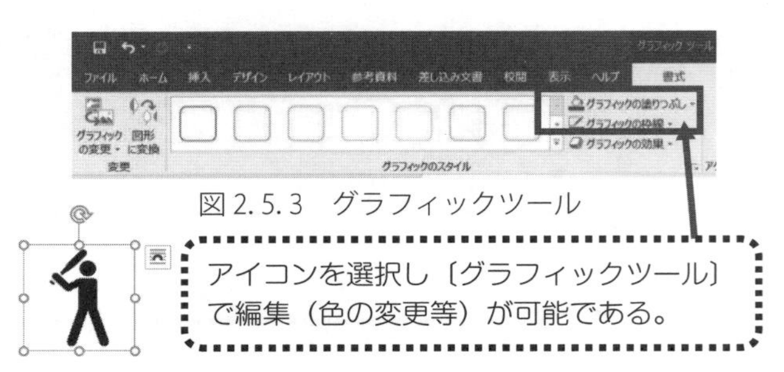

図 2.5.3　グラフィックツール

図 2.5.4　アイコンの編集

(5) 3Dモデルの挿入

操作 2.5.5　3D モデルの挿入

1．〔挿入〕タブの〔図〕グループの〔3D モデル〕をクリックする。
2．〔3D モデル〕の挿入画面で，カテゴリーを選択する。
3．該当の画像を選択し〔挿入〕をクリックする。

図 2.5.6　3D モデルツール

図 2.5.5　3D モデルの挿入画面

図 2.5.7　3D モデルの選択

2.5.2　画像の配置とサイズ設定

挿入された画像の配置とサイズを設定する方法を学習する。

図 2.5.8 〔図ツール書式〕タブの〔配置〕と〔サイズ〕グループ

(1) サイズ設定

操作 2.5.6　画像のサイズ設定

1. 画像を選択する。
2. **方法 1（マウスからの調整）**
   画像の辺上にあるサイズ変更ハンドルをドラッグして大きさを調整する（図 2.5.9）。
   方法 2（縦横比を保った状態で大きさを指定する）
   〔図ツール書式〕タブの〔サイズ〕グループの右下の起動ボタンをクリックする。
   レイアウト画面の〔縦横比を固定する〕にチェックを入れてサイズを指定する（図 2.5.10）。

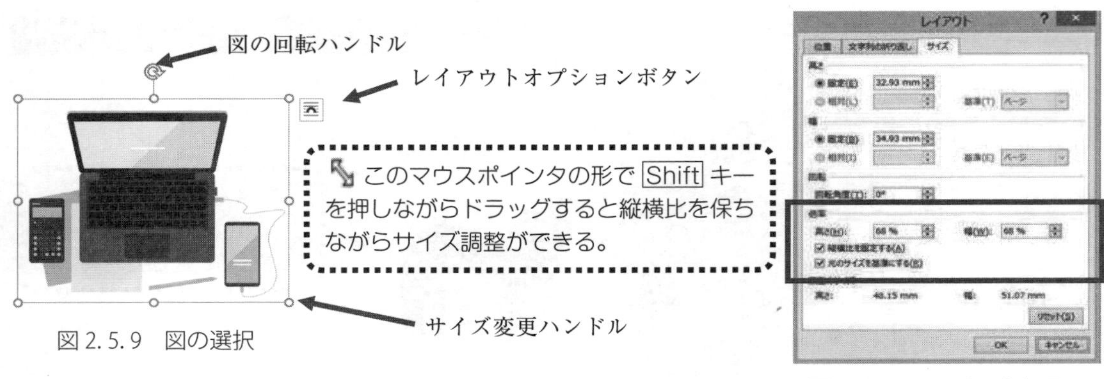

図 2.5.9　図の選択

図 2.5.10　レイアウト画面

(2) 画像のトリミング

挿入した画像の不要な部分をトリミングすることができる。

操作 2.5.7　画像のトリミング

1. 画像を選択する。
2. 〔図ツール書式〕タブの〔サイズ〕グループの〔トリミング〕をクリックする（図 2.5.11）。画像の辺上にトリミングハンドルが表示される。
3. マウスをハンドル上に合わせドラッグする。

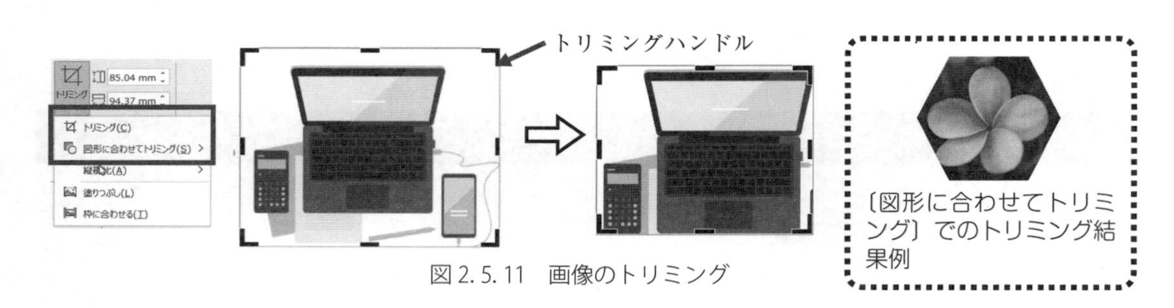

図 2.5.11　画像のトリミング

2.5.3　画像の効果

画像の色合いを変える，コントラスト（明暗）を調整する，など特殊な効果を設定することができる。図の効果は〔調整〕グループと〔図のスタイル〕グループから行う。

修正：画像のコントラストの調整
色　：色の彩度やトーンの変更

図の枠線：画像の枠線に関する書式
図の効果：影や反射，ぼかしなどの効果

図 2.5.12　〔図 書式〕タブの〔調整〕と〔図のスタイル〕グループ

操作 2.5.8　図のスタイル設定

1．画像を選択する。
2．〔図ツール書式〕タブの〔図のスタイル〕グループの▼をクリックする（図 2.5.12）。
3．画表示された一覧から〔スタイル〕をクリックする。

2.5.4　スクリーンショットの挿入

Web ブラウザで取り込みたいサイトを表示しておき，ページの一部などをスクリーンショット機能で，画像として取り込む方法を学習する。

操作 2.5.9　スクリーンショットの挿入

1．〔挿入〕タブの〔図〕グループ〔スクリーンショット〕の▼をクリックする。
2．開いている画面が一覧で表示される。
3．**方法 1（画面全体を取り込む場合）**
　一覧のなかから該当画面をクリックする。
　方法 2（画面の一部を取り込む場合）
　〔画面の領域〕をクリックすると，該当画面が白く表示される。マウスの形状が＋の状態で取り込む範囲をドラッグする（図 2.5.13）。
4．画面が取り込まれた状態で表示される。
5．大きさと配置を調整し，不要な部分はトリミングするなどの編集をする。

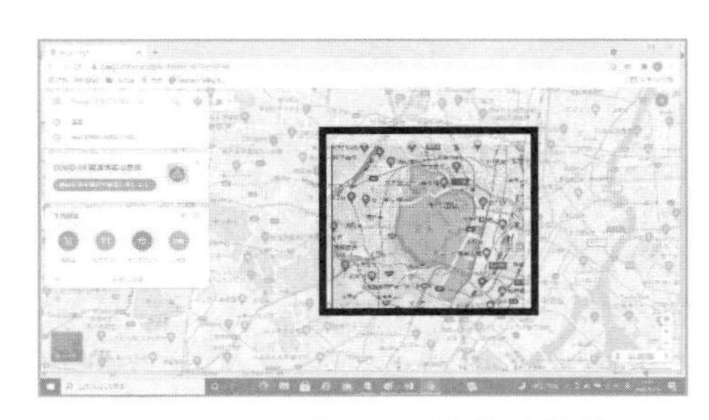

図 2.5.13 〔画面の領域〕を選択

図 2.5.14 〔図として保存〕

取り込んだ画像を右クリックし「図として保存」から，画像ファイルとして保存が可能である。

2.6 図形の設定と編集（W・E・P 共通）

図形を利用することで，より効果的な表現が可能になる。

様々な図形を組み合わせて地図を作成する，斜めに文字を表示する，縦書きと横書きが混在したページを作成するなどの場合に有効となる機能である。

操作 2.6.1　図形の挿入

1. 〔挿入〕タブの〔図〕グループの〔図形〕▼をクリックする。
2. 一覧（図 2.6.2）から図形をクリックして選択する。
3. マウスの形状が＋の状態でドラッグする。
   （Shift キーを押しながらドラッグすると，正方形，正円，正三角形などを描くことができる。）

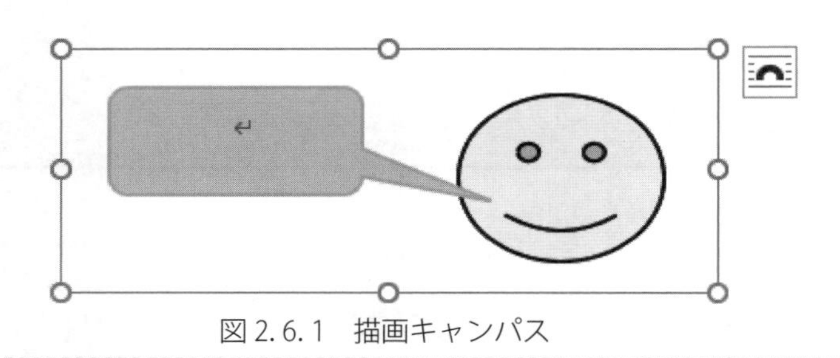

図 2.6.1　描画キャンバス

Word では，先に「描画キャンバス」を挿入し，キャンバス内に図形を描くことにより，複数の図形の設定や，移動が可能になる。

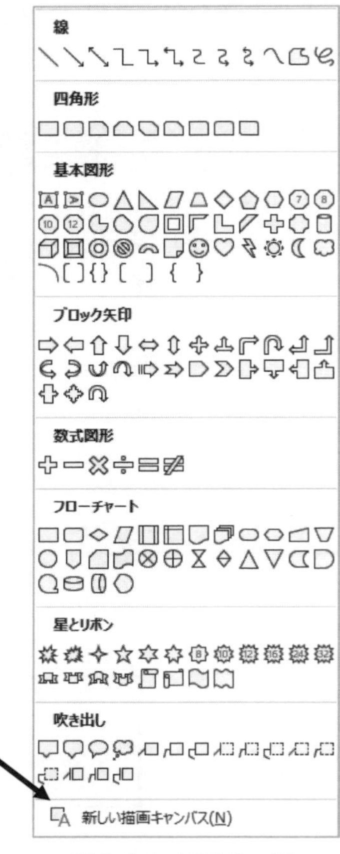

図 2.6.2　図形の一覧

2.6.1 図形の選択・移動・サイズ変更・変形

挿入した図形をクリックして選択すると，周囲にサイズ変更ハンドルと，回転ハンドル，変形ハンドルが表示される。それぞれのハンドルをポイントすると，マウスポインタの形が変化し，ドラッグで操作を行うことで，図形の変形や回転を行うことができる。

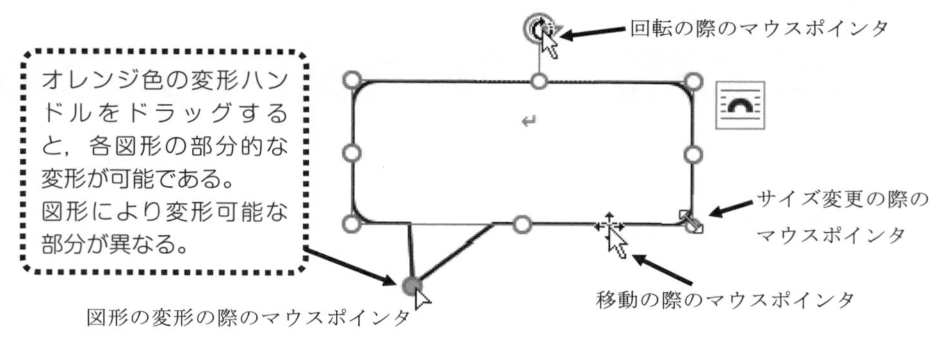

図 2.6.3　移動・サイズ変更・変形・回転

2.6.2　図形の編集

(1) 塗りつぶしと枠線の設定

操作 2.6.2　塗りつぶしと枠線の設定

1. 対象の図形を選択する。
2. 〔描画ツール 書式〕タブの〔図形のスタイル〕グループの〔図形の塗りつぶし〕または〔図形の枠線〕▼をクリックする（図 2.6.4）。
3. 〔テーマの色〕または〔その他の色〕から色を選択する。

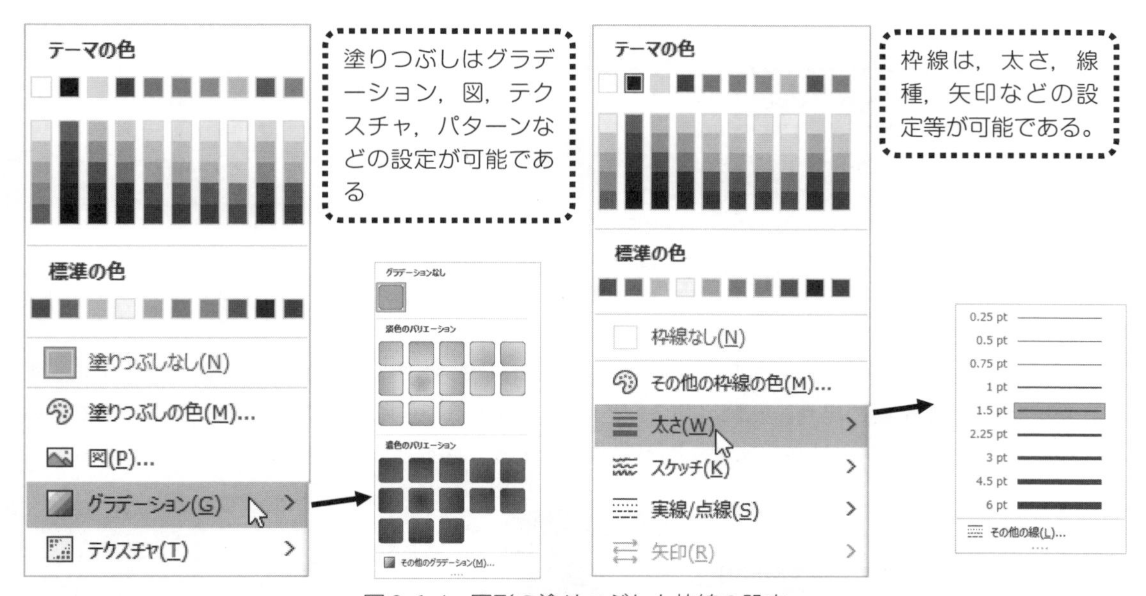

図 2.6.4　図形の塗りつぶしと枠線の設定

(2) 図形への文字追加（テキストボックス）

操作 2.6.3　図形への文字入力と編集

1. 図形を選択した状態で文字を入力する。
2. 文字列を範囲選択し，対象文字を選択し，〔ホーム〕タブの〔フォント〕グループから通常の文字編集と同様に〔フォント〕〔サイズ〕〔フォントの色〕等の設定を行う。

図形（テキストボックス）内の文字列は，〔縦書き〕や〔上下の中央に配置〕するなどの設定を行うことが可能である。

操作 2.6.4　図形内の文字配置　文字方向の変更

1. 図形を選択し枠線上で右クリックし，〔図形の書式設定〕をクリックする。
2. 〔図形の書式設定〕作業ウィンドウの〔文字のオプション〕〔テキストボックス〕を選択する。
3. 〔垂直方向の配置〕〔文字列の方向〕の▼をクリックして，〔上下中央〕，〔縦書き〕等を選択する（図 2.6.5）。

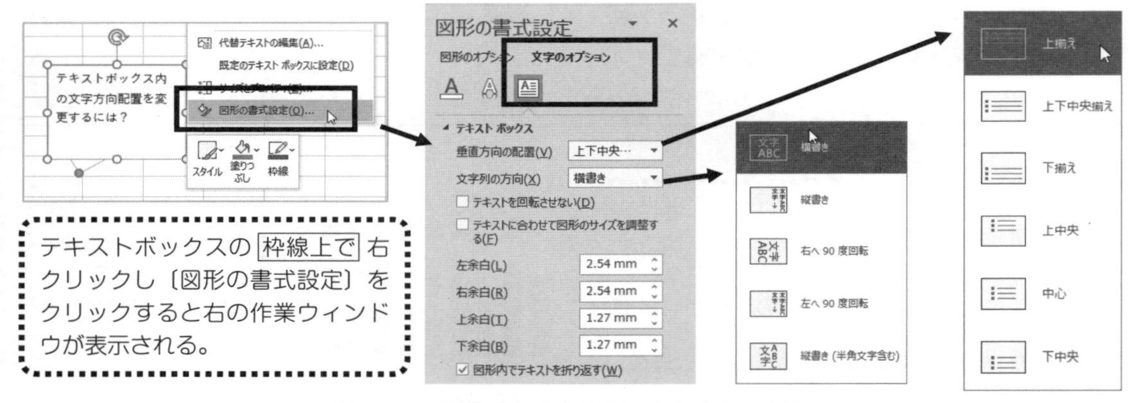

図 2.6.5　図形内の文字配置　文字方向の変更

(3) 図形の配置（重なり順序）

図形は後に描いた図形が上部に重なる状態で表示され，最初に描いた図形の一部が隠されてしまう。たとえば図 2.6.6 の場合，左図にある①，②，③の順番で描くと，②の矢印の上部に後で描いた③の楕円が表示されて，結果矢印の一部が隠れてしまう。図形と図形の重なり順序を調整する。

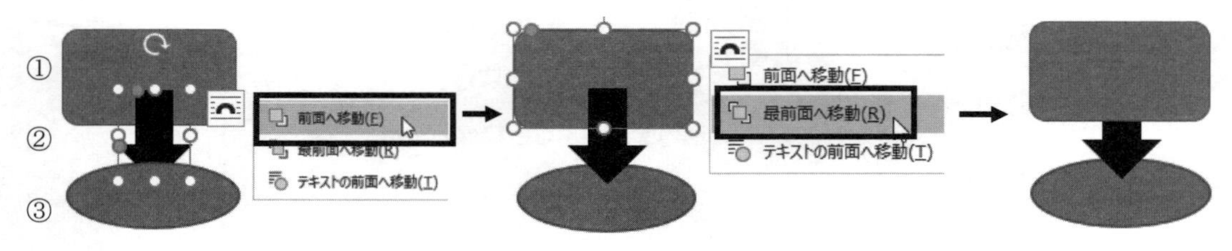

図 2.6.6　複数図形の配置（重なり順序）の変更

操作 2.6.5　図形の配置（重なり順序）の変更

1. 配置変更の対象図形を選択する。
2. 〔図形の書式〕タブの〔配置〕グループの〔前面へ移動〕▼または〔背面へ移動〕▼をクリックして該当配置を選択する（図 2.6.6）。
3. 3つ以上の重なりの場合は，〔最前面へ移動〕▼または〔最背面へ移動〕▼を選択する。（テキストの前面へ移動・背面へ移動は Word のみの機能である。）

(4)　複数図形の整列設定（グループ化）

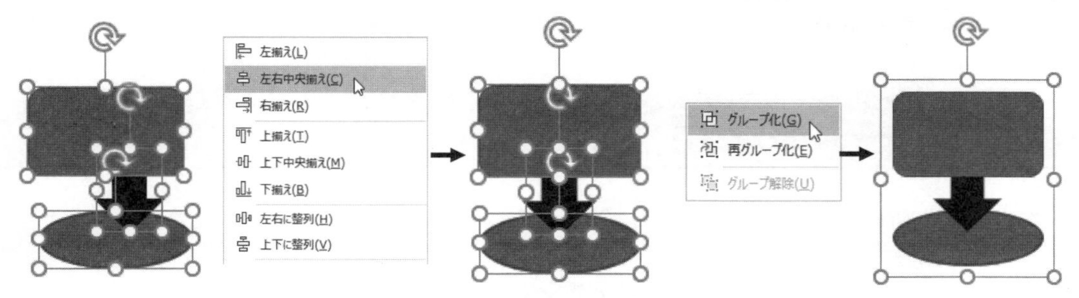

図 2.6.7　複数図形の整列とグループ化

複数図形を整列して配置することができる。整列した図形はグループ化の設定を行うことで，位置関係が保たれ，グループ単位での編集，移動，コピー，削除が可能となる。

操作 2.6.6　図形の整列の変更

1. 対象図形を Shift キーを押しながらクリックして選択する。
2. 〔図形の書式〕タブの〔配置〕グループの〔配置〕▼をクリックして該当配置を選択する。
3. 整列した状態を保つためには，〔図形の書式〕タブの〔配置〕グループの〔グループ化〕▼をクリックして〔グループ化〕を選択する（図 2.6.7）。
4. 個別の図形を編集する場合には，〔グループ化〕▼クリックして〔グループ解除〕を行い個別に図形を選択して編集する。

2.6.3　背景の透過・削除

(1) イラスト等の背景色

背景色のあるイラストを挿入した場合，背景の扱いに困る場合がある。図 2.6.8 の左図はイラストの白い背景色が残った状態であるが，背景色を透過すると右図のようにイラストの背景色を消去できる。

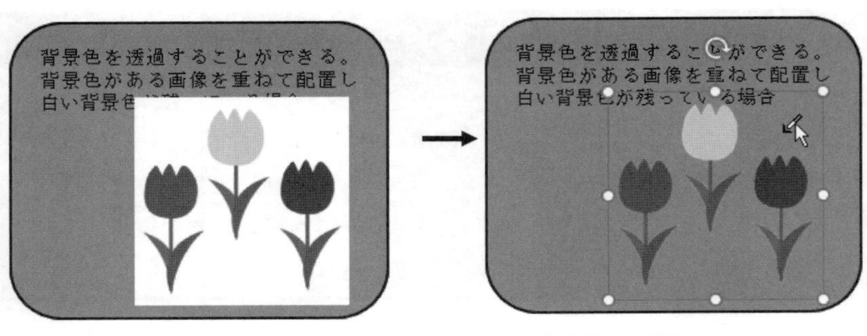

透過可能な色は，画像内の１色のみである。

図 2.6.8　背景色の透過

操作 2.6.7　背景色の透過

1．画像を選択し〔図の形式〕タブの〔調整〕グループから〔色〕▼をクリックする。
2．〔透明色を設定〕をクリックし，マウスポインタの形が ![] の状態で透過したい画像の背景色をクリックする（図 2.6.8）。

(2) 写真の背景削除

図 2.6.9　写真の背景の削除

操作 2.6.8　写真の背景の削除

1．画像を選択し〔図の形式〕タブの〔調整〕グループから〔背景の削除〕をクリックする。削除される部分がピンク色で表示される。
2．〔保持する領域としてマーク〕または〔削除する領域としてマーク〕をクリックし，マウスポインタが鉛筆の形の状態でクリックして適宜ピンク色の範囲を設定し直す。
3．〔変更を保持〕をクリックすると，背景が削除される（図 2.6.9）。（〔すべての変更を破棄〕をクリックすると元の状態に戻すことができる。）

2.7　SmartArt

SmartArt は，図形とテキストを組み合わせた 8 種類のレイアウトが用意されているツールである。SmartArt を使用して情報を視覚的に表現することが簡単にできる。

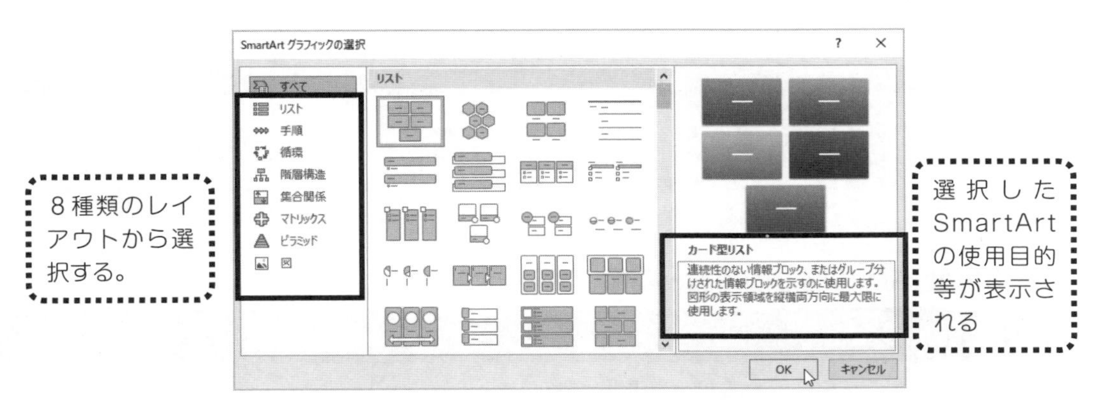

図 2.7.1　SmartArt グラフィックの選択画面

2.7.1　SmartArt の挿入

操作 2.7.1　SmartArt の挿入

1. SmartArt を挿入する箇所にカーソルを移動する。
2. 〔挿入〕タブの〔図〕グループの〔SmartArt〕をクリックする。
3. SmartArt グラフィックの選択画面（図 2.7.1）から該当グラフィックをクリックする。
4. 〔OK〕をクリックする。
5. 挿入された図形内の［テキスト］を選択して文字を入力する。またはテキストウインドウ内の［テキスト］をクリックし文字を入力する。

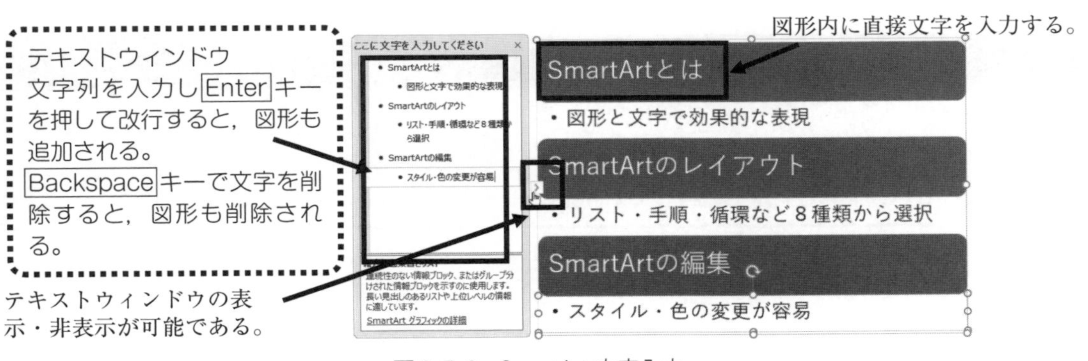

図 2.7.2　SmartArt 文字入力

【PowerPoint の SmartArt の特徴】
PowerPoint ではあらかじめ箇条書き設定した文字列を SmartArt に変換することができる。詳細は第 6 章で学習する。

SmartArt を選択するとリボンに〔SmartArt のデザイン〕タブが表示される（図 2.7.3）。SmartArt の編集はこれらのタブから行う。

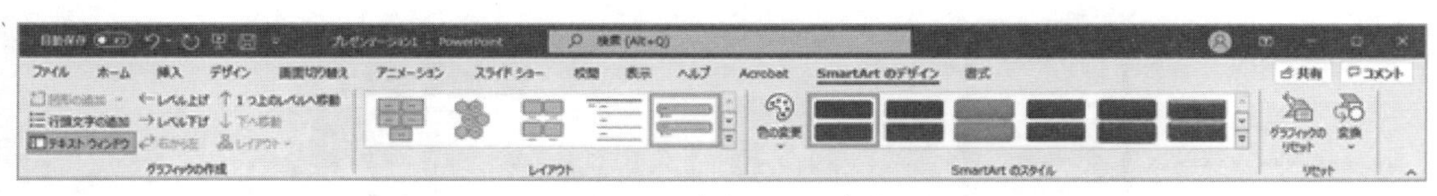

図 2.7.3　SmartArt のデザインタブ（PowerPoint）

2.7.2　SmartArt の図形の追加・削除

操作 2.7.2　図形の追加

1．SmartArt の図形を追加する部分を選択する。
2．〔SmartArt のデザイン〕タブの〔グラフィックの作成〕グループの〔図形の追加〕▼をクリックする。
3．追加する位置を指定する（図 2.7.4）。
追加後，レイアウトに応じて，レベル上げ，レベル下げ等を設定する。

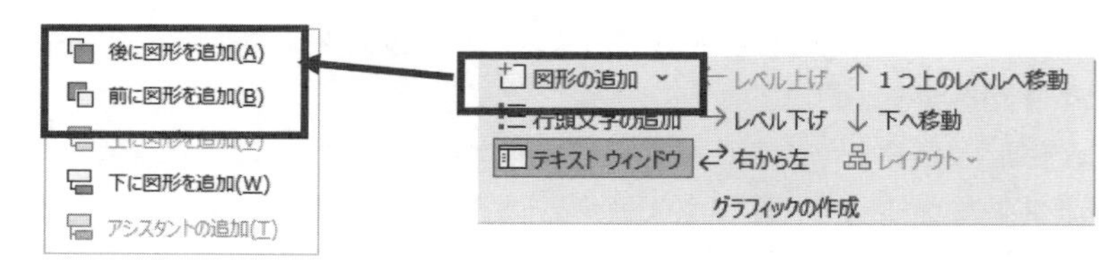

図 2.7.4　SmartArt の図形の追加

操作 2.7.3　図形の削除

1．SmartArt の削除する部分を選択する。
2．Delete キーを押す。
（SmartArt の外枠で全体を選択して Delete キーを押すとすべて削除される）

2.7.3　SmartArt のレイアウト変更

操作 2.7.4　レイアウト変更

1. SmartArt を選択する。
2. 〔SmartArt のデザイン〕タブの〔レイアウト〕グループの一覧▼をクリックする。
3. リストから選択する（図 2.7.5）。

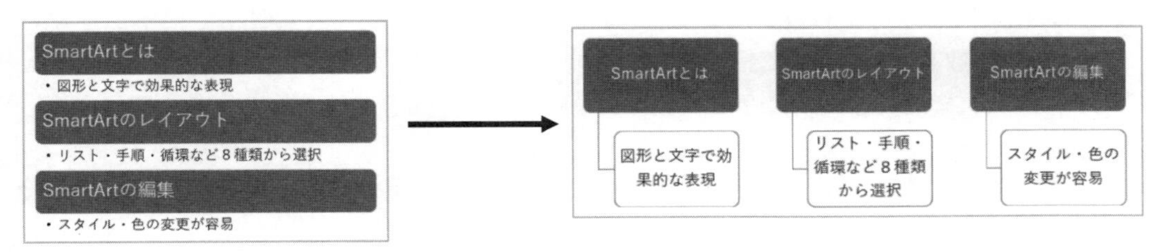

図 2.7.5　SmartArt のレイアウト変更（縦方向箇条書きリストから階層リストへ）

2.7.4　SmartArt のスタイル・色の変更

操作 2.7.5　スタイル・色の変更

1. SmartArt を選択する。
2. 〔SmartArt のデザイン〕タブの〔SmartArt のスタイル〕グループの一覧▼をクリックしリストから選択する。
3. 〔色の変更〕▼をクリックし，一覧から選択する。

2.8　表の設定と編集

表を構成している枠線のことを罫線，1つのマスをセルと呼ぶ。縦のグループを「列」，横のグループを「行」と呼ぶ。セルの色，罫線の種類や太さ，色，セル内の文字のサイズや配置等は，セル（複数セル）を選択した状態で，設定することができる。

ここでは Word と PowerPoint に共通する，表作成機能について学習する。Excel の表作成機能は第 5 章で学習する。

2.8.1　表の挿入（W・P 共通）

操作 2.8.1　表の挿入

1．表の挿入箇所をクリックする。
2．〔挿入〕タブの〔表〕グループの〔表〕をクリックする。
3．次のいずれかの方法で行う。

方法 1（マス目で指定する：8 行×10 列まで）

マス目をドラッグして行数と列数を指定する（図 2.8.1）。

方法 2（行数と列数を数字で指定する）

〔表の挿入〕を選択し，〔列数〕と〔行数〕を指定して〔OK〕をクリックする（図 2.8.1）。

方法 3（ドラッグで罫線を引く方法）

〔罫線を引く〕をクリックし，マウスポインタが鉛筆の形状でドラッグし外枠線を作成する（図 2.8.2）。

4．枠線内に縦罫線，横罫線をドラッグして追加する。
完成後，表以外の場所でクリックして，〔罫線を引く〕マウスポインタを解除する。

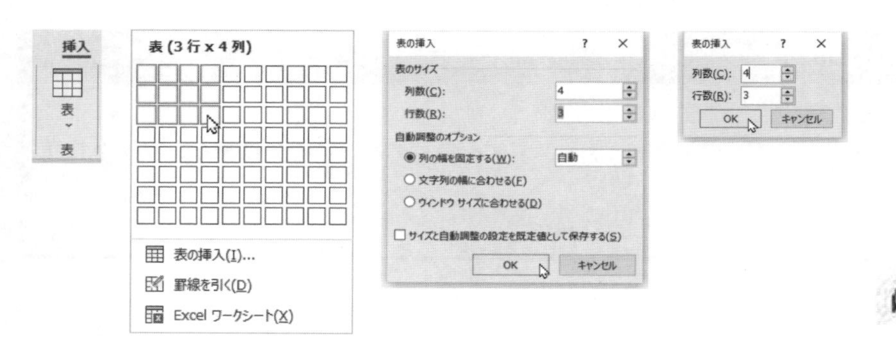

図 2.8.1　表の挿入画面　　　図 2.8.2　罫線を引くマウスポインタ）

操作 2.8.2　表の削除

1．表内をクリックし，〔レイアウト〕タブの〔行と列〕グループの〔削除〕▼をクリックし，〔表の削除〕を選択する。

2.8.2　表の選択（W・P 共通）

表を選択する際にはマウスポインタの変化に注意して行う。

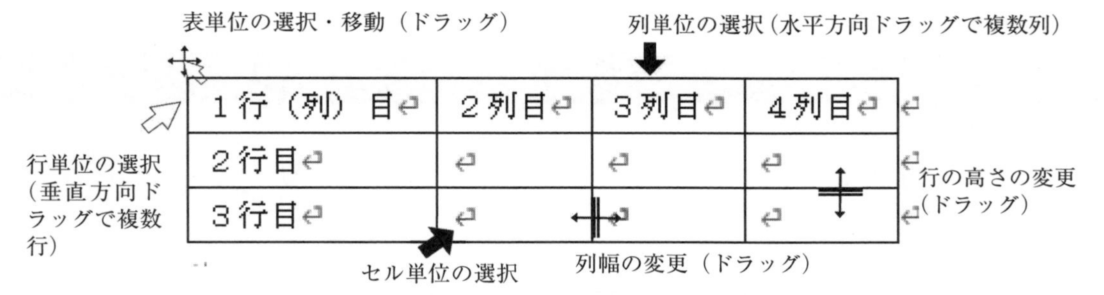

図 2.8.3　表選択・編集のマウスポインタの形状

作成された表内でクリックすると，テーブルデザインタブ，レイアウトタブが表示される。

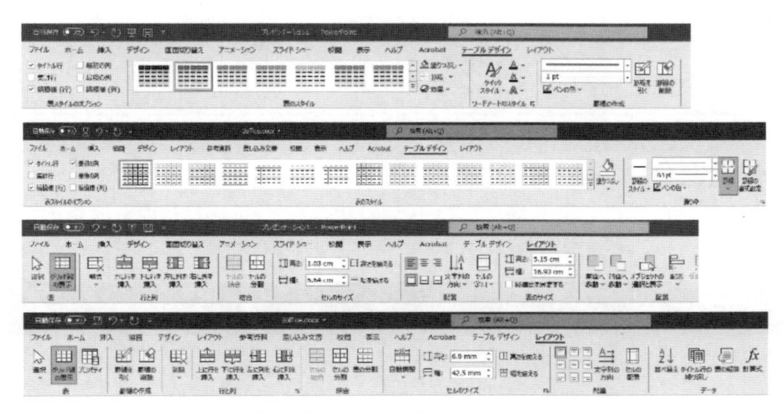

図 2.8.4　テーブルデザインタブ　レイアウトタブ（P・W）

2.8.3　列幅・行の高さの変更（W・P 共通）

操作 2.8.3　幅・行の高さの変更

1．次のいずれかの方法で行う。

方法 1（1列または1行のみの場合）

列間（行間）の罫線上にマウスを移動し，図 2.8.3 の列幅の変更・行の高さの変更のマウスポインタの状態でドラッグする。

方法 2（複数列または複数行の場合は対象セルを選択した状態で）

〔レイアウト〕タブの〔セルのサイズ〕グループの〔高さ〕〔幅〕を指定する。

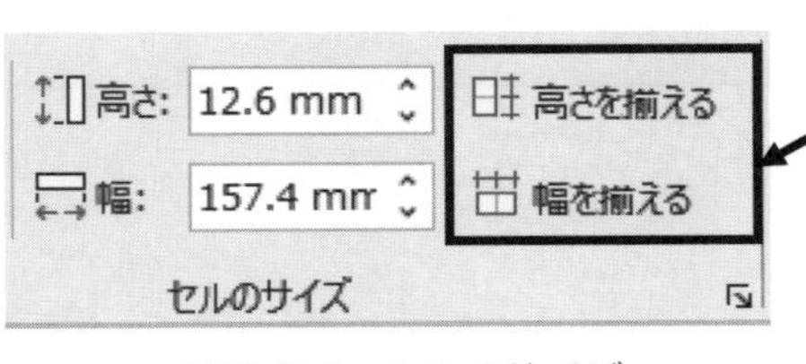

図 2.8.5　セルのサイズ

複数行を選択して，行の高さを揃える，
複数列を選択して，列幅を揃えることができる。

列幅の自動調整
列幅の変更のマウスポインタの状態で右側の罫線でダブルクリックすると，文字列の幅で自動調整される。

2.8.4　列・行の挿入と削除（W・P 共通）

操作 2.8.4　列・行の挿入

1. 挿入したい列または行と隣接するセルにカーソルを移動する。
2. 〔レイアウト〕タブの〔行と列〕グループから〔上に行を挿入〕〔下に行を挿入〕〔左に列を挿入〕〔右に列を挿入〕のいずれかを選択する。

操作 2.8.5　列・行の削除

1. 挿入したい列または行と隣接するセルにカーソルを移動する。複数の場合はドラッグして選択する。
2. 〔レイアウト〕タブの〔行と列〕グループから〔削除〕▼をクリックする。
3. 〔列の削除〕〔行の削除〕のいずれかを選択する。

2.8.5　セルの結合と分割（W・P 共通）

複数のセルを1つのセルとして扱う場合にはセルの結合を，1つのセルを複数のセルに分ける場合はセルの分割を設定する。

操作 2.8.6　セルの結合

1. 対象となるセルを範囲指定する。
2. 〔レイアウト〕タブの〔結合〕グループの〔セルの結合〕をクリックする。

操作 2.8.7　セルの分割

1. 対象となるセルを範囲指定する。
2. 〔レイアウト〕タブの〔結合〕グループの〔セルの分割〕をクリックする。
3. セルの分割画面から〔列数〕〔行数〕を入力し〔OK〕をクリックする。

2.8.6　セル内の文字配置（W・P 共通）

操作 2.8.8　セル内の文字配置

1. 対象セルにカーソルを移動する。または選択する。
2. 〔レイアウト〕タブの〔配置〕グループからいずれかを選択する（図 2.8.6）。

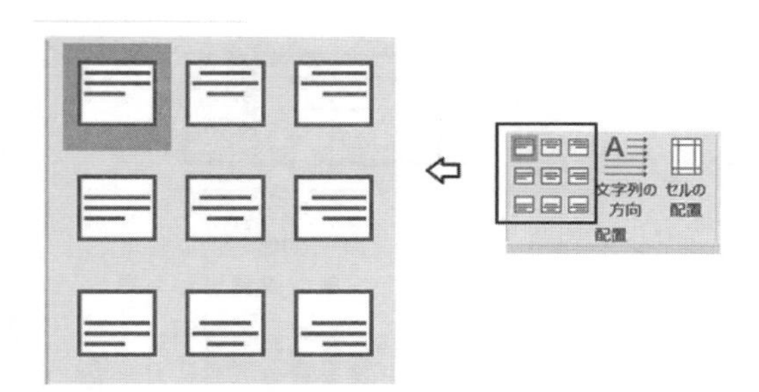

セル内に不要な段落（改行）があると上下方向の中央に正しく配置されない場合がある。
不要な段落（改行）を削除して設定する。

文字列の方向をクリックして，セル内の文字列を縦書きに設定することができる。

図 2.8.6　セル内の文字配置

2.8.7　表のスタイル設定（W・P 共通）

表のスタイルを設定すると，表全体に罫線やセルの色が設定される。

操作 2.8.9　表のスタイル

1. 表内でクリックしカーソルを移動する。または選択する。
2. 〔テーブルデザイン〕タブの〔表のスタイル〕グループ〔表のスタイル〕▼をクリックし，一覧からいずれかを選択する（図 2.8.7）。

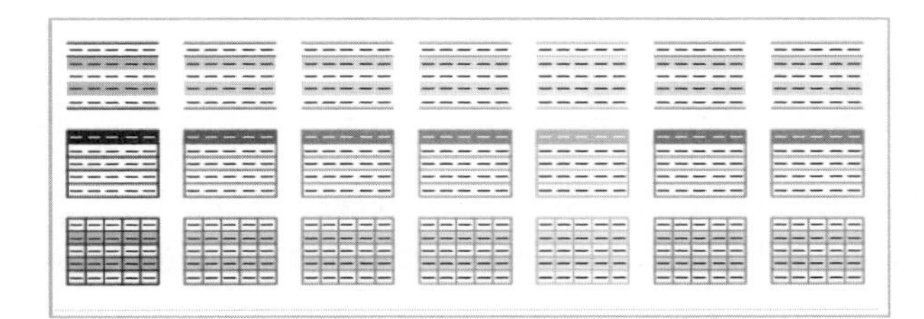

PowerPoint では
設定したスライドのテーマにより，スタイルの一覧にテーマにあった配色のデザインが表示される。

図 2.8.7　表のスタイル一覧（一部）

2.8.8　罫線とセルの色の設定（W・P 共通）

罫線の種類や太さ，色，セルの塗りつぶしと網掛けの色を設定する。

操作 2.8.10　罫線の設定

1. 罫線を変更するセル範囲（行・列）を選択する。
2. 〔テーブルデザイン〕タブの〔飾り枠（W)〕〔罫線の作成（P)〕グループ〔ペンのスタイル〕〔ペンの太さ〕〔ペンの色〕▼をそれぞれクリックし，一覧からいずれかを選択する（図 2.8.8）。
3. **方法 1**
   〔罫線〕▼をクリックし一覧からいずれかを選択する。
   方法 2
   マウスポインタが，ペンまたは鉛筆の形状の状態で，罫線をなぞるようにドラッグする。

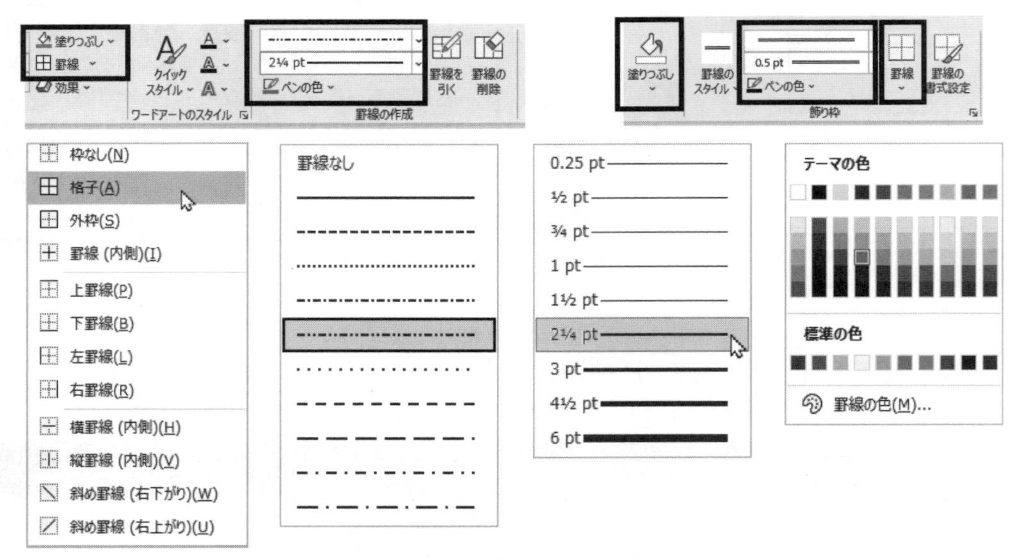

図 2.8.8　罫線とセルの設定

2.9　グラフの設定と編集

挿入タブの〔グラフ〕から作成できるグラフの種類は 16 種類あり，さらに組み合わせやバリエーションを含めると，60 種類以上になる。機能や編集方法は共通しているため詳細なグラフ作成機能は第 5 章 Excel で学習する。ここでは Word と PowerPoint に共通する Excel とは異なる作成方法について学習する。

2.9.1　グラフの挿入（W・P 共通）

Excel では入力済みのデータを使用してグラフを作成するが，Word と PowerPoint でグラフを作成する場合には，先にグラフの種類を選択して，その後データを入力して完成させることができる。

操作 2.9.1　グラフの挿入

1. グラフを挿入する位置をクリックする。
2. 〔挿入〕タブの〔図〕グループ〔グラフ〕をクリックする。
3. グラフの挿入画面の左の一覧から種類を選択し，右上部のバリエーションからグラフを選択し〔OK〕をクリックする（図 2.9.1）。
4. データの編集ウィンドウ内のセルをクリックし，項目データ，数値データを適宜入力する。グラフ内にデータが反映される（図 2.9.2）。
5. 入力が完了したら，編集ウィンドウを閉じる。

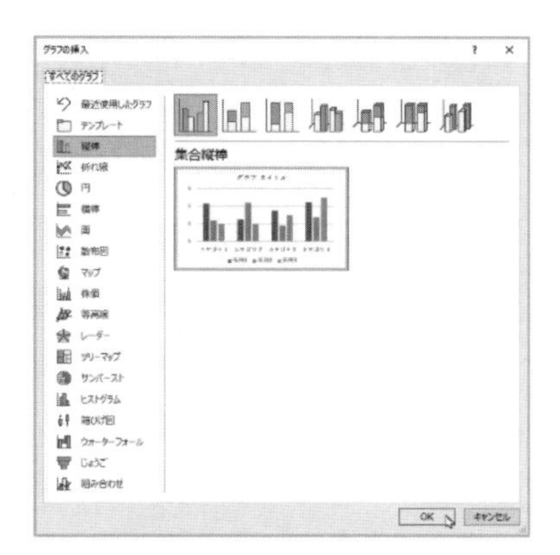

図 2.9.1　グラフの挿入画面

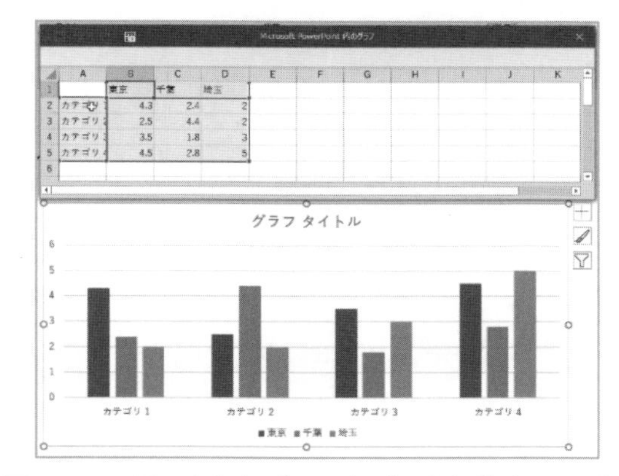

図 2.9.2　挿入されたグラフとデータ編集ウィンドウ

2.9.2　グラフの編集（W・P・E 共通）

操作 2.9.2　グラフの編集（詳細は第 5 章グラフの作成参照）

1．グラフを選択し，サイズと配置を変更する。
2．〔グラフのデザイン〕タブ内のコマンドを使用して編集する。

2.9.3　データの修正（W・P 共通）

操作 2.9.2　グラフの編集

1．グラフを選択し，〔グラフのデザイン〕タブ内の〔データ〕グループ〔データ編集〕をクリックする。
2．データの編集ウィンドウ内のセルをクリックし修正内容を入力する。

3 インターネット

この章ではインターネット全般を概説する。IT 革命という言葉に象徴されるように，特に 1990 年代以降の急激な ICT（Information and Communication Technology：情報通信技術）の発展は社会に急激な変化を生み出し，人々の生活様式や行動様式をも変えつつある。ICT の代表的なものの 1 つがインターネットであり，現在では社会の基盤として必要不可欠のものとなっている。その一方で，従来存在しなかった犯罪やプライバシーの侵害などの様々な問題も生じており，インターネットを使う側においても基本的なリテラシーが求められている。この章ではこれらのことを念頭におき，インターネットの基本的な仕組みと，インターネット上の代表的なサービス，また，インターネットを利用する上での注意点などを学んでいく（なお，本章で例示している URL やドメイン名はすべて架空のものである）。

3.1 インターネットとは

3.1.1 インターネットの概要

複数のコンピューターをケーブルや無線などを使って接続し，互いに情報のやりとりができるようにした仕組みのことを，ネットワークと呼ぶ。インターネットの inter とは「中間」や「相互」の意味を持った言葉であり，インターネットとは全世界のネットワークを相互に接続した巨大なコンピューターネットワークのことである。特に，現在では IP（Internet Protocol）という決まりに従って接続された世界的規模のコンピューターネットワークのことを指す。

インターネットは全体を統括するコンピューターの存在しない分散型のネットワークであり，全世界に無数に存在するコンピューターが相互に接続されサービスが提供されている。インターネット上の通信で用いられるプロトコル（通信規約，通信手順）は，先の IP 以外にも，転送プロトコルの TCP や UDP，WWW で用いられる HTTP，チャット（IRC），ファイル転送（FTP），ストリーミングなど様々なプロトコルが存在するが，これらのプロトコルの定義の多くは，インターネットに関する技術の標準として公開されており，様々な企業や団体がこの定義に従って，機器やソフトウェアを作成しており，また，インターネット上で提供されるサービスやアプリケーションにおいても，WWW や電子メールなどの基本的なものからオンラインショッピングやインターネットバンキングなどの複雑なものまで，その大部分が機種に依存しないこれらの標準化されたプロトコルを利用している。このため，パソコンをはじめとして，スマートフォン，携帯電話，ゲーム機，テレビ，といった様々な機器を機種の違いを超えてインターネットに接続させることができる。

3.1.2 インターネット上のコンピューター間の情報のやりとり

ネットワーク上で，情報やサービスを他のコンピューターに提供するコンピューターをサーバ，サーバから提供された情報やサービスを利用するコンピューターをクライアントと呼ぶ。インターネット上には，メールサーバや Web サーバなど様々な役割の多数のサーバが設置されており，それらのサーバが，クライアントからの要求に従って，情報を別のサーバに送ったり，持っている情報をクライアントに渡したりすることで，電子メールや WWW などの様々なサービスを提供している。

インターネットでは，コンピューター間の通信を行うために，それぞれのコンピューターに IP アドレスと呼ばれる番号を割り振っている（IP アドレスの例：198.168.0.1）。IP アドレスは，人間にとって扱いにくいので，インターネット上で情報を提供するサーバコンピューターを特定するためには，通常，ドメイン名が用いられる（図 3.1.1）。インターネット上には，これらのドメイン名と IP アドレスを変換する機能を持つサーバ（これを DNS サーバと呼ぶ）があり，ドメイン名を IP アドレスに変換し，目的とする情報を提供するコンピューターを見つける。

ドメイン名のピリオドで区切られた部分はラベルと呼ばれ，最も右側のラベルはトップレベルドメイン（Top Level Domain：TLD）と呼ばれる。この TLD は 2 種類に大別され，1 つは分野別トップレベルドメイン（gTLD: generic TLD），他は国コードトップレベルドメイン（ccTLD: country code TLD）となる。表 3.1.1 に gTLD と ccTLD の一部を示す。また，日本を示す「jp ドメイン」については表 3.1.2 に示すような分類がなされている。このようにドメイン名から，そのドメイン名により提供されるサービスがどのような組織によって管理・運営されているのかがある程度推測することができる。

ホームページ	[www.example-rei.com]
電子メールアドレスの場合	jiro@[example-rei.com]

[　　　]で囲った部分がドメイン名

図 3.1.1　ドメイン名

表 3.1.1　gTLD と ccTLD（一部）

種別	TLD	目的	備考	種別	TLD	国など
gTLD	com	商業組織用	世界の誰でも登録可	ccTLD	cn	中国
	org	非営利組織用			de	ドイツ
	gov	米国政府機関用	米国政府機関		eg	エジプト
	int	国際機関用	国際機関		eu	ヨーロッパ連合
	info	制限なし	世界の誰でも登録可		in	インド
	biz	ビジネス用	ビジネス利用者		jp	日本

表 3.1.2　jp ドメインの分類（主なもののみ）

ac.jp	大学など
co.jp	株式会社など
go.jp	日本の政府機関など
or.jp	財団法人，社団法人など
ne.jp	日本で提供されるネットワークサービス
ed.jp	保育所，幼稚園，小学校，中学校，高等学校など

練習問題 3.1　URL 参照

3.2　インターネット上の様々なサービス

インターネットを利用したサービスとして，WWW，電子メール，映像／音楽の配信，情報検索システム，インターネットショッピング，インターネットバンキング，SNS などがある。ここでは，それらの中からいくつかを解説する。

3.2.1　WWW（World Wide Web）

インターネット上で情報を公開する Web サイトはホームページと呼ばれることが多いが，本来は Web サイトの入り口のページがホームページと呼ばれていた。しかし，日本では Web サイトと同じ意味で使われることが多い。このホームページを扱うための仕組みが WWW となる。WWW は直訳すると「世界中に張られたクモの巣」となる。これは，ドキュメント（ウェブページ）の記述に用いられる HTML や XHTML といったハイパーテキスト記述言語では，ドキュメントに別のドキュメントの URL（Uniform Resource Locator）への参照を埋め込むことでインターネット上に散在するドキュメント同士を相互に参照可能にすることができ，これがクモの巣を連想させることから名付けられた。

ホームページに記述されている情報は，インターネット上の Web サーバと呼ばれるホームページ公開用のコンピューターの中にあり，それを閲覧しようとしている端末から，Web サーバに情報獲得のリクエストを行い，それにより記述されている情報が端末に送信され，閲覧しようとしている端末でホームページを見ることができる。もう少し具体的に述べると，端末上で Web ブラウザという専用のソフトウェアで URL を指定すると，Web ブラウザがインターネット上の Web サーバを探して，目的のホームページをコンピューターにある情報を画面上に表示する。URL は

http(s)://www.example-rei.ac.jp/Johoshori/internet_joho.html

のように記述し，「http(s)」の部分はスキーム名と呼ばれホームページの閲覧に使用される HTTP というプロトコルを，「www.example-rei.ac.jp」は Web サーバを，その後の「/Johoshori/internet_joho.html」は Web サーバの中のホームページの情報が保存されている場所を示している。URL の最後には「.htm」や「.html」という表記がよく用いられるが，これはそのホームペー

ジが，HTML形式のファイルであることを示している。HTMLファイルの中には，画像や動画，音声などのマルチメディア情報も指定することができ，これにより，ホームページ上で様々な種類のコンテンツを利用することができるため，広く用いられる一因となった。

なお，URLはWebページを示すだけでなく，スキーム名を変更することによって，例えば

http(s)	ホームページの閲覧
ftp	ファイルの転送
mailto	電子メールの宛先
file	ファイルシステムの中のディレクトリやファイルを参照

といった事柄を指定することもできる。

また，Webブラウザには代表的なものとして，Microsoft Edge（Microsoft社），Firefox（Mozilla Foundaiton），Google Chrome（Google社），Safari（Apple社）等があるが，あるホームページの内容がすべてのWebブラウザで同じように動作しないこともあり，インターネットバンキングなど重要なサービスにおいては，正しく動作するWebブラウザを限定している場合が多い。

3.2.2　電子メール

電子メール（e-mail）とは，コンピューターネットワークを通じてメッセージを交換するシステムであり，現実世界の郵便に似たシステムであることからこの名前がついた。やりとりできるメッセージは文字（テキスト）だけでなく，文書ファイルや画像なども添付ファイルとして扱うことができる。

電子メールの利点としては，以下が挙げられる。

- 相手の時間を拘束しない：送信したいときに送ることができ，受信側も読みたいときに読むことができるため，相手の時間を拘束しない
- 同時に多くの人に送ることができる：電話などのコミュニケーションでは「1対1」が基本であるが，電子メールを使えば「1対多」という形で情報を送ることができる
- デジタルデータであり，検索性に優れている：検索を行うことができ，必要に応じて再利用することもできる
- 伝達ミスの防止：送受信記録がデータとして残り，活字で確認できるので，間違いが減る，など

一方，欠点としては，以下が挙げられる。

- 読まれているのかどうかわからない：通常，相手が受信したかどうかはわからない
- 送信した事柄が残ってしまう：不適切な事柄を送信してしまっても，取り消すことはできない，など

電子メールを送る際には，送り先を指定するためのアドレス（e-mailアドレス，または，電子メールアドレス）を用いる。電子メールのアドレスは，通常“xxxx@example-rei.co.jp”のように示される。@の後には，アドレスの持ち主が所属する組織や利用しているインターネットサービスプロバイダなどの事業者のドメイン名が用いられる。

電子メールの送受信は，インターネット上の多くのメールサーバが連携し行っている。電子メールを送信すると，インターネットサービスプロバイダや勤務先や学校にあるメールサーバにデータが送られ，これを受け取ったメールサーバは，宛先として指定されているメールサーバにそのデータを送

信する。宛先に指定されたメールサーバにデータは保管され，受取人がそのデータを閲覧することで電子メールが届いたことになる。

電子メールの送受信の方法は，従来は専用の電子メールソフトを用いることが多かったが，この方法では定められたコンピューター端末での送受信に限られることが多かったため，近年ではWebブラウザを用いて電子メールの送受信を行うWebメールや，スマートフォンのアプリを用いて電子メールの送受信を行うなど，様々な方法がある。

以下では，上記のどのような方法を用いても，共通して必要となる電子メールに対する事柄を述べる（なお，下記の名称は一般的なもので，メールソフトやWebメールによっては若干名称が異なる場合もある）。

A　宛先について

① To　電子メールの宛先を記述する。送りたい相手が複数いる場合は，「,」で区切って複数の宛先の入力が可能であることが多い。

② Cc 「Cc」はカーボン・コピー（Carbon Copy）の略であり，複写を意味する。「Cc」に入力したメールアドレスにも，「To」に送ったものと同じメールが送信され，通常「確認のための送信，念のための送信」という場合に「Cc」を用いる。

なお，ビジネス目的で電子メールを使用する場合，Ccを用いた場合は本文中に記述する宛名の下に，「Cc：○○様」とCcの宛先人を明記することが推奨されている。これは明記しないと「To（宛先）」で受信した人がCCに入っていることに気がつかず，返信の際に送信者のみに返信をしてしまい共有が漏れることや，不適切な内容を書いて全員に返信してしまう可能性があるためである。

③ Bcc 「Bcc」は，ブラインド・カーボン・コピー（Blind Carbon Copy）の略で，「Bcc」に入力されたメ－ルアドレスは，ToやCcや他のBccでの受信者には表示されない。取引先へのメールを上司に念のため見せておきたいときや面識がない複数の相手にメールを送る場合など，他の受信者がいることを隠したい場合や，受信者のメ－ルアドレスをわからないようにして送りたい場合は「Bcc」を用いる。

B　件名（メールのタイトル）

届いたメールがどのような内容かわかるように，受け手の立場に立って書く。

C　本文

メールの内容を記述する。

D　添付ファイル

電子メールには，様々な種類のファイルを添付することができる。ただし，あまりにも大きなサイズの添付ファイルは送受信するサーバに負担をかけるためファイルサイズに制限を設けている学校や企業，プロバイダもある。このような場合は添付するファイルを圧縮しファイルサイズを減らすか，ファイル転送サービスを用いる。また，企業によってはセキュリティの観点から添付ファイル付きのメールの送受信を禁じているところもある。

3.2.3　SNS

SNSは，ソーシャル・ネットワーキング・サービス（Social Networking Service）の略で，Facebook, Twitter, LINE, Instagramなどに代表されるような，登録された利用者同士が交流できるWebサイト上の会員制サービスである。ホームページの掲示板などによる交流は広く一般に公開されることが前提であることが多いが，友人同士や，同じ趣味を持つ人同士が集まったり，近隣地域の住民が集まったりと，ある程度閉ざされた世界にすることで，密接な利用者間のコミュニケーションを可能にしている。

多くのSNSでは，自分のプロフィールや写真を掲載することができ，その公開範囲も，完全公開，直接の友人まで，非公開，などという形で制限できる。また，メッセージ機能やチャット機能，特定の仲間の間だけで情報やファイルなどをやりとりできるグループ機能など，多くの機能があり，さらにパソコンだけではなく，携帯電話やスマートフォンなど，インターネットに接続できる様々な機器で，いつでも様々な所で使うことができる。また，利用者同士が交流しながら遊ぶソーシャルゲームなどにおいてもSNSの要素が含まれていることが多い。近年，会社や組織の広報としても利用されており，WWW，電子メールに匹敵するコミュニケーションツールとして認知されている。

3.2.4　インターネットショッピング

インターネット上のショッピングサイトと呼ばれるホームページでは，インターネットを用いて買い物をすることができる。多くのショッピングサイトでは，Webサーバとデータベースサーバを連携させ，データベースサーバに顧客情報，商品情報，在庫情報，販売情報などを保管し，ショッピングサイトの訪問者が入力した情報が，リアルタイムにデータベースに書き込まれ，更新される。具体的には，商品を購入すると，購入情報（購入者の顧客情報や購入商品とその在庫情報）がデータベースに登録され，ショッピングサイト側は，利用者に購入受付が完了したことをホームページの画面上または電子メールなどで通知し，受注情報をショップの管理者に通知する。ショップの管理者は，この情報から受注・決済などの処理（在庫確認，受付通知，入金確認など）を行い，受注処理をもとにデータベースの情報処理経過や在庫数更新など）を更新し，これらの処理の経過状況を購入者に電子メール等で通知する。そして，商品の発送処理（発送準備，発送など）や請求処理を行い，購入者に商品が届けられる。また，ショッピングモールと呼ばれる様々なショッピングサイトが集まっているサイトがあり，ここでは通常，ショッピングモールの管理会社がWebサーバやデータベースサーバを用意して，ショッピングサイトの仕組みを提供している。

一般にショッピングサイトでは会員登録が必要となり，会員登録の際に商品の発送先や決済の情報も登録することが多い。これにより購入者は購入の度にこれらの情報の入力を行わずに利用ができるため利便性が向上し，また，ショップの管理者側は顧客管理などを効率的に行うことができる。しかし，これはショップ側に重要な情報を預けることになるため，ショップ側は登録された情報を適切に管理することが要求される。

練習問題 3.2　URL 参照

3.3　インターネットへの接続

パソコンやタブレットなどで，一般家庭などから接続する場合は，用いる通信回線を決め，インターネットへの接続を行うインターネットサービスプロバイダ（以下，プロバイダ）と呼ばれる業者と契約を結ばなければならない。通信回線には，通信会社の光接続，ケーブルテレビ会社のインターネット接続サービスなどがあり，料金プランも様々であるため，自身に最も合ったものを選ぶ必要がある。タブレットなどで自宅の好きな場所からインターネットに接続したい場合は，ワイヤレスで接続できる WiFi 環境が必要となり，一般的には WiFi ルータなどをプロバイダとのインターネット接続に使っているルータやモデムにつなげて使う方法である。

また，駅や電車内，店舗やカフェ，ホテルなどにおいても公衆無線 LAN サービスによりインターネットに接続できるところが増えてきたが，これらは有料のものと無料のものがあり，利用するためにはそれぞれのサービスに登録を行わなければならないことが多い。

一方，公衆無線 LAN を使わないでインターネットに接続するためには，携帯電話キャリアやインターネットサービスプロバイダが提供するモバイルルータや，スマートフォンのデータ通信を他の端末でも使用できるようにするデザリングなどの方法がある。

企業や学校など組織の単位ごとに作られたネットワークを外部のネットワークと接続するためには，ルータと呼ばれる機器を用いて，プロバイダを経由して接続していることが多い。これらの組織のネットワークに自身のパソコン，タブレット，スマートフォンなどを接続するためには，その組織の定めた方法により接続しなければならない。なお，企業などで機密保持が要求される場合は，定められた情報機器以外の機器（私物のパソコンなど）のネットワークへの接続をできないようにしている場合もある。

以下に，接続や接続の際のトラブル解決の際に必要となる事柄について，一部 3.1.2 項で述べた事柄と重複する部分もあるが，詳述する。

3.3.1　DNS

DNS は，Domain Name System の略で，インターネット上で ドメイン名 を管理・運用するために開発されたシステムであり，現在インターネットを利用するときに必要不可欠なシステムのひとつである。インターネットに接続している機器には「IP アドレス」という番号が割り当てられており，インターネット上における通信は，この IP アドレスを用いて行われる。この「あるドメイン名にはどの IP アドレスが対応しているか」を保持，あるいは検索するためのシステムが DNS となる。

DNS では，あるサーバがドメイン名情報をすべて持っているわけではなく，自分の管理するドメインのうち一部を他のサーバに管理を任せる「委任」と呼ばれる仕組みでデータを階層ごとに分散化しており，DNS は世界中に存在する多数のサーバが協調しあって動作するデータベースとなっている。

3.3.2　IP アドレス

インターネットにおいては，基本的には通信するコンピューターごとに「IP アドレス」と呼ばれる固有の番号を割り当てることが通信の前提となっており，インターネットに接続する各組織に対して固有のIPアドレスの範囲が割り当てられている。各組織は割り当てられたIPアドレスの範囲の中からインターネットに接続する各コンピューターにIPアドレスを割り当てていく。

IPアドレスはおよそ43億個のアドレスを割り当てることができるが，インターネットが爆発的に成長した結果，IPアドレスを必要とする端末が急増し，43億個だけではいずれ枯渇することが懸念された。このため，直接インターネットに接続されていないLAN（Local Area Network）内のコンピューターには一定の範囲のIPアドレス（これをプライベートIPアドレスと呼ぶ）として割り当て，インターネットに接続する機器にのみ従来のIPアドレス（これをグローバルIPアドレスと呼ぶ）を割り当てる仕組みが生み出された。

一方，IPアドレスの枯渇に抜本的に対処するため，IPv6と呼ばれる規格が開発された（これに対して従来から使われているものはIPv4規格と呼ばれる）。近年開発されているソフトウェアや機器の多くはIPv4とIPv6の両方に対応しているため，IPv6の利用も増えつつある。

練習問題3.3　URL参照

3.4　情報セキュリティと情報倫理

3.4.1　情報セキュリティ上の問題

(1) コンピューター・ウイルス

コンピューター・ウイルスは，電子メールやホームページ閲覧などによってコンピューターに侵入する特殊なプログラムであり，マルウェア（“Malicious Software”「悪意のあるソフトウェア」の略称）という呼び方もされている。ウイルスの感染経路としては，以下が挙げられる。

- ホームページ経由
  - ◆ プログラムの脆弱性の悪用。かつては悪意を持ったWebサイトを閲覧しなければ大丈夫とされていたが，現在では正規のWebサイトの改ざんも報告されている）
  - ◆ 信頼できないサイトで配布されたプログラムのインストール
  - ◆ 無料のセキュリティ対策ソフトに見せかけて悪意のあるプログラムをインストールさせようとする，など
- 電子メールの添付ファイル経由
  - ◆ 添付ファイル名を巧妙に変更して文章形式のファイルに見せかける，など
- USBメモリー経由，など

ウイルスの活動としては，以下が挙げられる。

- 自己増殖：インターネットやLANを通じてより多くのコンピューターに感染する
- 情報漏えい：コンピューターに保存されている情報の外部の特定のサイトへの送信やインターネット上での公開，など
- バックドアの作成：コンピューターに外部から侵入しやすいように「バックドア」と呼ばれる裏口を作成し，そのコンピューターを外部から自由に操作する

- コンピューターシステムの破壊：特定の拡張子を持つファイルの自動的な削除や，コンピューターの動作の停止，など
- メッセージや画像の表示：メッセージや画像の表示をする，など

なお，従来多かった「メッセージや画像の表示」は，近年減っており，代わりに「情報漏えい」や「バックドアの作成」を行うものが増えている。

(2) 不正アクセス

不正アクセスとは，本来アクセス権限を持たない者が，サーバや情報システムの内部へ侵入を行う行為のことを指す。不正アクセスの例として，次のような事柄が挙げられる。

- ホームページやファイルの改ざん
  ホームページの内容を書き換えたり，保存されている顧客情報や機密情報を奪ったり，重要なファイルを消去する。
- 他のシステムへの攻撃の踏み台
  不正アクセスによって侵入されたシステムは，攻撃者がその後いつでもアクセスできるように，バックドアと呼ばれる裏口を作られてしまうことが多く，攻撃者はそのシステムを踏み台として，さらに組織の他のシステムに侵入しようとしたり，そのシステムからインターネットを通じて外部の他の組織を攻撃したりする。

(3) 詐欺等の犯罪

インターネットにおける犯罪としては，偽物のホームページに誘導し個人情報などを窃取するフィッシング詐欺，電子メールなどで誘導してクリックしたことで架空請求などをするワンクリック詐欺，商品購入などで架空出品をしてお金をだましとるオークション詐欺，公序良俗に反する出会い系サイトなどにかかわる犯罪，など多様なものがある。

(4) 事故・障害

事故や障害も情報システムのセキュリティ上の問題となることがある。

- 人による意図的ではない行為
  人による意図的でない行為とは，操作ミスや設定ミス，紛失など，いわゆる「つい，うっかり」のミスを指し，例えば，電子メールの送信先の間違えや，USB メモリーの紛失による機密情報の漏えい，などがある。
- システムの障害などの事故
  機器やシステムの障害や自然災害などによる，データの消去や情報システムの停止がある。

3.4.2　情報セキュリティを保つための対策

ここでは，コンピューターの利用を前提とした対策を述べるが，タブレットやスマートフォンなどでも基本的には同様となる。

(1) ソフトウェアの更新

ソフトウェアの更新は，脆弱性（ぜいじゃくせい）をなくすために必要な重要な行為である。脆弱性とは，コンピューターのOSやソフトウェアにおいて，プログラムの不具合が原因として発生した情報セキュリティ上の欠陥のことをいい，セキュリティホールとも呼ばれる。脆弱性が残された状態でコンピューターを利用していると，不正アクセスに利用されたり，ウイルスに感染したりする危険性がある。

脆弱性を塞ぐには，OSやソフトウェアの更新（アップデート）が必要となる。例えば，Windowsの場合は，サービスパックやWindows Updateによって，それまでに発見された脆弱性を塞ぐことができる。しかし，常に新たな脆弱性が発見される可能性があるため，常にソフトウェアの更新を行い，最新の状態に保たなければならない。

(2) ウイルス対策ソフトの導入

ウイルスからコンピューターを守るためには，ウイルス対策ソフトを導入する必要がある。ウイルス対策ソフトは，外部から受け取ったり送ったりするデータを常時監視することで，インターネットやLAN，記憶媒体などからコンピューターがウイルスに感染することを防ぐ。なお，近年はセキュリティ対策ソフトとしてウイルス感染対策以外の機能も併せ持ったソフトが多く存在している。

また，これらのソフトのデータは常に最新のものに更新しておかなければならず，多くのソフトではインターネットに接続していると自動的に最新のデータに更新される設定となっている。

(3) 怪しいホームページやメールへの注意

これまで述べたような対策をとったうえで，さらに，怪しいホームページを開かない，そのようなホームページに接続する可能性のある迷惑メールや掲示板内などのリンクに注意する，不審なメールの添付ファイルを開かないなどの注意が必要となる。最近では，SNSなどで用いられる短縮URLが，怪しいホームページなどへの誘導に使われる例もある。

(4) 適切なパスワード管理

パスワード管理を適切に行うためには，安全なパスワードの設定（図3.4.1参照），適切なパスワードの保管，定期的なパスワードの変更と使い回しをしない，ということが挙げられる。

また，パスワードが他人に漏れてしまえば意味がないため，保管の際にも，パスワードは他人には秘密にする，パスワードは電子メールでやりとりしない，パスワードのメモをディスプレイなど他人の目に触れる場所に貼ったりしない，などの事柄に注意しなければならない。

パスワードを使い回していた場合，次のような情報漏えいの恐れが生じる。もし重要情報を利用しているサービスで，他のサービスからの使い回しのパスワードを利用していた場合，他のサービスから何らかの原因でパスワードが漏えいしてしまえば，第三者に重要情報にアクセスされてしまう可能性が生じる。

なお，近年ではどのように管理してもパスワードは万能ではないとの議論もあり，より強固なセキュリティを確保することのできる２段階認証（IDパスワードの入力後，第２パスワードや「秘密の質問」などを入力させ認証する）や２要素認証（認証の際に，知識要素（パスワードなど），所有物要素（スマートフォン，IC カードなど），生体要素（指紋など）のうち２つの確認を行う。例：ID パスワードの入力（知識要素）後，スマートフォンに送られてくるワンタイムパスワードを入力（所有物要素）させる）などのサービスが提供されている場合は，それらを併用した方がよいとされる。

安全なパスワード
- 名前などの個人情報からは推測できない
- 英単語などをそのまま使用していない
- アルファベットと数字が混在している
- 適切な長さの文字列である
- 類推しやすい並び方やその安易な組み合わせにしない

危険なパスワード
- 自分や家族の名前，ペットの名前，住所
- 辞書に載っているような一般的な英単語
- 同じ文字の繰り返しやわかりやすい並びの文字列（aaaa，1234 など）
- 短すぎる文字列（ki，lp など）
- 電話番号や郵便番号，生年月日，学籍番号など，
- 他人から類推しやすい情報
- ユーザ ID と同じもの

図 3.4.1 安全なパスワードと危険なパスワードの特徴

(5) 事故・障害への備え

事前の対策としては，パソコンやスマートフォン・携帯電話などを紛失してしまったり，盗難にあったりしたとしても，情報を保護するためパスワードや暗号化などで保護したり，使用している機器にロックをかけておくなどが挙げられる。また，それに加え，重要な情報はバックアップを取っておくことなどが挙げられる。

3.4.3 情報倫理

インターネットの普及により，自由に情報を発信することができる機会が増えてきたが，その反面，発信のしかたを誤ったことにより，重要情報の漏えい，企業・組織のブランドやイメージの低下，自分のプライバシーの必要以上の公開，他人のプライバシー侵害，などのトラブルが生じている。

ここでは，情報倫理と呼ばれるインターネットを用いて情報を取り扱う際に注意しなければならない事柄について述べる。

(1) 情報発信にあたって

インターネットで情報発信をする際には，掲示板，SNS などに機密情報・個人情報を書き込まない，誹謗中傷しないことが重要である。例えば，ある店舗のアルバイトが芸能人の来店を SNS へ投稿したことが，本来は秘密にするべき顧客のプライバシーを侵害したとして，インターネット上でア

ルバイト自身に非難が集中し，店舗を経営する企業の問題として取り上げられる事例が発生している。このような場合，インターネット上で，その問題に関心を持つ人の間で責任追及活動が行われ，その過程で，非難の対象となった個人の過剰な個人情報の特定・暴露や，誹謗中傷などの大量の書き込み（いわゆる「炎上」）などの行為が行われる。また，インターネット上でこのような現象が発生した場合には，新聞やテレビなどのマスメディアで報道されることも珍しくなくなってきている。同様に，悪ふざけのつもりで投稿された動画から，投稿者の個人情報の特定が行われ，現実世界での謝罪に至った事例も多く発生している。

現在，インターネットへの接続に際しては，様々な犯罪行為に対処するため，多くの場合，接続を行っているインターネットサービスプロバイダや企業や学校などでアカウントやデータへのアクセス記録を取っていることが多い。インターネットは匿名の空間ではなく，インターネット上の行動は特定されてしまうものだということを自覚することが必要となり，書き込む内容や情報を公開する範囲，そして，その結果，どのような影響が起こりえるか，常に意識をしながら，情報発信をするよう心がけなければならない。

(2) 著作権侵害

情報を発信する際には，著作権の侵害に注意しなければならない。写真，イラスト，音楽など，インターネットのホームページや電子掲示板などに掲載されているほとんどのものは誰かが著作権を有しており，これらを，権利者の許諾を得ないで複製することや，インターネット上に掲載して誰でもアクセスできる状態にすることなどは，著作権侵害にあたる。

また，人物の写真などの場合は，撮った人などが著作権を有するだけではなく，写っている人に肖像権があるため，ホームページなどに掲載する場合にはこれらすべての権利者の許諾が必要になる。

さらに，レポートなどを作成する際に，インターネット上にある文章をそのまま引き写す（通称としてコピペ（コピー&ペースト）と呼ばれる）ことも，著作権の侵害となる。やむを得ず，そのまま引き写すことが必要な場合（例としては語句の定義を記述する場合）には，必要な事項を「引用」して記述しなければならない。

(3) 個人情報の公開の危険性

インターネットで公開した情報は，様々な人が閲覧する可能性があるため，住所，氏名，電話番号などの個人情報を公開することには注意をしなければならない。また，最近は，検索技術の向上により，１つのサイトで公開されている情報は断片的なものであっても，インターネット上で公開されている様々な情報を組み合わせることで，個人が特定される可能性が高くなっている。また，一度インターネット上に公開された情報が，コピーにより拡散していった場合，それを完全に削除することはほぼ不可能である。

SNS のような，基本的には特定の友人だけに公開しているサイトの場合であっても，SNS のプライバシー設定の誤りや，友人側の操作などにより，自分の意図しない範囲まで情報が広まってしまう可能性がある。このため SNS においても，情報の公開には注意が必要である。

(4) 詐欺や犯罪に巻き込まれないために

インターネットを利用した詐欺や犯罪は，次々に新しい手口が登場しており，普段からインターネットにおける詐欺や犯罪などの手口を知り，その対策について知識を深めておくことが大切である。

練習問題3.4 URL参照

3.5 インターネットの歴史と今後

インターネットの起源は米国防総省の高等研究計画局（ARPA）が始めた分散型コンピューターネットワークの研究プロジェクトであるARPAnetであるといわれている。これを元に1986年には学術機関を結ぶネットワークが構築され，1990年代中頃から次第に商用利用されるようになり，現在のインターネットになった。当初，インターネットの各種サービスを利用できるのは，基本的にインターネットに参加している大学・企業の施設内だけであった。しかし，1995年にWindows95が登場すると，一般の人でも容易にインターネットに接続できるようになったため，インターネットが急速に広まった。

1990年代末期までは，個人向けのインターネット接続サービスの大部分はダイヤルアップ接続で，接続スピードも遅く，従量制の課金が多かった。しかし，2000年になると，ADSLによる定額のブロードバンド接続サービスが爆発的に普及しはじめた。また，2001年には現在も主流となっている光ファイバーケーブルやケーブルテレビによるインターネットへの接続サービスが開始された。また，同時期にiモードに代表される携帯電話によるインターネットへの接続サービスが提供されるようになり，携帯電話によるインターネット接続も一般化してきた。

当初，インターネット上で使用可能なサービスは電子メールやWorld Wide Web，検索エンジンなどであったが，2000年代においてはGoogle Maps，iTunes Music Store，YouTubeなどサービスを開始し，今日では様々なサービスが提供されている。またNintendo DSやPS3に代表される家庭用ゲーム機もインターネット接続機能を搭載してオンライン対戦が可能となり，SNSが登場してきたのもこの時期である。

2010年代に入るとスマートフォンが普及しはじめ，それまでは主であったパソコンによるインターネット利用が，スマートフォンに変わっていった。また，iPadのようなタブレット端末も登場し，その操作性により，それまでIT機器が導入されていなかった職場にも導入され，IT化を加速させることとなった。今日では，スマートフォンを主なターゲットにしたサービス（例：LINE）も出現しており，仕事における文章や図表の作成はパソコン，プライベートでの情報収集はスマートフォンやタブレットなどというように，状況により使用するインターネット接続機器を変えるということも，普通に見られる。

また，IoT（Internet of Things）と呼ばれる，情報・通信機器だけでなく世の中に存在する様々なモノに通信機能を持たせインターネットに接続させることで，自動的に情報を収集し活用することが進められている。さらには集められた情報をAI（Artificial Intelligence）を用いて分析することで，より高度なサービスを提供する試みも進められている。これにより社会の様々な面で利便性が高まり，新たなサービスが提供されることが期待されるが，一方で一部の企業が集められた情報を独占的に扱うことに対する不安も生じている。

練習問題3.5　URL 参照

3.6 クラウドサービスの活用

3.6.1 クラウドサービスとは

インターネットを介して接続されたネットワーク上のサーバから提供されているサービスを総称してクラウドサービス（以降サービス）という。身近なものとして Microsoft や Google などが提供している Web メール，Office アプリケーション，ストレージ（データ保存領域）を含めた統合的なサービスや，Dropbox などのストレージに特化したサービスなどがある。PC，スマートフォン（以降 SP），タブレットなど複数のデバイスから同一のサービスを利用することができる。それぞれ，大学・企業などの組織が主にサブスクリプション形式で支払い契約する有料サービスと，個人がアカウント登録し無料（または追加サービスは有料）で利用できるサービスも多く利用範囲は大きい。無料サービスは主に広告収入により運用されており利用者の情報（個人情報以外）が統計情報として活用されている場合がある。

3.6.2 アカウントとは

アカウントとはサービスを利用するために固有の ID（メールアドレスやサービス上のユーザー名）とパスワード（以降 PW）の組み合わせで登録する，利用者を識別する情報である。サービスの利用には通常重複しない ID と PW のほかいくつかの個人情報（生年月日・携帯電話番号等）を登録しアカウントを作成する必要があり，登録することによりサービスを利用する権利を持つことになる。携帯電話や SNS と連携することも多い。組織（大学・企業等）が契約しているサービスではアカウントはあらかじめ ID と PW が登録されており，与えられたアカウントを利用する際には，個人のアカウントと区別して，その組織の規約に従って利用する必要がある。

3.6.3 Google アカウントの活用

ここでは，Google アカウントで利用できるサービスについて，組織から与えられたアカウントと個人のアカウントの複数アカウントを切り替えて利用する方法を含めて紹介する。通常個人で作成したアカウントのドメイン名は「@gmail.com」となるが，組織のアカウントは組織のドメイン名（例えば「@ 大学名 .ac.jp」）となっている場合がある。また，利用可能なサービスや，制限などが組織によって異なる場合がある。

(1) 利用可能なアプリケーション

ブラウザを起動して，https://www.google.com/ にアクセスすると，右図が表示される。ログインボタンの横にある「Google アプリ」アイコンをクリックすると利用できるアプリの一覧が表示される。アカウント登録せずに利用可能なサービスも多いが，登録が必要なアプリにアクセスした場合は，ログイン，またはアカウント作成の画面が表示される。

アイコンをドラッグすると順序の入れ替えが可能。

図 3.6.1　Google アプリの種類

(2) ログイン・アカウント切り替え

登録した ID または，組織から与えられた ID（メールアドレス）と PW を入力してログインする。ログインしている状態になると右上にアカウントのアイコンが表示される。アイコンをクリックして，別のアカウントを追加，または切り替えを行うことができる（図 3.6.2）。組織のアカウント，個人のアカウントでログインし，複数のアカウントを切り替えて活用することが可能である。

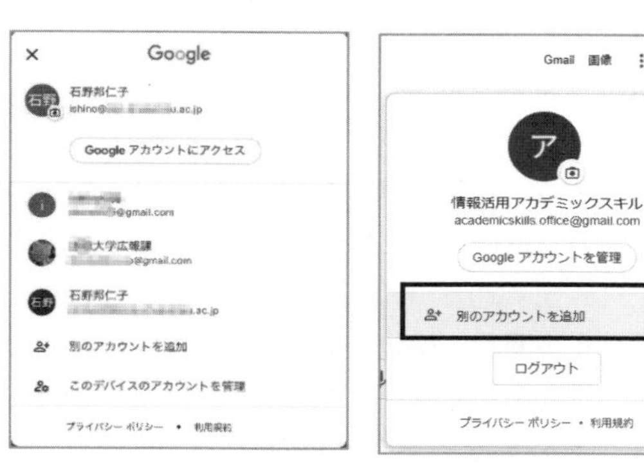

図 3.6.2　アカウントの切り替え・追加（左 SP 画面・右 PC 画面）

3.6.4　Google ドライブの活用

Google アカウントで，ログインして利用可能なアプリとして，Google ドライブの活用方法を紹介する。Google ドライブは様々な形式のファイルをフォルダで整理して管理できるだけでなく，共有することができる。ログイン後，アプリの一覧からドライブのアイコンをクリックする。マイドライブ内のフォルダ・ファイルが表示される。

図 3.6.3　Google ドライブアプリ

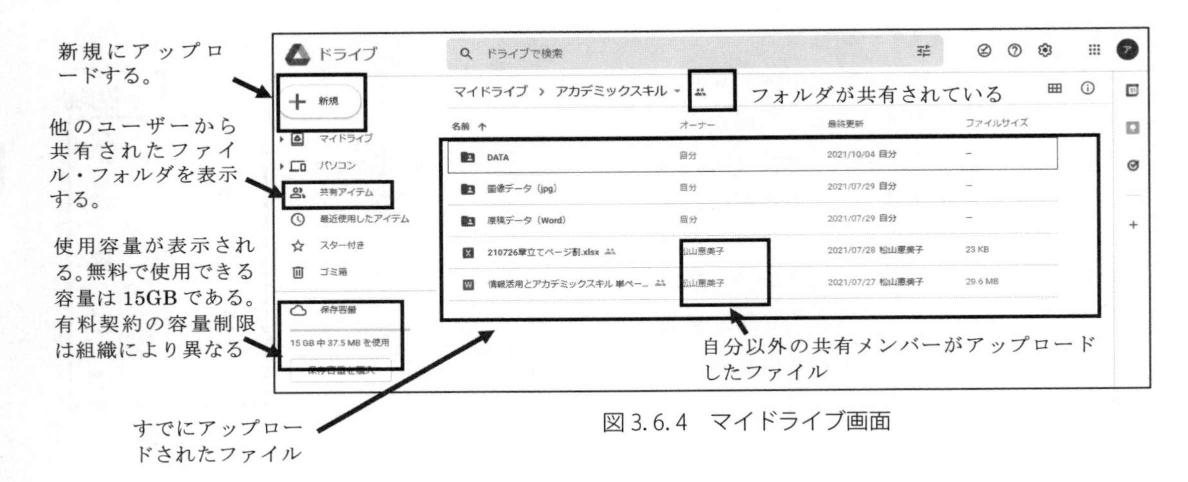

図 3.6.4　マイドライブ画面

(3) ファイル・フォルダのアップロード

新規ボタンをクリックして〔ファイルのアップロード〕，または〔フォルダのアップロード〕をクリックし該当ファイルを選択する。複数を選択して同時にアップロードが可能である。画面右下にアップロード完了画面が表示される。

図 3.6.5　新規アップロード

図 3.6.6　アップロード完了

(4) ファイル閲覧・編集

アップロードしたファイルは，ファイルの種類により，ダブルクリックするとブラウザ内で Google アプリが起動し，閲覧・編集が可能となる。Word はドキュメント・Excel はスプレッドシート・PowerPoint はスライドと対応している（図 3.6.5）。

(5) ファイル・フォルダのダウンロード

ファイルまたはフォルダのアイコンを右クリックしダウンロードをクリックする。PC 内の保存先を指定し，ファイル名を入力して保存をクリックする。前述の Google アプリと機能が異なるファイルの編集は，必ずダウンロードしてファイルの種類に適応するアプリケーションで編集する必要がある。

図 3.6.7　ダウンロード

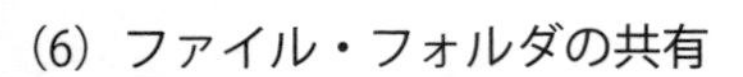

(6) ファイル・フォルダの共有

●共有する相手を指定する場合

共有するファイルまたはフォルダで右クリックし，共有をクリックする。共有する相手のメールアドレスを入力し，メッセージを入力して送信ボタンをクリックする。指定したアドレスへメッセージと共有アドレスが送信される。ドライブ内のフォルダ，ファイルに共有のアイコンが表示される。共有するファイルのアクセス権はファイルの修正が可能な「編集者」修正が不可の「閲覧者」コメントのみ追加可能な「閲覧者（コメント可)」から選択することができる。

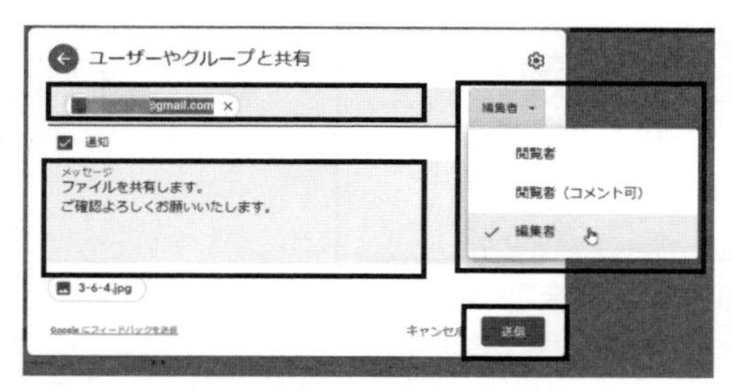

図 3.6.8　ファイル・フォルダの共有

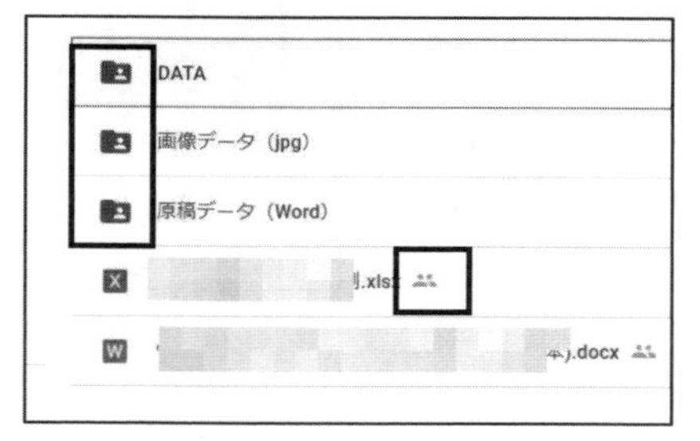

図 3.6.9　共有されたファイル・フォルダのアイコン

●組織やユーザーによりアクセス権を変更して共有する場合

共有するファイルまたはフォルダで右クリックし，「リンクを取得」をクリックする。リンクアドレスは初期設定で組織内のユーザーのみがアクセス可能な「制限付き」となっている場合がある。制限なくアクセス可能にする場合は「リンクを知っている全員」を選択する。「リンクをコピー」をクリックして，メールにリンクアドレスを貼り付けて送信する。

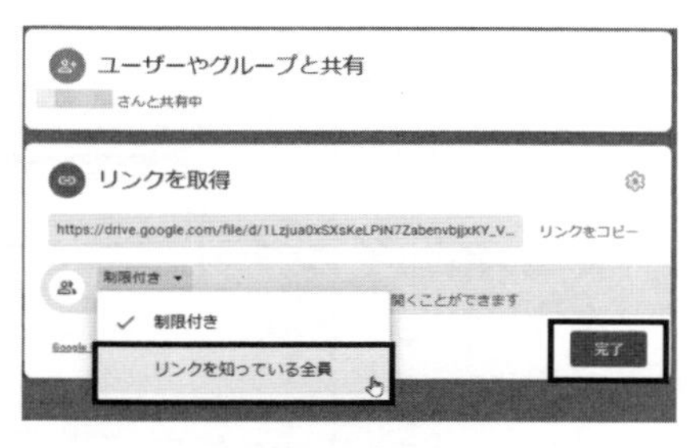

図 3.6.10　共有するユーザーの変更

(7) ファイル・フォルダの削除

削除するファイルまたはフォルダで右クリックし，削除をクリックする。削除したファイル・フォルダはドライブ内のゴミ箱に移動し，30 日後にドライブ内から完全に削除される。

3.6.5 Google フォームの活用

Google フォームとは，アンケートや問い合わせ，申し込み等の様々な用途で使えるフォームを作成するツールである。作成したフォームの URL をメールや SNS で送信して，回答を収集する。回答結果は csv ファイルとしてダウンロードし Excel で集計，分析することが可能である。アンケート調査を実施して情報収集することで，独自データを使用した統計分析等を行うことも可能となる。集計・分析方法は，第 5 章，第 7 章，第 8 章で学習する。

図 3.6.11　Google Forms アイコン

(1) フォームの作成

Google アプリをクリックし Forms をクリックする。「新しいフォームを作成」をクリックする。新規に無題のフォームが作成される。フォームのタイトルを入力し，質問を作成する。

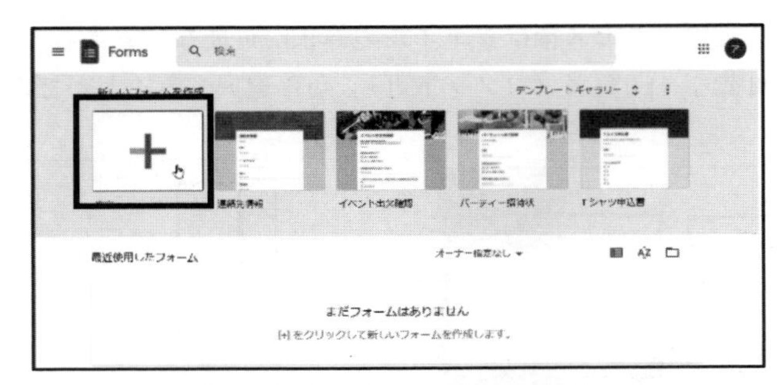

図 3.6.12　Google Forms 画面

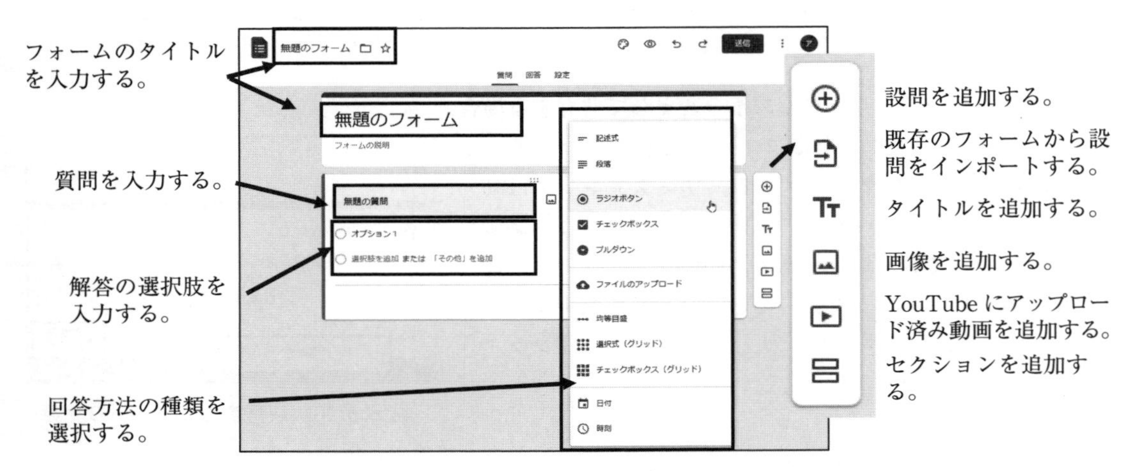

図 3.6.13　フォーム作成画面

図 3.6.14　質問作成画面

●セクションの追加

回答に応じて質問を分ける場合はセクションを追加し，回答別の質問を追加する。

図 3.6.15　セクション追加・質問の分岐

●質問のインポート

　過去に作成したフォームの質問をインポートして利用することができる

図 3.6.16　質問のインポート

●フォームの設定

　設定をクリックし，必要に応じて以下の設定を行う。

① メールアドレスの収集。
② 回答のコピーを回答者に自動送信。
③ 回答を1回に制限する。
④ 回答送信後の回答者へのメッセージ

③の設定を行うと回答者が Google アカウントにログインする必要があるため，注意が必要である。組織のアカウントでフォームを作成した場合は，回答は組織のメンバーに制限される場合がある。

図 3.6.17　フォームの設定

(2) フォームの送信

フォームの作成・設定が完了したらプレビューで回答画面を確認し，実際に送信を行い回答者の観点，アンケート調査であれば集計の観点から改善を行う。フォームを回答者へ送信する。リンクアドレスをコピーし，メールや SNS に貼り付けて送信する。

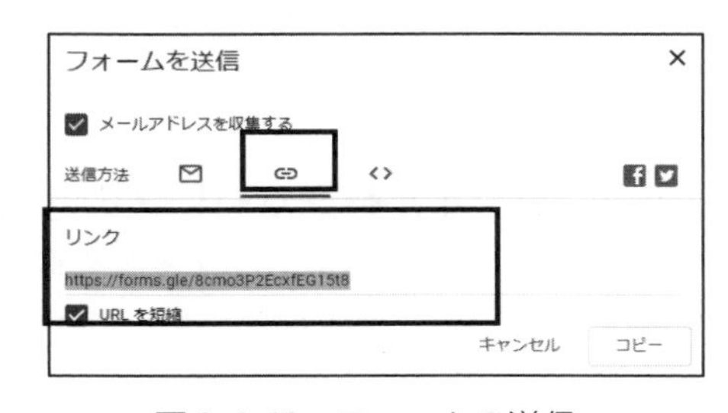

図 3.6.18　フォームの送信

(3) 回答のダウンロード

収集した回答は，グラフ化されて表示される。回答データを csv 形式でダウンロードし保存する。Excel で開き，活用することが可能である。

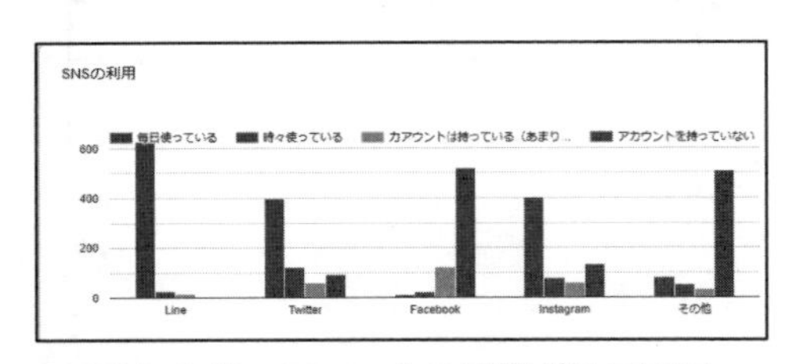

図 3.6.19　フォームの回答グラフ表示

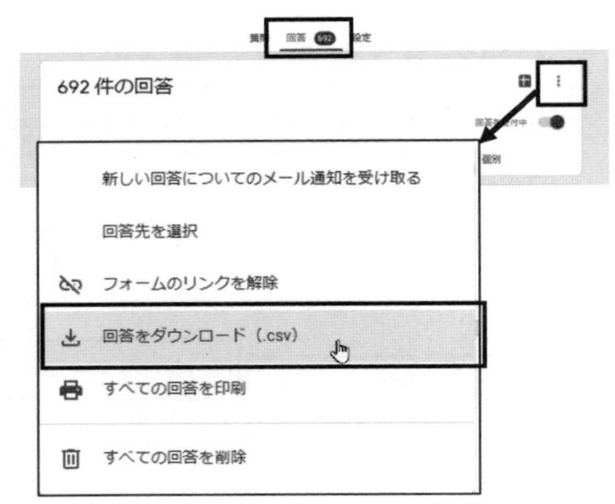

図 3.6.20　フォームの回答ダウンロード

3.6.6　Web 会議システムの活用

リモートワークの普及が進み，Web 会議システムは今後ますます，活用されていくことが予想される。Web 会議システムの特長は以下のとおりである。

PC，スマートフォン，タブレットなどのインターネットに接続可能なデバイスがあれば利用可能で，映像と音声だけでなくファイル共有，チャット機能などツールで，遠隔地の参加者とコミュニケーションをとることが可能である。スケジュール管理，参加者管理，録画機能も備えておりオンデマンド配信にも対応している。代表的なシステムとして Zoom が挙げられるが，同様の機能は，Microsoft Teams，Google Meet 等もあり，それぞれ有料，無料のサービスがある。無料で使用できるシステムには，時間の制限や，参加人数の制限などがある。また通信環境の安定は重要であり，中断するなど状況も想定する必要がある。以下は Zoom での Web 会議の開催，参加手順である。

1．Zoom サイトにアクセスしサインアップ（アカウント登録）する。
2．Zoom プログラムをダウンロードし，インストールする。
3．ミーティングをスケジュールする。
4．ミーティング名，日時を指定して，保存をクリックする。
5．作成された招待状（招待リンクの URL・パスコード・開催日時等）をコピーする。
6．招待状をメールに貼り付けて参加者に送信する。
7．Web カメラ，マイク，スピーカーを備えた PC を準備し，マイク，カメラ等のテストをして開催する。

3.6.7　ファイル転送サービスの活用

動画等，サイズが大きいファイルや複数のファイル等を送付する際にはサイズ制限なく送信可能な Web サイト上のファイル転送サービスを利用することが可能である。ファイルの保存期間に制限があるが，ファイルサイズに制限がなく，アカウント登録も不要である。

また複数のファイルはあらかじめ圧縮して１つのファイルとして送付することが可能である。必要に応じてパスワードを設定する。

●ギガファイル便（https://gigafile.nu/）　● Fire storage（https://firestorage.jp/）

4 Wordの活用

この章はWord 2019（以降，Word）の基本的な使い方から学生生活そして社会生活のなかで必要とされる実践的な活用法について例題を通して学習し，理解することを目的とする。Wordは代表的な文書作成ソフトウェアとして，世界的にも広く使われている。

本章では4.1節でWordの基本画面と名称について，4.2節は文書作成に必要な基本設定，4.3節は画像や表を使った文書作成，4.4節は図形を使った文書作成，4.5節はスタイル機能や脚注，ページ番号を使った長文の作成，4.6節は差し込み印刷，4.7節は数式の入力について学習する。

4.1 Wordの基本画面

4.1.1 Wordのスタート画面

Wordを起動すると，図4.1.1のようなスタート画面が表示される。上側の領域から新規文書，〔その他のテンプレート→〕からはカレンダーや報告書など様々な用途に利用できる文書一覧が表示される。下側の領域には最近利用したWordファイル名の一覧が表示される。

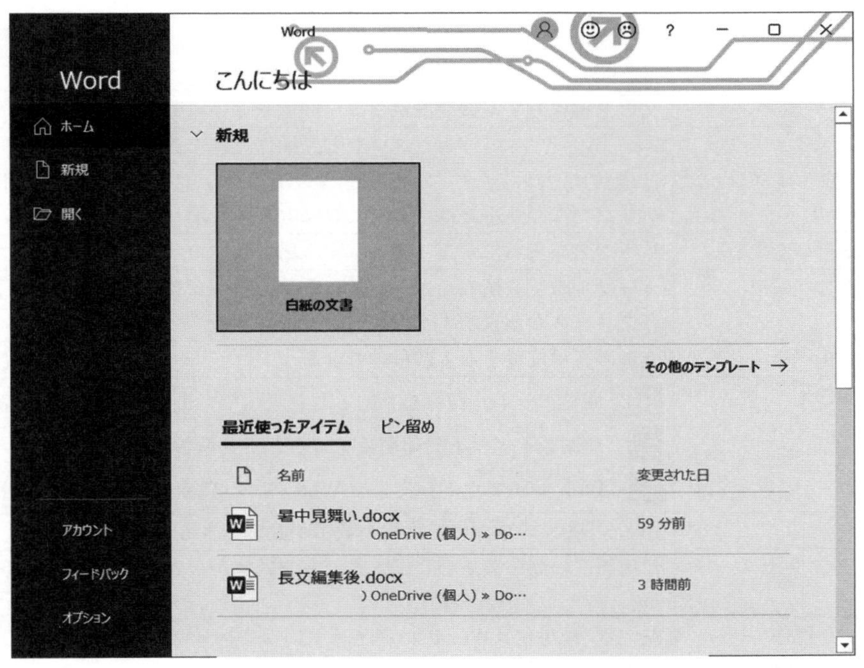

図4.1.1　Wordのスタート画面

4.1.2　Word の画面構成

Word の基本画面の各部分の名称と機能を確認する。文書の編集に必要な機能はリボンインターフェースで示されている。図 4.1.2 は〔ホーム〕タブを選択した状態となる.〔ホーム〕タブは文字や段落の編集など，比較的良く利用する機能が集約されている。〔挿入〕タブは表や画像,〔デザイン〕タブは文書全体のテーマや配色,〔レイアウト〕タブはページの設定,〔参考資料〕タブは脚注や図表番号の設定など，目的に合った機能別に配置整理されている。

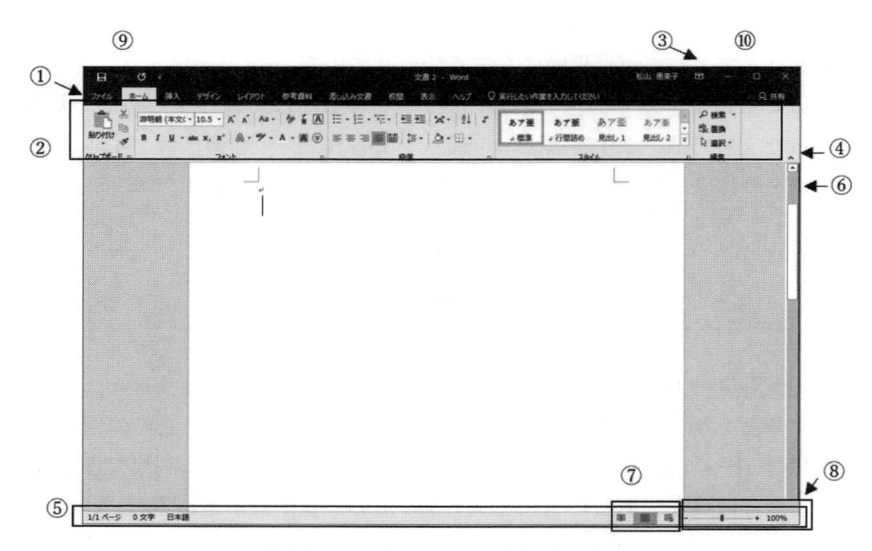

図 4. 1. 2　Word2019 の基本画面

表 4. 1. 1　基本画面の各部の名称と機能

名称	機能
①　〔ファイル〕ボタン	文書全体に対する機能設定および印刷や保存に関する機能
②　リボン	〔ホーム〕タブ,〔挿入〕タブなど，操作可能な機能の確認
③　リボンの表示オプション	〔自動的に表示〕〔タブの表示〕〔タブとコマンドの表示〕から選択 折りたたんだリボンは〔タブとコマンドの表示〕で再表示できる
④　リボンを折りたたむ	リボンを非表示にする　再表示する場合は③のボタンから行う
⑤　ステータスバー　・	カーソルの位置情報やページ数／全体のページ数，文字数などの情報を表示 右クリックから表示する内容の指定ができる
⑥　スクロールバー	文書の表示位置を上下に移動できる
⑦　表示切り替え	〔閲覧モード〕閲覧を目的とした表示で文書の編集はできない 〔印刷レイアウト〕印刷時イメージで表示される 〔Web レイアウト〕文書を Web ページに変換する場合に使用する
⑧　ズーム	10%～500%の画面の拡大縮小表示が設定できる
⑨　クイックアクセスツールバー	使用頻度の高い機能を登録する。右側の▼から表示するツールバーを選択する
⑩　ウィンドウ操作	左　：〔最小化〕Word　は終了せずにウィンドウのみ最小化する 中央：〔最大化〕ウィンドウを最大化にする 右　：〔閉じる〕Word　を終了する

4.2　文書作成の基本

文書の作成から印刷までの一般的な流れは図 4.2.1 となる。ここでは，ビジネス文書の作成，保存，印刷といった Word の一連の流れを学習する。4.2.1 項からの基本的な文書の入力を参考に図 4.2.8 の文書を入力して保存してみよう。次に 4.2.5 項に沿って段落の編集について学び，図 4.2.2 の完成文書へと仕上げていき，文書作成の基本を理解する。

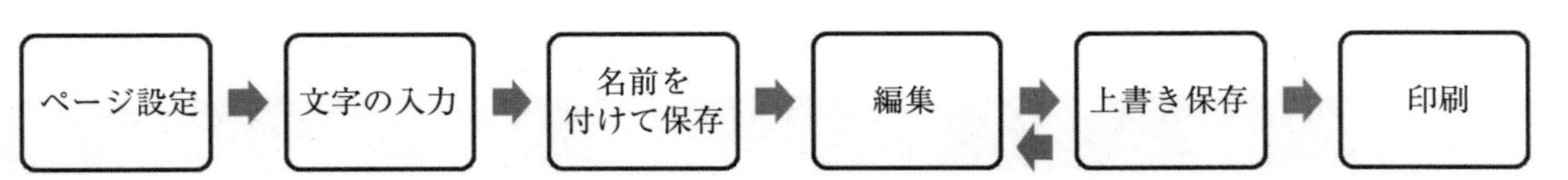

図 4.2.1　文書作成から印刷までの流れ

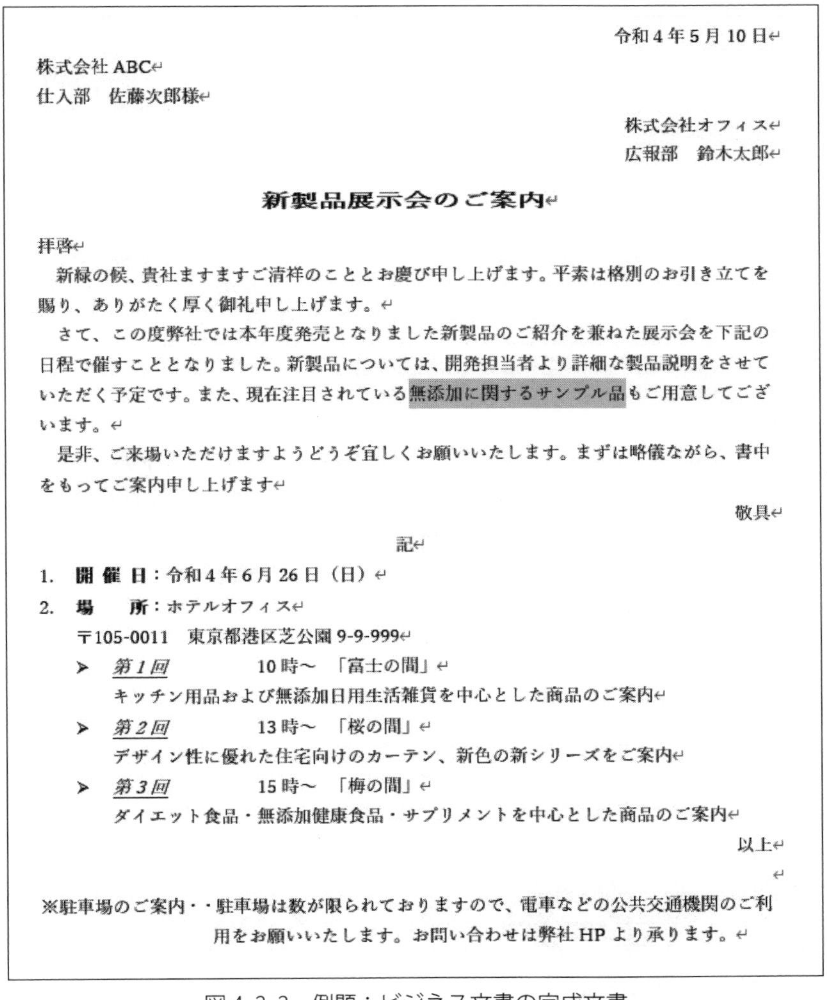

令和 4 年 5 月 10 日

株式会社 ABC
仕入部　佐藤次郎様

株式会社オフィス
広報部　鈴木太郎

新製品展示会のご案内

拝啓
新緑の候、貴社ますますご清祥のこととお慶び申し上げます。平素は格別のお引き立てを賜り、ありがたく厚く御礼申し上げます。
さて、この度弊社では本年度発売となりました新製品のご紹介を兼ねた展示会を下記の日程で催すこととなりました。新製品については、開発担当者より詳細な製品説明をさせていただく予定です。また、現在注目されている無添加に関するサンプル品もご用意してございます。
是非、ご来場いただけますようどうぞ宜しくお願いいたします。まずは略儀ながら、書中をもってご案内申し上げます

敬具

記

1. **開 催 日**：令和 4 年 6 月 26 日（日）
2. **場　　所**：ホテルオフィス
〒105-0011　東京都港区芝公園 9-9-999
   - *第 1 回*　　10 時～　「富士の間」
   キッチン用品および無添加日用生活雑貨を中心とした商品のご案内
   - *第 2 回*　　13 時～　「桜の間」
   デザイン性に優れた住宅向けのカーテン、新色の新シリーズをご案内
   - *第 3 回*　　15 時～　「梅の間」
   ダイエット食品・無添加健康食品・サプリメントを中心とした商品のご案内

以上

※駐車場のご案内・・駐車場は数が限られておりますので、電車などの公共交通機関のご利用をお願いいたします。お問い合わせは弊社 HP より承ります。

図 4.2.2　例題：ビジネス文書の完成文書

4.2.1　書式設定

Word は文字，段落，ページという単位で書式の設定ができる。Word のページレイアウトの初期設定は A4 用紙，余白は上 35 ミリ，下と右と左は 30 ミリ，1 ページ 36 行，フォントは日本語，英数字ともに游明朝，フォントサイズは 10.5 ポイントとなっている。

(1) ページ設定

Word で文書を作成する時は，用紙サイズや用紙の向き，余白の指定，1 行の文字数，1 ページの行数などのページのレイアウトを設定する。作成途中でも変更できるが，レイアウトがくずれることがある。文書全体を通してのフォントやフォントサイズなどの設定も確認していく。

操作 4.2.1　ページ設定

1.〔レイアウト〕タブの〔ページ設定〕グループ（図 4.2.3）にあるボタンから各設定を行う。
　詳細な設定を行う場合は，起動ボタンからページ設定画面（図 4.2.4）を開いて設定する。

図 4.2.3 〔ページ設定〕グループ

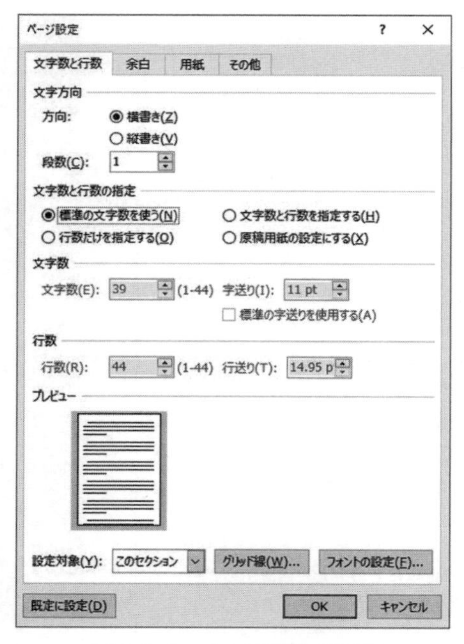

図 4.2.4　ページ設定の画面

〔文字数と行数〕タブ	文字の方向・文字数と行数
〔余白〕タブ	上下左右の余白
〔用紙〕タブ	用紙サイズ・用紙の向き

(2) 文字と段落の設定

文字の入力については第1章（1.3節）を参照する。Word で文字を入力していき自動的に次の行にカーソルが移動することを自然改行という。行の途中に Enter キーで改行することを強制改行という。改行すると「段落記号↵」が設定される。文章の先頭から段落記号までを「段落」という。

文字の書式設定の方法は対象文字を選択後に〔ホーム〕タブの〔フォント〕グループから該当のボタンをクリックする。段落の書式設定の方法は段落内にカーソルを置いて〔ホーム〕タブの〔段落〕グループから該当のボタンをクリックする。ボタンをポイントすると機能の名称が表示される。例えば，フォントグループのBをポイントすると「太字（Ctrl+B)」と表示され，太字に編集されることがわかる。「Ctrl+B」とはキーボードの Ctrl キーと B キーを同時に押す方法でも同じ設定ができることを意味している。このようにキーボードを利用して機能を実行できる操作をショートカットキーと呼ぶ。

文字に複数の書式を設定する場合は右下の起動ボタンから設定する。起動ボタンをクリックするとフォント画面が表示され，詳細設定の内容の入力要求や必要なメッセージが表示されるので確認して対応し〔OK〕ボタンを押す。

操作 4.2.2　文書全体のフォントの指定

1．ページ設定画面（図4.2.4）右下の「フォントの設定」をクリックする。
2．表示されたフォント画面（図4.2.5）で〔日本語用のフォント〕〔英数字用のフォント〕およびサイズなどを指定し〔OK〕をクリックする。

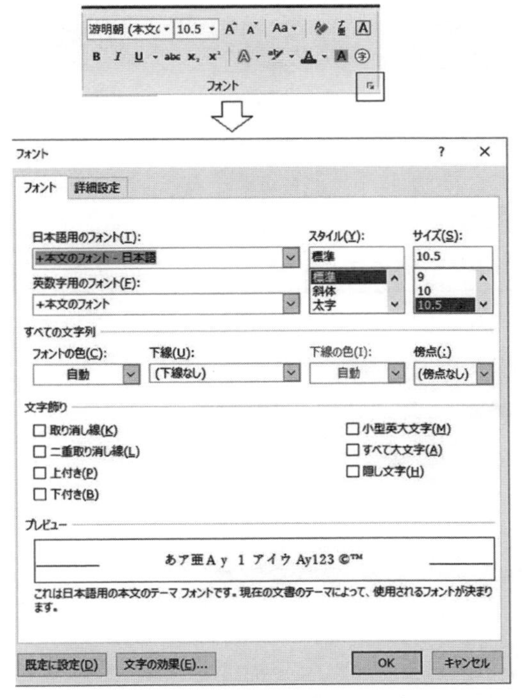

図4.2.5　フォント画面とダイアログボックス

4.2.2　文字の入力と編集

文字列の編集は対象文字を選択してから行う。連続した文字列の選択は Shift キーで，離れている文字列の選択は Ctrl キーを利用する。詳細については第 1 章（1.3.2 項）を参照する。

操作 4.2.3　文字の編集・解除（太字・斜体・下線・文字の網掛けなど）

1．該当文字を選択し，〔ホーム〕タブの〔フォント〕グループから該当のボタンをクリックする。同じ操作で解除ができる。

図 4.2.6 左図のように行の途中で文字の表示位置を揃えるには Tab キーを利用する。〔ホーム〕タブの〔段落〕グループの「編集記号の表示 / 非表示」ボタンをクリックすると右図のように Tab キーなどの編集が確認できる。

第 1 回	10 時～	「藤の間」↵
第 2 回	13 時～	「桜の間」↵
第 3 回	15 時～	「梅の間」↵

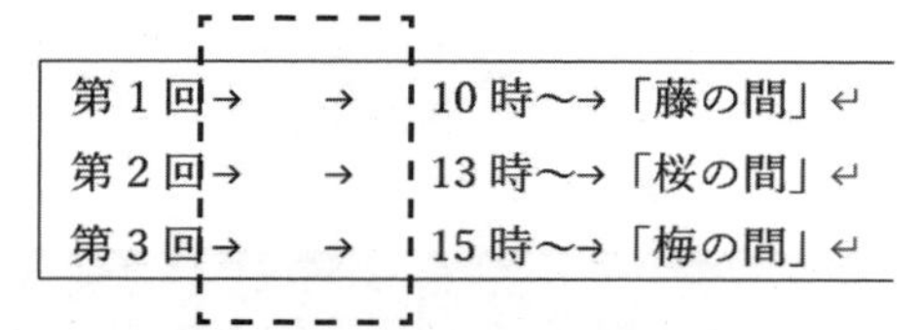

Tab キーが 2 回押されている　　　　表示位置が揃う

図 4.2.6　Tab キーを使った入力（編集記号の表示を設定）

4.2.3　あいさつ文の挿入

月ごとに合わせて時候や安否，日ごろの感謝などのあいさつ文が用意されている。

操作 4.2.4　あいさつ文

1．〔挿入〕タブの〔テキスト〕グループの〔あいさつ文〕をクリックし，プルダウンメニューから〔あいさつ文の挿入〕を選択する。
2．あいさつ文画面（図 4.2.7）から〔月〕を選択する。
3．〔安否のあいさつ〕〔感謝のあいさつ〕から該当を選択する。不要な場合はボックス内の文字を消去する。〔OK〕をクリックする。

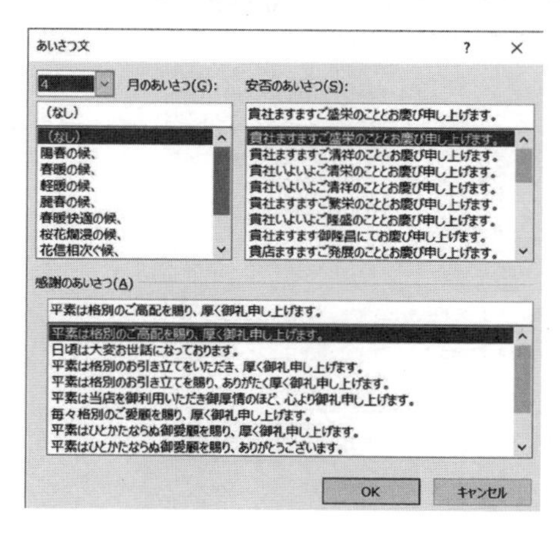

図 4.2.7　あいさつ文画面

4.2.4　オートコレクト

Word には入力している段階で自動的に設定するオートコレクトという機能がある。例えば「(1)」と入力して改行すると自動的に「(2)」が表示される場合がある。同様に「拝啓」と入力して改行すると「敬具」が右揃えで表示される。これらはオートコレクトのオプション設定から有効，無効の設定ができる。

操作 4.2.5　オートコレクトの設定と解除

1. 〔ファイル〕タブをクリックし，〔オプション〕を選択する。
2. 左側の〔文書校正〕を選択後，右側の〔オートコレクトのオプション〕をクリックする。
3. オートコレクト画面から「入力オートフォーマット」タブを選択する。
4. 各項目にチェックを付けると有効に，チェックをはずすと無効となる。
5. 〔OK〕をクリックする。

例題 4.2.1　Word を起動し，新規文書を開いて以下の処理を行う。ページ設定は標準とする。〔ホーム〕タブの〔段落〕グループにある〔編集記号の表示／非表示〕をオンにして行う。以下の本文中の「□」は全角のスペースである。入力方法およびファイルの保存方法は 1.3 節を参照する。

1）図 4.2.8 と同じ文書を入力する。数字 1 桁は全角で，数字 2 桁以上は半角，英字は半角とする。
2）「新緑の候」からの挨拶文は「あいさつ文の挿入」で入力する。
3）住所は郵便番号から変換する。
4）ファイル名「ビジネス文書」で保存する。

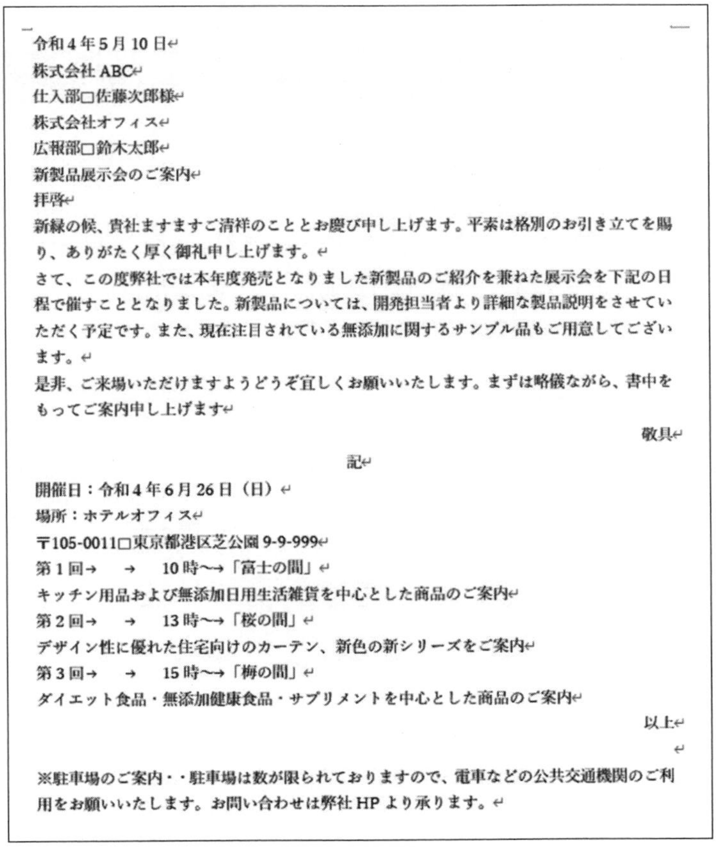

令和４年５月 10 日↵
株式会社 ABC↵
仕入部□佐藤次郎様↵
株式会社オフィス↵
広報部□鈴木太郎↵
新製品展示会のご案内↵
拝啓↵
新緑の候、貴社ますますご清祥のこととお慶び申し上げます。平素は格別のお引き立てを賜り、ありがたく厚く御礼申し上げます。↵
さて、この度弊社では本年度発売となりました新製品のご紹介を兼ねた展示会を下記の日程で催すこととなりました。新製品については、開発担当者より詳細な製品説明をさせていただく予定です。また、現在注目されている無添加に関するサンプル品もご用意してございます。↵
是非、ご来場いただけますようどうぞ宜しくお願いいたします。まずは略儀ながら、書中をもってご案内申し上げます↵

敬具↵

記↵

開催日：令和４年６月 26 日（日）↵
場所：ホテルオフィス↵
〒105-0011□東京都港区芝公園 9-9-999↵
第１回→　→　10 時～→「富士の間」↵
キッチン用品および無添加日用生活雑貨を中心とした商品のご案内↵
第２回→　→　13 時～→「桜の間」↵
デザイン性に優れた住宅向けのカーテン、新色の新シリーズをご案内↵
第３回→　→　15 時～→「梅の間」↵
ダイエット食品・無添加健康食品・サプリメントを中心とした商品のご案内↵

以上↵

↵
※駐車場のご案内・・駐車場は数が限られておりますので、電車などの公共交通機関のご利用をお願いいたします。お問い合わせは弊社 HP より承ります。↵

図 4.2.8　ビジネス文書の入力

4.2.5　段落の編集

段落の編集には，段落内での文字の配置，箇条書きや段落と段落の編集，段落の表示位置の編 集など文書全体の構成に関する設定機能がある。〔ホーム〕タブの「段落」グループから設定する。

(1) 配置

段落の文字数が1行に満たない場合は，文字を中央や右側に配置などの設定ができる。

操作 4.2.6　配置の設定・解除（左揃え・中央揃え・右揃え・両端揃え）

1．段落内に，カーソルを置く。
2．〔ホーム〕タブの〔段落〕グループから該当のボタンをクリックする。
　両端揃えをクリックすると解除される。

(2) 均等割り付け

文字列を指定した文字幅に表示する機能である。例えば図 4.2.9 の「開催日」と「場所」のように文字数の異なる言葉を同じ文字幅に設定することで「：(コロン)」の位置を揃えることができる。3文字の文字列を4文字幅に広げて表示する，2文字幅に縮小して表示などができる。段落にカーソルを置いた状態でクリックすると，図 4.2.9 の下部のように文字列が行内に均等に表示される。

操作 4.2.7　均等割り付け

1．次のいずれかの方法で行う。

方法1（文字幅を指定する場合）

1．該当文字列を選択する。
2．〔ホーム〕タブの〔段落〕グループの〔均等割り付け〕をクリックする。
3．文字の均等割り付け画面から文字幅を指定して〔OK〕をクリックする。

方法2（行全体に割り付ける場合）

該当段落にカーソルを置き，〔均等割り付け〕をクリックする。

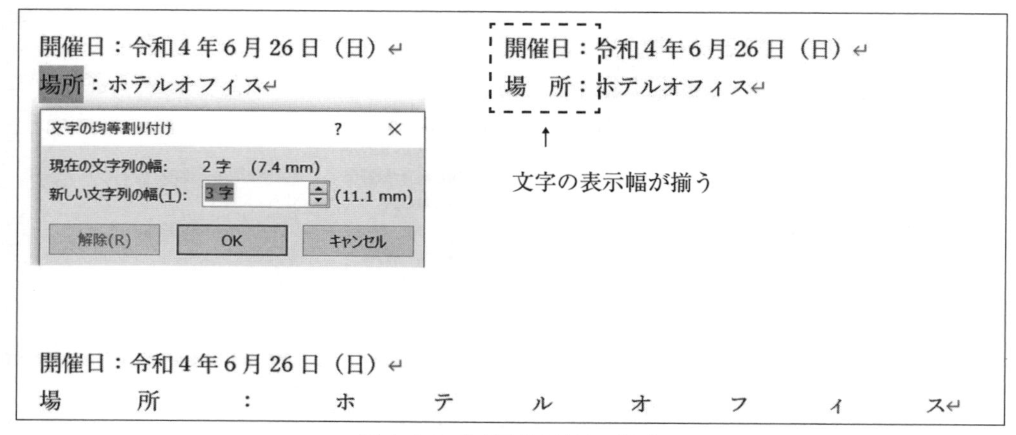

図 4.2.9　均等割り付けの設定

(3) 行の間隔と段落間の間隔

行間は通常1行であるが，より広くまたはより狭くするなどの指定ができる。複数の段落の行間の場合は対象段落を選択して設定する。段落の前後の間隔も同様に設定できる。

操作 4.2.8　行間の設定

複数の段落にまたがる場合は，行間を変更する範囲を選択する。

1. 〔ホーム〕タブの〔段落〕グループの〔行と段落の間隔〕をクリックする。
2. プルダウンメニューから該当の行間を指定する（図 4.2.10（左図））。適当な行間がない場合は〔行間のオプション〕をクリックし，段落画面の〔行間〕を〔固定値〕にして〔間隔〕を指定する（図 4.2.10（右図））。
3. 〔OK〕をクリックする。

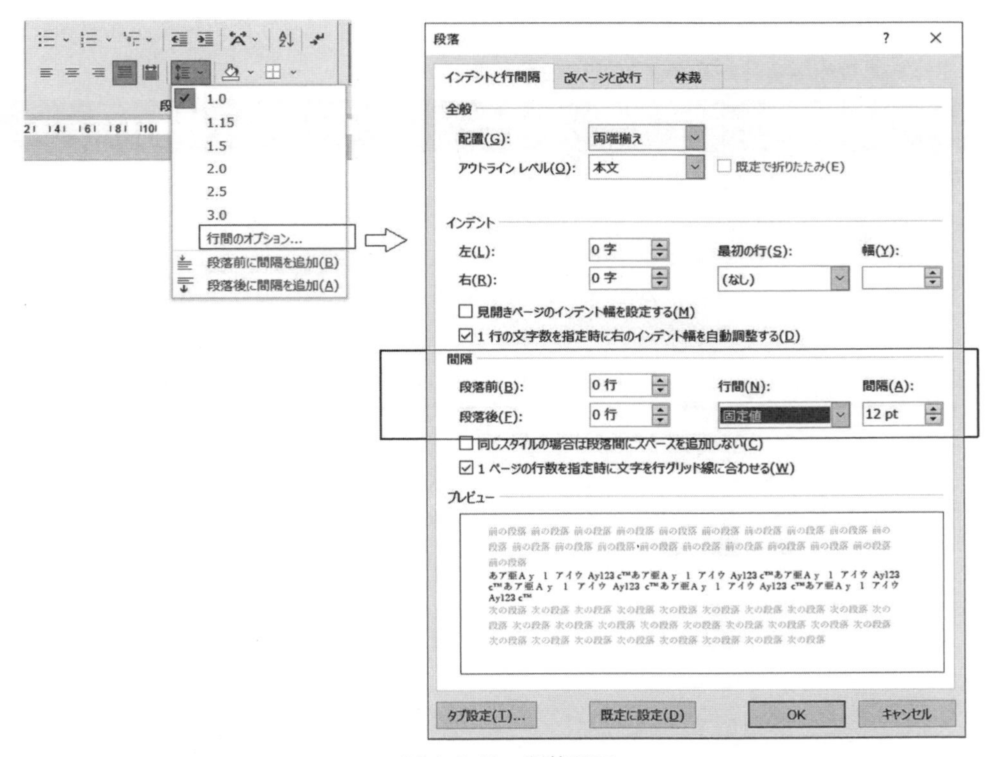

図 4.2.10　段落画面

操作 4.2.9　段落前後の間隔

1. 段落内に，カーソルを置く。
2. 段落画面（図 4.2.10）の〔段落前〕〔段落後〕を指定する。

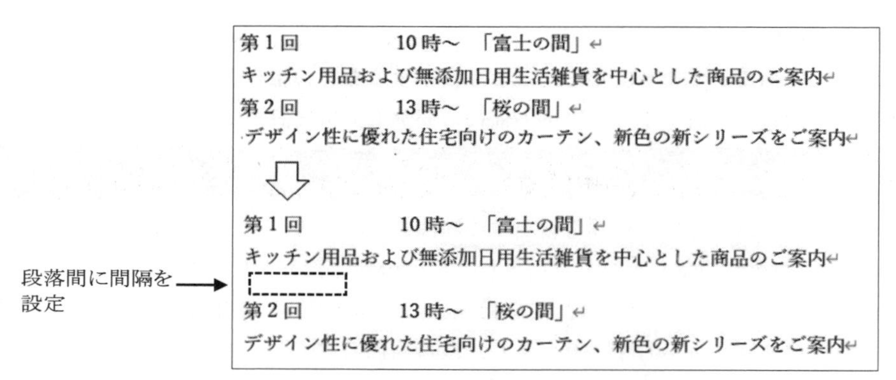

図 4. 2. 11　段落前後の間隔を設定した状態

(4) 箇条書き

行頭に記号を入れて箇条書きの書式を設定する。行頭文字ライブラリに何種類か登録されているが，その他にも記号や図を行頭文字として指定することができる。

操作 4.2.10　箇条書き

箇条書きを設定する段落を選択する。

1．〔ホーム〕タブの〔段落〕グループの〔箇条書き〕の▼をクリックする。
2．図 4.2.12（左図）の〔行頭文字ライブラリ〕の該当の行頭文字をクリックする。
〔行頭文字ライブラリ〕に該当行頭文字がない場合は〔新しい行頭文字の定義〕をクリックする。
3．〔記号〕〔図〕〔文字書式〕のいずれかを選択して，詳細設定を行い〔OK〕をクリックする。

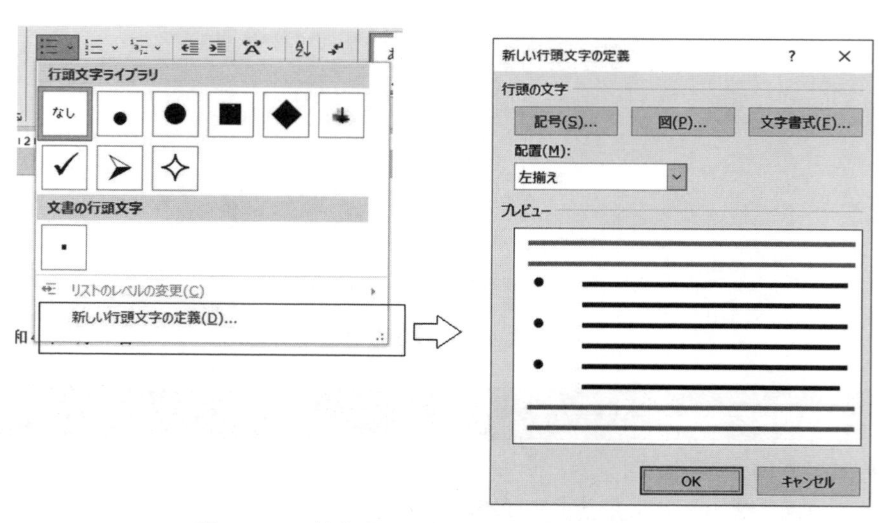

図 4. 2. 12　箇条書きの新しい行頭文字の定義画面

(5) 段落番号

行頭に番号を入れ段落番号の書式を設定する。番号ライブラリに何種類か登録されているが，その他番号以外の書式も段落番号として指定することができる。

操作 4.2.11　段落番号

段落番号を設定する段落を選択する。
1.〔ホーム〕タブの〔段落〕グループの〔段落番号〕の▼をクリックする。
2. 番号ライブラリに該当の段落番号がある場合は該当の段落番号をクリックする。
番号ライブラリに該当の段落番号がない場合は〔新しい番号書式の定義〕をクリックする。
3.〔番号の種類〕〔番号書式〕〔配置〕を選択して〔OK〕をクリックする。

(6) インデントを減らす／増やす

段落の左側の表示位置を指定する。インデントを増やすと右側に移動し，インデントを減らすと左側に移動する。図 4.2.13 のように左右の表示位置を指定するには，図 4.2.10 の段落画面の〔インデント〕の〔左〕〔右〕を指定する。

操作 4.2.12　インデントを減らす／増やす

1. 段落内にカーソルを置く。複数行の場合は選択する。
2.〔ホーム〕タブの〔段落〕グループの〔インデントを減らす（増やす)〕をクリックする。

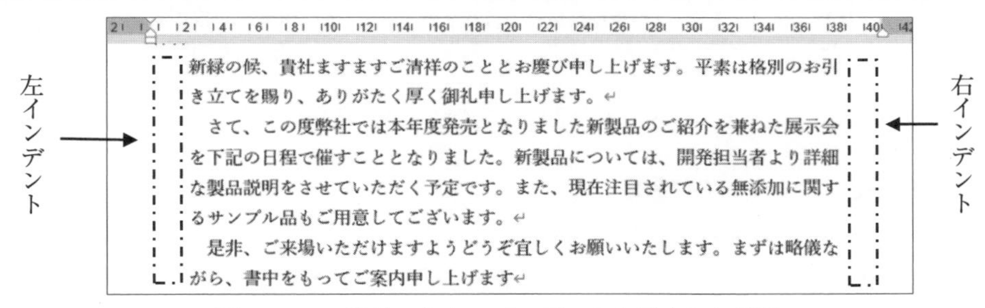

図 4.2.13　段落に左右のインデントを設定した状態

(7) 字下げとぶら下げ

段落の最初の文字を 1 字下げて表示することを「字下げ」という。また，同じ段落の 2 行目以降を何文字か下げて表示することを「ぶら下げ」という。

操作 4.2.13　字下げとぶら下げ

1. 段落を選択して，〔ホーム〕タブの〔段落〕グループ右下の起動ボタンをクリックする。
2.〔インデントと行間隔〕タブをクリックする（図 4.2.14）。
3.〔最初の行〕から〔字下げ〕または〔ぶら下げ〕（図 4.2.15）からインデントの〔幅〕を指定して〔OK〕をクリックする。

図 4.2.14　複数段落を指定し段落画面から字下げの設定

図 4.2.15　ぶら下げの設定

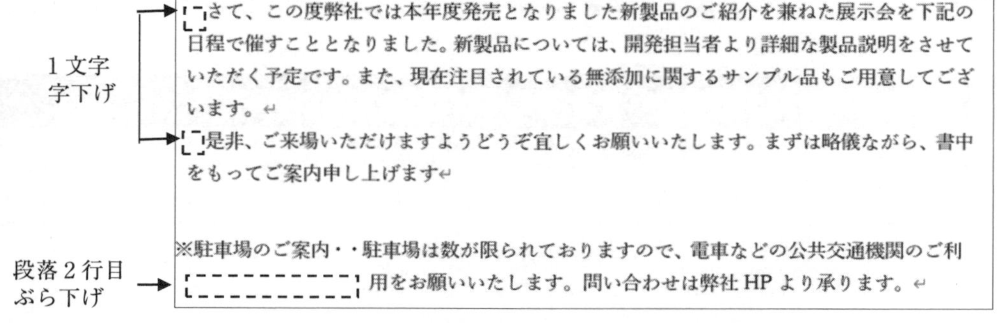

図 4.2.16　字下げとぶら下げが設定された状態

4.2.6　ヘッダーとフッターの編集

上部の余白をヘッダー，下部の余白をフッターという。ヘッダーやフッター領域には文字だけでなく，イラストや写真などの「図」も挿入することができる。ヘッダーやフッターの領域幅は変更ができる。

操作 4.2.14　ヘッダー／フッター領域の表示と閉じ方

1．次のいずれかの方法でヘッダー領域またはフッター領域を表示する。

方法 1（リボンからの方法）

〔挿入〕タブの〔ヘッダーとフッター〕グループの〔ヘッダー〕▼または〔フッター〕▼をクリックし〔ヘッダーの編集〕または〔フッターの編集〕を選択する。

方法 2（マウス操作からの方法）

ヘッダー領域またはフッター領域をダブルクリックする。

2．編集終了後に〔ヘッダー／フッターツール・デザイン〕タブの〔ヘッダーとフッターを閉じる〕をクリックして閉じる。

余白が狭いと文書の上部とヘッダー領域または下部とフッター領域が重なる場合がある。そのような場合はヘッダーやフッターの位置を調整する。

操作 4.2.15 ヘッダー・フッターの位置

1. 〔ヘッダー／フッターツール・デザイン〕タブをクリックする。
2. 〔位置〕グループの〔上からのヘッダー位置〕または〔下からのフッター位置〕で調整する(図 4.2.17)。

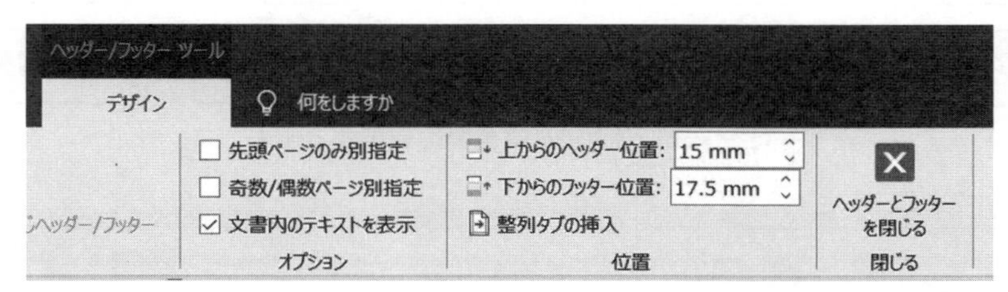

図 4.2.17 〔ヘッダー／フッターツール・デザイン〕タブの位置グループ

例題 4.2.2 例題 4.2.1 で保存した「ビジネス文書」を開き，次の手順に従い図 4.2.2 の完成図を参考に上書き保存をしながら行う。離れている文字列は Ctrl キーを利用して選択する。

1）次の段落を選択し，右揃えに配置する。
「令和 4 年 5 月 10 日」　「株式会社オフィス」　「広報部　鈴木太郎」
2）「新製品展示会のご案内」を中央揃えに配置，フォントサイズ 11 ポイント，太字，拡張書式で 150% に設定する。
3）「拝啓」の段落前に 1.5 行の間隔を設定する。
4）「新緑の候～」から「～ご案内申し上げます。」の段落に字下げ「1 字」を設定する。
5）「無添加に関するサンプル品」を選択し，文字の網掛けを設定する。
6）次の段落に段落番号（1.2.3.），フォントを MS ゴシックの 11 ポイント，段落前に 0.5 行の間隔を設定する。
「開催日：令和 4 年 6 月 26 日（日）」「場所：ホテルオフィス」
7）「開催日」「場所」に 4 文字幅の均等割り付け，太字を設定する。
8）「〒 105-0011～」の段落に左インデント 2 字を設定する。
9）「第 1 回」「第 2 回」「第 3 回」の段落に箇条書きを設定する。
10）「第 1 回」「第 2 回」「第 3 回」の下の行に左インデント 4 字を設定する。
11）「第 1 回」「第 2 回」「第 3 回」に斜体と下線を設定する。
12）「※駐車場のご案内」の段落にぶら下げ「10 字」を設定する。
13）ヘッダーに「学籍番号」と「氏名」を入力し，9 ポイント，右揃えに設定する。
14）パスワードで保護を付けて保存する。パスワードは学籍番号とする。2.3.4 項を参照。
15）〔ファイル〕タブの「印刷」で印刷イメージを確認後，印刷（A4 用紙 1 枚）し，ファイルを閉じる。
16）パスワードを付けて保存したファイル「ビジネス文書」を開く。
17）パスワードを解除して上書き保存を行う。

練習問題 4.2 URL 参照

4.3　画像や表を使った文書作成

写真やイラストなどの画像および表を挿入した文章の作成を学習する。画像や表の扱いは Excel, PowerPoint にも共通するオブジェクトの機能である。詳細は第 2 章を参照する。

画像の選択 → 画像の挿入 → サイズ調整 → 配置調整 → その他編集

表の作成 → 表の編集 → 文字入力 → 書式設定 → 配置調整

図 4. 3. 1　図や表を文書中に利用する手順

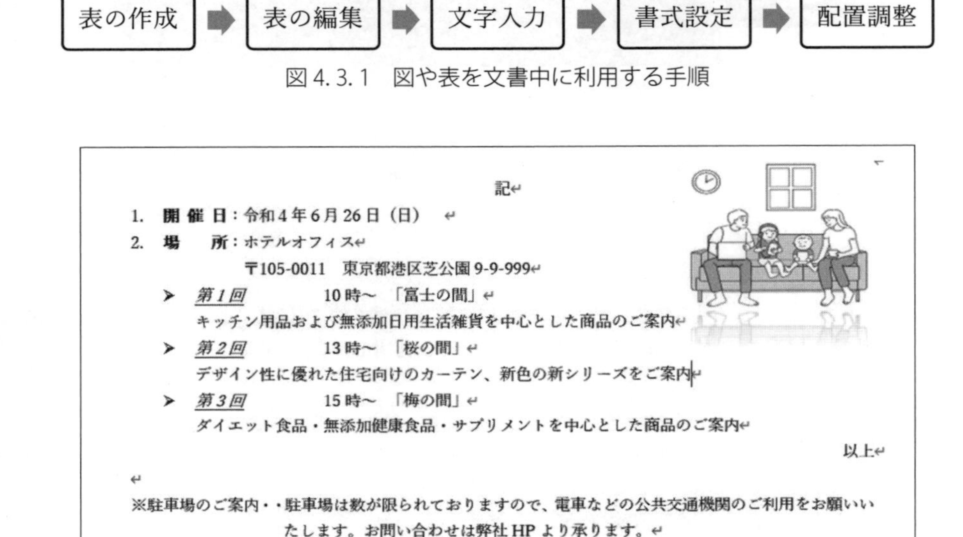

記

1. 開 催 日：令和 4 年 6 月 26 日（日）
2. 場　　所：ホテルオフィス
　　〒105-0011　東京都港区芝公園 9-9-999
　➤ *第 1 回*　　10 時～「富士の間」
　　キッチン用品および無添加日用生活雑貨を中心とした商品のご案内
　➤ *第 2 回*　　13 時～「桜の間」
　　デザイン性に優れた住宅向けのカーテン、新色の新シリーズをご案内
　➤ *第 3 回*　　15 時～「梅の間」
　　ダイエット食品・無添加健康食品・サプリメントを中心とした商品のご案内

以上

※駐車場のご案内・・駐車場は数が限られておりますので、電車などの公共交通機関のご利用をお願いいたします。お問い合わせは弊社 HP より承ります。

記念品引換券

氏　名		フリガナ	
勤務先名		部署名	
メールアドレス	@	※伝達事項	
電話番号			

図 4. 3. 2　画像や表を利用した文書

4.3.1　画像の利用

文書中に挿入する画像のことを Word では「図」といい，ユーザー自身が保存した写真やイラストのほかにオンライン画像などが対象となる。文書中の画像を選択しリボンに表示される〔図ツール・図の形式〕タブ（図 4.3.3）で編集ができる。各グループの機能は以下となる。

「調整」グループ・・画像の色や明るさを設定する。

「アクセシビリティ」グループ・・〔代替テキスト〕として画像に説明文を入れことでユーザーに提供する補助テキストとなる。

「サイズ」グループ・・画像のサイズ設定は画像を選択した状態からマウスを使い目で確認しなが

ら調整ができるが，大きさを統一したい場合はここから数値で設定する。

「配置」グループ・・画像の配置は〔配置〕グループまたは画像を選択して表示される「レイアウトオプション」で設定する。

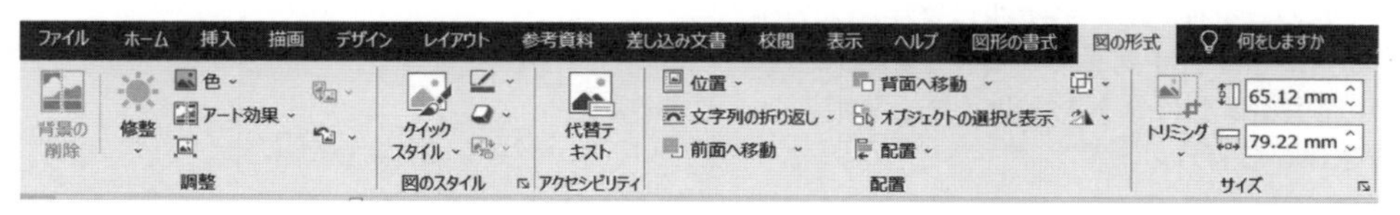

図 4.3.3　〔図ツール 図の形式〕タブ

4

例題 4.3.1　4.2 節で保存した Word ファイル「ビジネス文書」を開き，以下の手順で図 4.3.2 を参考に仕上げる。

1）ページの余白を変更する。上下：25 ミリ，左右：19 ミリ
2）「記」の右側にカーソルを移動する。
3）「家族」でオンライン画像を検索（CC ライセンスを確認），またはブラウザを開き「家族 イラスト フリー素材」で検索して利用できる画像を保存する。
4）選択した画像を文書中に挿入する。
5）図の幅を 35 ミリに設定する。文字列の折り返しは前面を設定し，右側に配置する。
6）図に代替テキストを設定する。「生活の様子の画像」
7）挿入した画像に，図のスタイル「角丸四角形，反射付き」を設定する。
8）〔調整〕グループのアート効果を設定する（任意）。
9）上書き保存を行う。

4.3.2　表と罫線の利用

文書に挿入した表を基本形として，セルを分割や結合，さらに罫線の線種の変更や罫線の一部のみを表示する，非表示とするなどの編集で，さまざまな表の作成が可能となる。

罫線は表以外にも段落に設定することもできる。図 4.3.2 の表の上の点線は段落に罫線を設定した段落罫線である。

操作 4.3.1　段落罫線

1．対象となる段落を選択し，〔ホーム〕タブの〔段落〕グループの〔罫線〕▼をクリックする。
2．一覧から〔線種とページ罫線と網掛けの設定〕をクリックする。
3．〔罫線〕タブをクリックし，〔種類〕は〔指定〕，〔種類〕から線種を選択する。
4．右側の〔プレビュー〕の〔設定対象〕は「段落」とし，段落罫線を設定する場所（上下左右）を指定する。
5．〔OK〕をクリックする。

例題 4.3.2　例題 4.3.1 で保存した Word ファイル「ビジネス文書」を開き，以下の手順で図 4.3.2 を参考に仕上げる。

1）「駐車場のご案内」の下の段落を選択し，段落罫線を設定する。線種は点線，線の太さは 0.5 ポイント。
2）「記念品引換券」を入力する。フォントサイズを 11 ポイント，太字，中央揃えを設定する。
3）4 行 4 列の表を挿入し，各セルに文字を入力する。
4）3 行 3 列から 4 行 4 列までのセルを結合する。
5）「※伝達事項※」はフォントサイズを 9 ポイントとする。
6）上書き保存を行う。

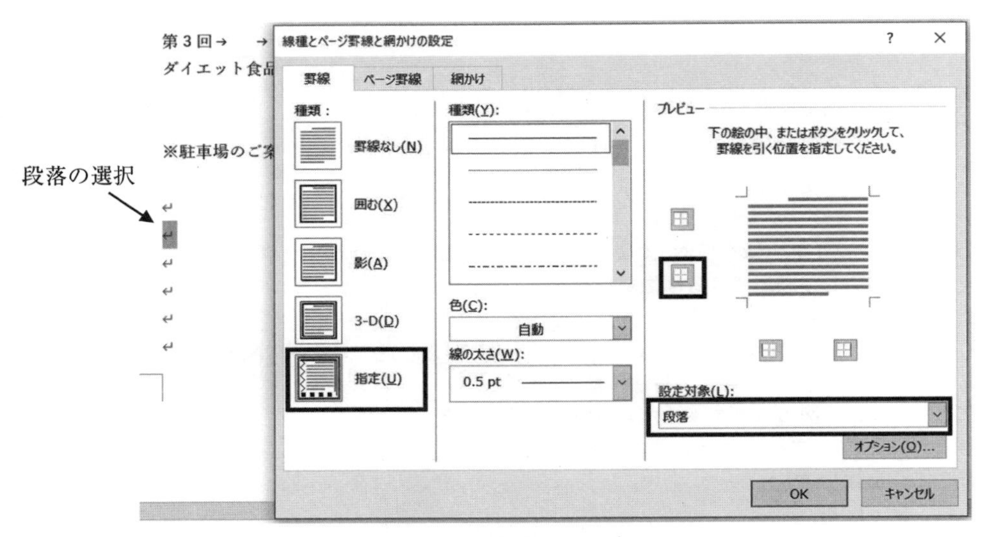

図 4.3.4　段落罫線の設定

4.3.3　ページ罫線の利用

ページ全体を図柄や線などで囲む罫線をページ罫線という。図 4.3.4 の「ページ罫線」タブから設定する。

操作 4.3.2　ページ罫線

1. 線種とページ罫線と網掛けの設定ダイアログボックス（図 4.3.4）の〔ページ罫線〕タブをクリックする。
2. 左側の〔種類〕は〔囲む〕を選択し，〔絵柄〕を選択後，〔線の太さ〕を指定する。
3. 右側の〔プレビュー〕の〔設定対象〕が文書全体であることを確認して〔OK〕をクリックする。

例題 4.3.3　Word を新規で開き，テンプレートで「誕生日」を検索し，選択して開く。図 4.3.5 は「誕生日の招待状」を利用した場合の例である。

1）操作 4.3.2 に沿って，〔ページ罫線〕を設定する。
2）全体のバランスを考えて，〔線の太さ〕を指定する。
3）ファイル名「誕生日の招待状」で保存する。

図 4.3.5　ページ罫線の利用

練習問題 4.3　URL 参照

4.4　図形を使った文書作成

図形を挿入した文書の作成を学習する。組織図や手順などを図形で表現することで，読み手にわかりやすい文書を作成することができる。図 4.4.1 の例題は SmartArt と図形を利用して作成する。点線の枠線のテキストボックス内の段落には行間を設定している。行間の変更は文書内の段落だけではなく，表中の段落，図形内の段落においても設定ができる。

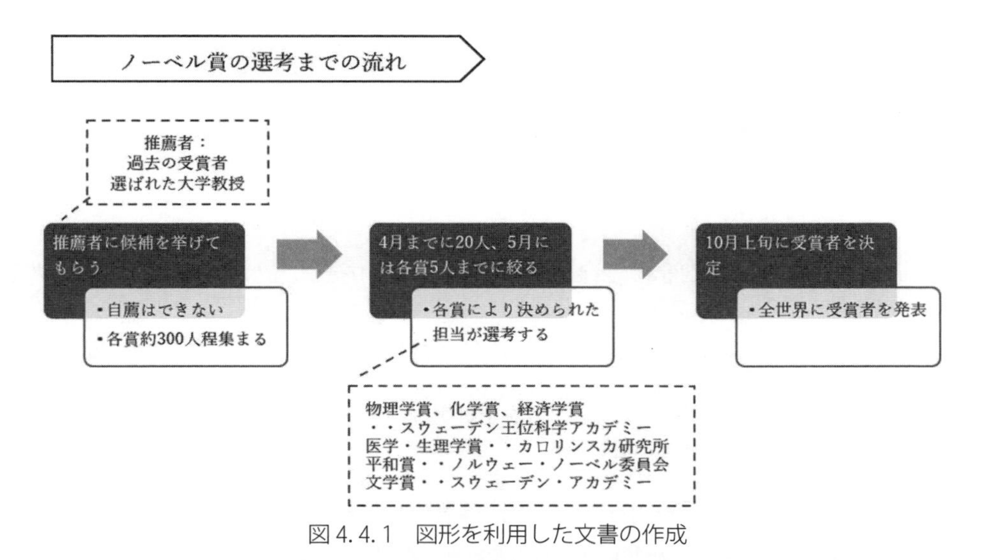

図 4.4.1　図形を利用した文書の作成

操作 4.4.1　行間の変更

段落を選択する。

1.〔ホーム〕タブの〔段落〕グループの〔行と段落の間隔〕をクリック，続けて［行間のオプション］をクリックする（図 4.4.2）。

2.［間隔］の［行間］から［固定値］を選択後，〔間隔〕の値を指定して［OK］をクリックする。

図 4.4.2　行間の間隔の変更

例題 4.4.1　Word を新規文書で開き，図 4.4.1 を参考に文書を作成し，ファイル名「ノーベル賞の選考」で保存する。〔挿入〕タブの〔図〕グループの〔図形〕と〔SmartArt〕を利用する。

1）〔図形〕の「ブロック矢印」から「矢印：五方向」を選択し，「ノーベル賞の選考までの流れ」を入力する。
2）〔SmartArt〕の〔手順〕から〔協調ステップ〕を選択する。
3）第 1 レベルについて，左から「推薦者に候補を挙げてもらう」，中央に「4 月までに 20 人，5 月には各賞 5 人までに絞る」，右に「10 月上旬に受賞者を決定」を入力する。
4）第 2 レベルについて，左から「自薦はできない」「各賞約 300 人程集まる」，中央に「各賞により決められた担当が選考する」，右に「全世界に受賞者を発表」を入力する。
5）〔図形〕の「吹き出し」から「吹き出し：線」を選択し，線種に「点線」を設定する。
6）「推薦者」への吹き出しには「推薦者：過去の受賞者」「選ばれた大学教授」を入力する。
7）「担当」への吹き出しには「物理学賞，化学賞，経済学賞・・スウェーデン王位科学アカデミー」「医学・生理学賞・・カロリンスカ研究所」「平和賞・・ノルウェー・ノーベル委員会」「文学賞・・スウェーデン・アカデミー」を入力する。
8）ファイル名「ノーベル賞の選考」で保存する。

4.5　長文の作成

長文の文書作成には欠かせない機能について学ぶ。ここまでの節で学習してきた内容にページ構成の編集となるセクション機能を利用して長文を作成していく手法を学ぶ。図 4.5.3 で示した文書の左側に表示されている行番号を使って編集方法の解説を進めていき，図 4.5.2 の文書へと完成していく。〔ホーム〕タブの〔段落〕グループの〔編集記号の表示／非表示〕をオンにしてセクション機能を確認していく。

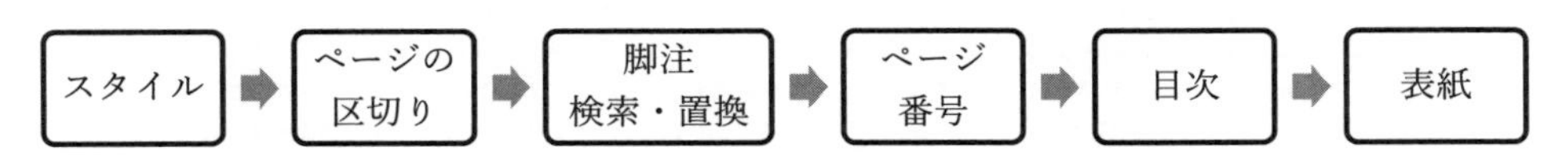

図 4.5.1　長文作成の流れ

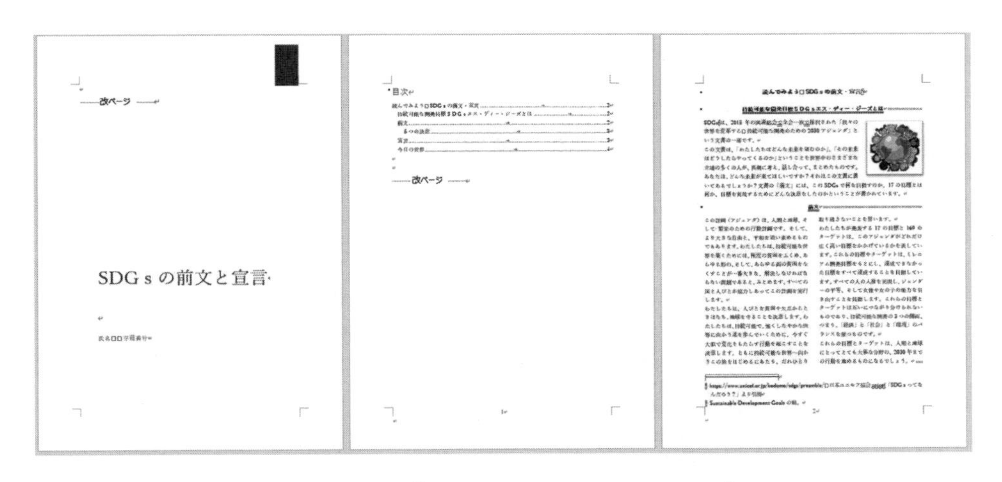

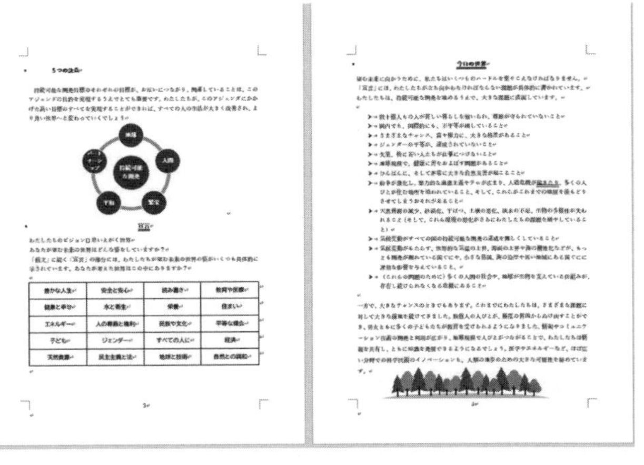

図 4.5.2　長文の作成

1　読んでみよう　SDG s の前文・宣言↵
2　持続可能な開発目標ＳＤＧｓエス・ディー・ジーズとは↵
3　SDGs は、2015 年の国連総会で全会一致で採択された「我々の世界を変革する　持続可能な開発のための 2030
4　アジェンダ」という文書の一部です。↵
5　この文書は、「わたしたちはどんな未来を望むのか」、「その未来はどうしたらやってくるのか」ということを世
6　界中のさまざまな立場の多くの人が、真剣に考え、話し合って、まとめたものです。あなたは、どんな未来が来
7　てほしいですか？それはこの文書に書いてあるでしょうか？文書の「前文」には、この SDGs で何を目指すのか、
8　17 の目標とは何か、目標を実現するためにどんな決意をしたのかということが書かれています。↵
9　前文↵
10　この計画（アジェンダ）は、人間と地球、そして 繁栄のための行動計画です。そして、より大きな自由と、平和
11　を追い求めるものでもあります。わたしたちは、持続可能な世界を築くためには、極度の貧困をふくめ、あらゆ
12　る形の、そして、あらゆる面の貧困をなくすことが一番大きな、解決しなければならない課題であると、みとめ
13　ます。すべての国と人びとが協力しあってこの計画を実行します。↵
14　わたしたちは、人びとを貧困や欠乏からときはなち、地球を守ることを決意します。わたしたちは、持続可能で、
15　強くしなやかな世界に向かう道を歩んでいくために、今すぐ大胆で変化をもたらす行動を起こすことを決意しま
16　す。ともに持続可能な世界へ向かうこの旅をはじめるにあたり、だれひとり取り残さないことを誓います。↵
17　わたしたちが発表する 17 の目標と 169 のターゲットは、このアジェンダがどれだけ広く高い目標をかかげてい
18　るかを表しています。これらの目標やターゲットは、ミレニアム開発目標をもとにし、達成できなかった目標を
19　すべて達成することを目指しています。すべての人の人権を実現し、ジェンダーの平等、そして女性や女の子の
20　能力を引き出すことを目指します。これらの目標とターゲットは互いにつながり分けられないものであり、持続
21　可能な開発の 3 つの側面、つまり、「経済」と「社会」と「環境」のバランスを保つものです。↵
22　これらの目標とターゲットは、人類と地球にとってとても大事な分野の、2030 年までの行動を進めるものにな
23　るでしょう。↵
24　５つの決意↵
25　持続可能な開発目標のそれぞれの目標が、お互いにつながり、関連していることは、このアジェンダの目的を実
26　現するうえでとても重要です。わたしたちが、このアジェンダにかかげた高い目標のすべてを実現することがで
27　きれば、すべての人の生活が大きく改善され、より良い世界へと変わっていくでしょう↵
28　宣言↵
29　わたしたちのビジョン　思いえがく世界↵
30　あなたが望む未来の世界はどんな姿をしていますか？↵
31　「前文」に続く「宣言」の部分には、わたしたちが望む未来の世界の姿がいくつも具体的に示されています。あ
32　なたが考えた世界はこの中にありますか？↵
33　今日の世界↵
34　望む未来に向かうために、私たちはいくつものハードルを乗りこえなければなりません。↵
35　「宣言」には、わたしたちが立ち向かわなければならない課題が具体的に書かれています。(パラグラフ 14～16) ↵
36　わたしたちは、持続可能な開発を進めるうえで、大きな課題に直面しています。↵
37　数十億人もの人が貧しい暮らしを強いられ、尊厳が守られていないこと↵
38　国内でも、国際的にも、不平等が増していること↵
39　さまざまなチャンス、富や権力に、大きな格差があること↵
40　ジェンダーの平等が、達成されていないこと↵
41　失業、特に若い人たちが仕事につけないこと↵
42　地球規模で、健康に害をおよぼす問題があること↵
43　ひんぱんに、そして非常に大きな自然災害が起こること↵
44　紛争が激化し、暴力的な過激主義やテロが広まり、人道危機が起きたり、多くの人びとが住む場所を追われてい
45　ること、そして、これらがこれまでの進展を後もどりさせてしまうおそれがあること↵
46　天然資源の減少、砂漠化、干ばつ、土壌の悪化、淡水の不足、生物の多様性が失われること（そして、これら環
47　境の悪化がさらにわたしたちの課題を増やしていること）↵
48　気候変動がすべての国の持続可能な開発の達成を難しくしていること↵
49　気候変動がもたらす、世界的な気温の上昇、海面の上昇や海の酸性化などが、もっとも開発が遅れている国ぐに
50　や、小さな島国、海の沿岸や低い地域にある国ぐにに深刻な影響を与えていること。↵
51　（これらの問題のために）多くの人間の社会や、地球が生物を支えている仕組みが、存在し続けられなくなる危
52　機にあること↵
53　一方で、大きなチャンスのときでもあります。これまでにわたしたちは、さまざまな課題に対して大きな前進を
54　続けてきました。数億人の人びとが、極度の貧困からぬけ出すことができ、男女ともに多くの子どもたちが教育
55　を受けられるようになりました。情報やコミュニケーション技術の開発と利用が広がり、地球規模で人びとがつ
56　ながることで、わたしたちは情報を共有し、ともに知識を発展できるようになるでしょう。医学やエネルギーな
57　ど、はば広い分野での科学技術のイノベーションも、人類の進歩のための大きな可能性を秘めています。↵

図 4.5.3　編集前の文書（左側の行番号は解説する際の番号）

4.5.1 スタイルの設定

フォントやフォントサイズ，色，配置などの組み合わせをスタイルとして設定することができる。〔ホーム〕タブの〔スタイル〕グループにはあらかじめ〔見出し 1〕〔見出し 2〕などのスタイルが用意されている。段落にカーソルを置いた状態で〔見出し 1〕〔見出し 2〕〔見出し 3〕などをクリックすることで設定ができる。文書を構成する章や節などのレベルに合わせてスタイルを設定しておくことで，目次の作成や文章内の移動も可能となる。

これらのスタイルの書式は図 4.5.4 のようにスタイル名の右クリックから変更することもできる。スタイルの書式を変更すると，該当スタイルを指定したすべての箇所が同時に変更される。

図 4.5.4 スタイルの設定画面

4.5.2 ページ区切り

ページの途中で強制的に改ページする場合は以下の方法で設定する。

操作 4.5.1 改ページ

1. 改ページを行う文字の前にカーソルを移動する。
2. 〔挿入〕タブの〔ページ〕グループの〔ページ区切り〕をクリックする。

4.5.3 段組み

段組みとは文書を左右に分けて表示する機能である。段数の指定ができる。段組みを設定した段落の前後にセクション区切りが自動的に挿入されるため，同じ文書内で異なる書式が設定できる。

操作 4.5.2 段組み

1. 段組みを設定する段落を範囲選択する。
2. 〔レイアウト〕タブの〔ページ設定〕グループの〔段組み〕▼をクリックする。
3. 一覧から〔段組みの詳細設定〕をクリックし，〔種類〕または〔段数〕を指定する。
4. 〔OK〕をクリックする。

4.5.4　脚注

補足説明が必要な箇所には脚注を設定する。脚注には各ページの下部領域に表示する「脚注」と文末にまとめて表示する「文末脚注」がある。脚注は文頭から順番に番号を付ける方法とページ単位で番号を付ける方法などの指定ができる。脚注の削除は，本文中の脚注番号を削除する。

操作 4.5.3　脚注

1．脚注を入れる文字の後ろにカーソルを移動する。
2．〔参考資料〕タブの〔脚注〕グループから「脚注の挿入」または「文末脚注の挿入を選択する。
3．脚注領域に移動するので，脚注内容を入力する。

例題 4.5.1　図 4.5.3 の編集前の文書（ファイル名「SDGs の前文と宣言」）と画像ファイル「地球」をダウンロードする。図 4.5.3 の左側の行番号を参考に以下の処理を行い，図 4.5.2 を参考に仕上げる。
〔ホーム〕タブの〔段落〕グループの〔編集記号の表示／非表示〕をオンにし，セクション区切り記号やページ区切り記号などを確認しながら行う。

1）行番号 1「読んでみよう・・」の段落に〔見出し 1〕を設定する。
2）行番号 2「持続可能な開発目標・・」，行番号 9「前文」，行番号 28「宣言」，行番号 33「今日の世界」に〔見出し 2〕を設定する。
3）行番号 24「5 つの決意」に〔見出し 3〕を設定する。
4）〔見出し 1〕の設定を変更する。フォントサイズ 12 ポイント，太字，中央揃え。
5）〔見出し 2〕の設定を変更する。フォントサイズ 11 ポイント，太字，中央揃え，下線。
6）〔見出し 3〕の設定を変更する。太字。
7）行番号 1 に脚注を挿入する。以下の脚注の文書のフォントサイズは 10 ポイントとする。
　日本ユニセフ協会「SDGsってなんだろう？」より一部を引用
8）行番号 3 の「SDGs」の後ろにカーソルを置き脚注を挿入する。脚注のフォントサイズは 10 ポイントとする。
　Sustainable Development Goals の略
9）画像ファイル「地球」を挿入する。レイアウトオプションから「四角形」を設定する。
10）画像ファイル「地球」のサイズを 35 ミリに設定し，右側に移動する。
11）行番号 10 の「この計画（アジェンダ）は」から行番号 23「進めるものになるでしょう。」に 2 段組みを設定する。
12）行番号 27 の下に複数空行を挿入し，SmartArt の「循環」から「中心付き循環」を挿入して図を作成する。SmartArt については 2.7 節を参照する。

以下の内容を入力する。フォントサイズを調整する。
・地球
・人間
・繁栄
・平和
・パートナーシップ
中央には以下の内容を入力する。
・持続可能な開発

13）行番号 32「この中にありますか？」の下に 5 行 4 列の表を挿入し，以下の内容を入力する。鍵括弧「」は入力しない。それぞれのセルに「塗りつぶし」で色を付けてみよう。

「豊かな人生」「安全と安心」「読み書き」「教育や医療」「健康と幸せ」「水と衛生」「栄養」
「住まい」「エネルギー」「人の尊厳と権利」「民族や文化」「平等な機会」「子ども」「ジェンダー」
「すべての人に」「経済」「天然資源」「民主主義と法」「地球と技術」「自然との調和」

14) 表の下の行にカーソルを置き，ページ区切りを設定する。
15) 上書き保存を行う。

4.5.5　ページ番号

ページ番号の挿入方法と編集方法を学習する。〔挿入〕タブの〔ヘッダーとフッター〕グループの〔ヘッダー〕から〔ヘッダーの編集〕をクリックするとヘッダーの領域が表示され，リボンにヘッダー／フッターツールが表示される。この図 4.4.5 で示したリボンでヘッダーとフッターの詳細な設定ができる。

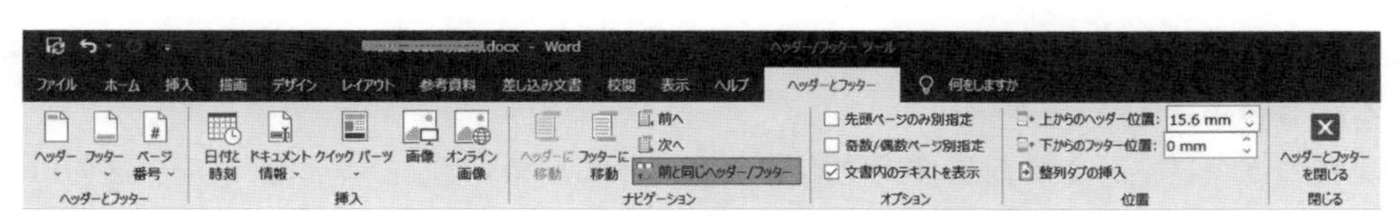

図 4.5.5　ヘッダー／フッターツール

操作 4.5.4　ページ番号の挿入

1.〔挿入〕タブの〔ヘッダーとフッター〕グループの〔ページ番号〕▼をクリックする。
2. 一覧からページ番号の表示位置をポイントし，書式を選択する。

操作 4.5.5　ページ番号の書式設定

1. 図 4.5.5 の〔ヘッダーとフッター〕グループの〔ページ番号〕から，〔ページ番号の書式設定〕をクリックする。
2. ページ番号の書式画面（図 4.5.6）が表示される。〔番号書式〕，〔連続番号〕を指定する。
セクションが設定されている場合は〔前のセクションから継続〕を指定する。
3.〔OK〕をクリックする。

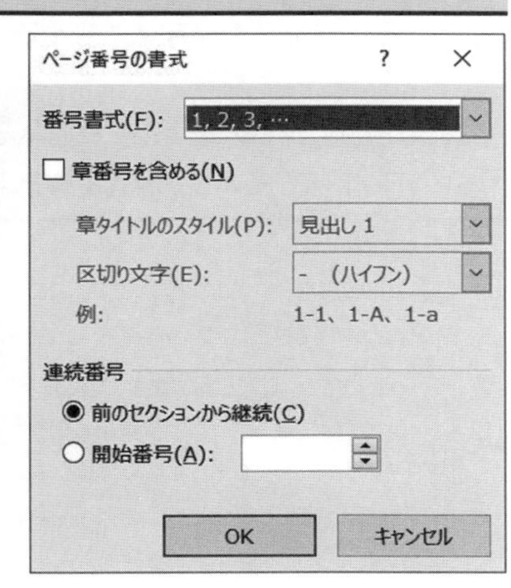

図 4.5.6　ページ番号の書式画面

例題 4.5.2　例題 4.5.1 で保存した Word ファイル「SDGs の前文と宣言」を開き，以下の編集を行う。画像ファイル「自然」をダウンロードする。図 4.5.3 の左側の行番号を参照して以下の処理を行う。
〔ホーム〕タブの〔段落〕グループの〔編集記号の表示／非表示〕をオンにし，セクション区切り記号やページ区切り記号などを確認しながら行う。

1）行番号 37「数十億人もの人が」から行番号 52「危機にあること」を選択し，箇条書きを設定する。
2）行番号 53「一方で，大きなチャンス」の段落の前に 1 行空行を挿入する。
3）行番号 53「一方で，大きなチャンス」から行番号 57「可能性を秘めています。」までの行間に「1.15」を設定する
4）行番号 57「可能性を秘めています。」の下の行に画像「自然」を挿入する。画像の幅は 110 ミリに設定する。
5）画像「自然」を選択し，〔図の書式〕タブの〔調整〕グループの〔アート効果〕から「セメント」を設定する。
6）ページ番号をページの下部，中央に挿入する。
7）上書き保存を行う。

4.5.6　目次の作成

章タイトルや節タイトルに〔見出し 1〕〔見出し 2〕など，設定したスタイルを利用した目次作成の機能を学習する。文書中のスタイルの設定変更やページ数の変更があった場合は目次を更新することができる。

目次を現在のトップページの前に作成する場合は〔挿入〕タブの〔ページ〕グループの〔空白のページ〕をクリックすると，新しいページが挿入される。

操作 4.5.6　目次の作成

1．目次を作成する位置にカーソルを置く。
2．〔参考資料〕タブの〔目次〕グループの〔目次〕▼をクリックする。
3．一覧から〔ユーザー設定の目次〕を選択して目次画面（図 4.5.7）を表示する。
4．〔ページ番号を表示する〕で表示有無を指定する。表示の場合は〔タブリーダー〕を選択する。
5．〔アウトラインレベル〕に目次として表示するレベルを指定する。
6．〔印刷イメージ〕で内容を確認して〔OK〕をクリックする。

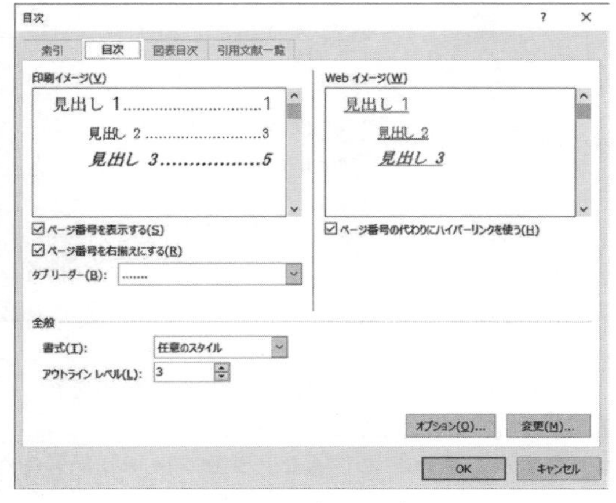

図 4.5.7　目次の作成画面

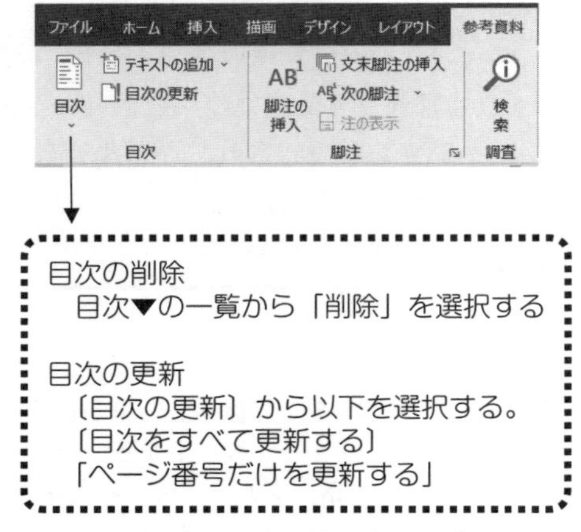

図 4.5.8　〔目次〕グループ

4.5.7 表紙の作成

Word にはあらかじめデザインされた表紙が用意されている。表紙は常に1ページ目に挿入される。

操作 4.5.7 表紙の作成

1.〔挿入〕タブの〔ページ〕グループの〔表紙〕▼をクリックする。
2. 表紙を選択する。

操作 4.5.8 表紙の削除

1.〔挿入〕タブの〔ページ〕グループの〔表紙〕▼をクリックする。
2.〔現在の表紙を削除〕をクリックする。

例題 4.5.3　例題 4.5.2 で保存した Word ファイル「SDGs の前文と宣言」を開き，以下の編集を行う。行番号は図 4.5.3 の左側の番号を参照する。

1）行番号1にカーソルを置き，〔挿入〕タブの〔ページ〕グループから〔空白のページ〕をクリックする。
2）空白のページの1行目に「目次」と入力する。フォントサイズを 12 ポイントに設定する。
3）「目次」の下に1行空白行を挿入し，「ユーザー設定の目次」を作成する。
　ページ番号は表示する。タブリーダーを選択する（任意）。
4）表紙を挿入する。（任意）「文書のタイトル」に「SDGs の前文と宣言」，「氏名」に学籍番号と氏名を入力する。
5）上書き保存を行う。

4.5.8 検索と置換

文章中の文字列を異なる文字列に置き換える置換と文章中の文字列を検索する機能を学習する。同じ文字列であっても，大文字と小文字，フォントが異なる文字などを設定した置換や検索ができる。また，文字列のほかに脚注や図表の検索もできる。

操作 4.5.9 文字列の検索

1.〔ホーム〕タブの〔編集〕グループの〔検索〕をクリックする。
2. ナビゲーションウィンドウの検索ボックスに検索文字列を入力する。
3. 検索文字に黄色のマーカーが付けられ表示される。
4. ナビゲーションウィンドウでは以下のいずれかの方法で検索結果を確認できる。
　〔見出し〕…検索した文字列が含まれる見出しに色が付けられ表示される。
　〔ページ〕…検索した文字列が含まれるページだけが表示される。
　〔結果〕…検索文字が含まれる文書が表示される。

操作 4.5.10 文字列の置換

1.〔ホーム〕タブの〔編集〕グループの〔置換〕をクリックする。

2．検索と置換画面の〔置換〕タブをクリックする（図 4.5.9)。
3．〔検索する文字列〕と〔検索後の文字列〕にそれぞれ入力する。
4．〔置換〕と〔次を検索〕…カーソルの位置以降から順番に検索しひとつずつ置換する。
〔すべて置換〕…一度にすべて置換する。

〔オプション〕をクリックすると高度な検索・置換ができる。

〔書式〕からは検索する文字列，置換する文字列への書式などが設定できる。

大文字と小文字を区別した検索や置換の場合は〔あいまい検索〕のチェックを外す。

図 4.5.9　検索と置換画面とオプション画面

操作 4.5.11　脚注や図表の検索

1．〔ホーム〕タブの〔編集〕グループの〔置換〕をクリックする。
2．検索と置換画面の〔ジャンプ〕タブをクリックする（図 4.5.10)。
3．〔移動先〕を指定する。〔前へ〕と〔次へ〕でカーソルの位置から順番に表示される。

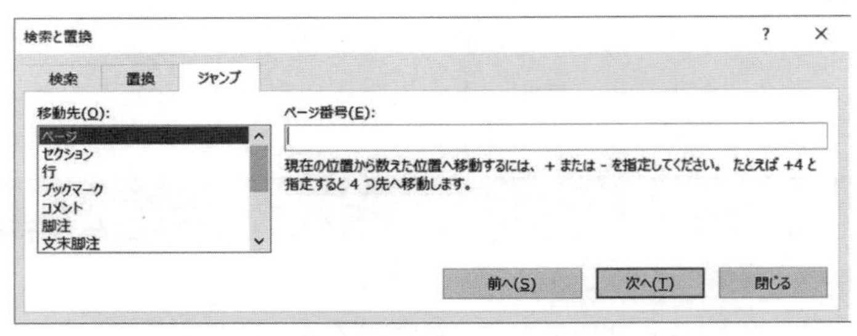

図 4.5.10　文字列以外の検索（文書内の移動）

例題 4.5.4　例題 4.5.3 で保存した Word ファイル「SDGs の前文と宣言」を開き，以下を行う。

1）トップページにカーソルを置き，「SDGs」で検索を行い，結果を確認する。
2）文書内の「SDGs」の文字を置換する（表紙，目次，脚注は除く)。置換後：フォントの色を赤，太字
　※〔オプション〕の〔書式〕から設定する。〔次を検索〕で該当文字のみ置換する。
3）「ジャンプ」タブから「表」を選択して移動を確認する。
4）「ジャンプ」タブから「脚注」を選択して移動を確認する。

練習問題 4.5　URL 参照

ビジネス文書の基本的な書き方（社外文書）

社外文書は用件や結論を先に書き，内容を簡潔に伝える。

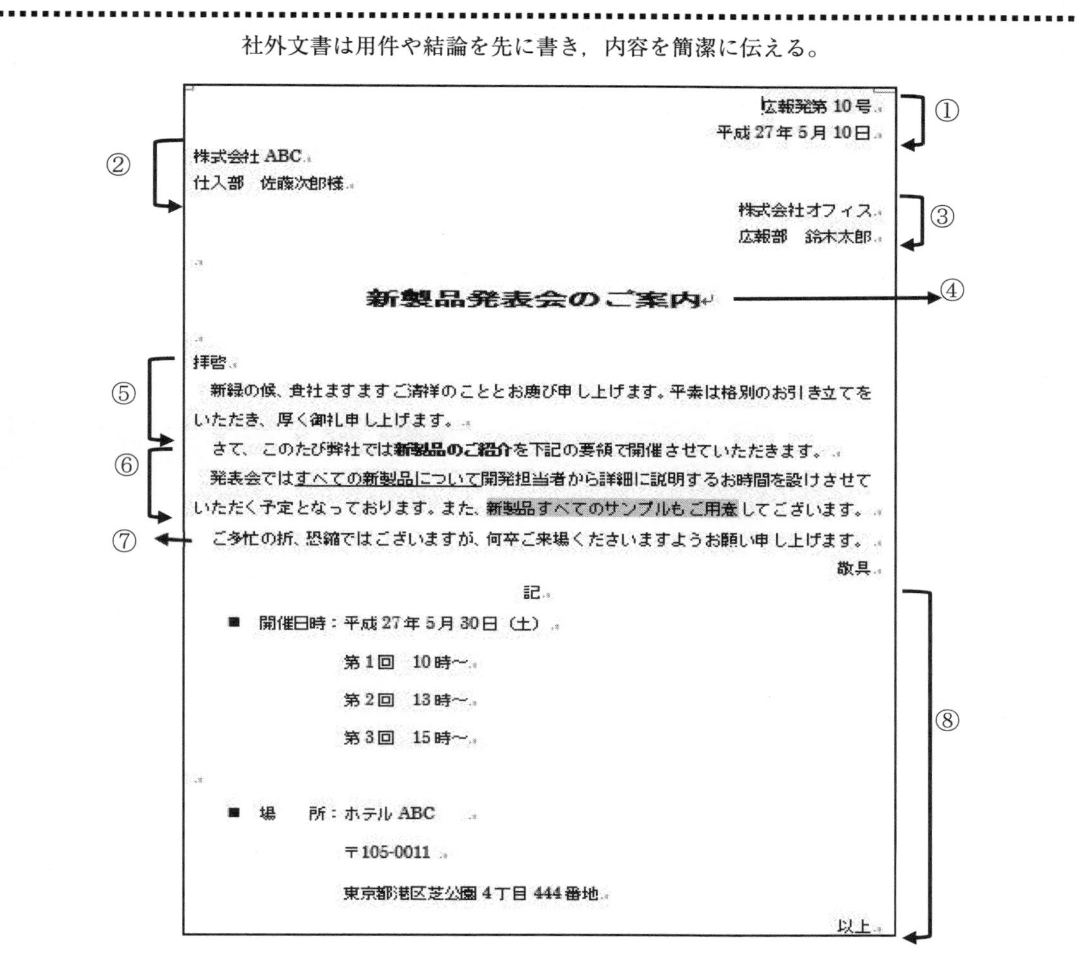

広報発第 10 号
平成 27 年 5 月 10 日

株式会社 ABC
仕入部　佐藤次郎様

株式会社オフィス
広報部　鈴木太郎

新製品発表会のご案内

拝啓
　新緑の候、貴社ますますご清祥のこととお慶び申し上げます。平素は格別のお引き立てをいただき、厚く御礼申し上げます。
　さて、このたび弊社では**新製品のご紹介**を下記の要領で開催させていただきます。
　発表会ではすべての新製品について開発担当者から詳細に説明するお時間を設けさせていただく予定となっております。また、新製品すべてのサンプルもご用意してございます。
　ご多忙の折、恐縮ではございますが、何卒ご来場くださいますようお願い申し上げます。
敬具

記

■　開催日時：平成 27 年 5 月 30 日（土）
第 1 回　10 時～
第 2 回　13 時～
第 3 回　15 時～

■　場　　所：ホテル ABC
〒105-0011
東京都港区芝公園 4 丁目 444 番地

以上

①　文書番号，発信日	文書番号は文書を参照する際にあると便利。省略する場合もある。発信日は和暦または西暦で記入する。
②　宛先	会社名や部署名，肩書，氏名，敬称を左側に記入する。 企業や組織の場合は「御中」（○○株式会社 御中）。 個人の場合は「様」。複数人の場合は「各位」。
③　発信者	発信者の会社名，部署名，肩書，氏名を右側に記入する。
④　文書名	文書の内容がわかりやすいタイトル名を付ける。
⑤　前文	頭語 時候の挨拶，安否の挨拶，感謝の挨拶の順番で記入する。
⑥　主文（本文）	起こし言葉から始める。用件を示す。
⑦　末文	用件を再度強調する，返事を求めるなどで締めくくる。 頭語に対する結語。
⑧　別記	「記」で始まり「以上」で締めくくる。箇条書きで記入する。

4.6　差し込み印刷

定型文書の作成，同じ文面で宛先だけ違う文書の作成，はがきの宛名を住所録から読み込んで印刷する方法を学ぶ。Excel や Word で作成してある住所録を利用することができる。

4.6.1　はがきの作成

暑中見舞いのはがきを例題として学習していく。Word では定型文書の 1 つとして，ウィザードを利用して簡単に作成できる。ウィザードは，画面で指定された部分をクリックで選択，入力など画面の指示通り作業をすることにより目的の結果が得られる便利な機能である。完成した文書は，はがき文面印刷タブを利用して修正できるが，通常の文書と同様に編集してもよい。

操作 4.6.1　暑中見舞いはがきの作成

1. 〔差し込み文書〕タブの〔作成〕グループの〔はがき印刷〕をクリックする。
2. メニューで〔文面の作成〕をクリックする。図 4.6.2 のはがき文面印刷ウィザードが表示される。
   ウィザードの中では〔次へ >〕と〔< 戻る〕で画面を切り替え，必要な設定をする。
3. はがきの文面で「暑中／残暑見舞い」を選択する。
4. 適当なレイアウト，題字のデザイン，イラスト，あいさつ文を選択する。
5. 差出人情報を入力して〔次へ >〕をクリックする。
6. 〔完了〕をクリックする。完成文書のはがきの文面が表示される。

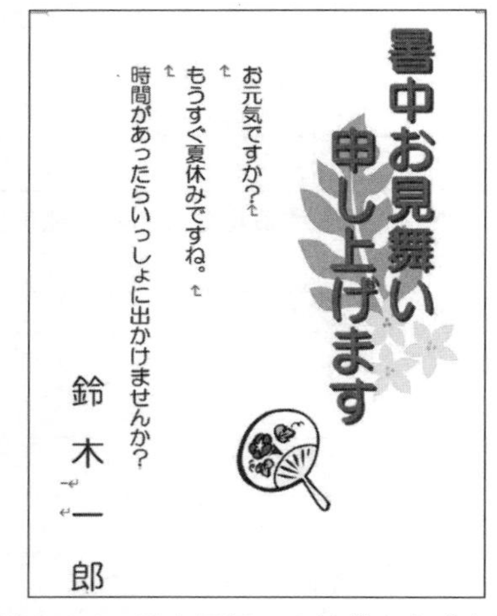

図 4.6.1　暑中見舞いのはがき完成文書

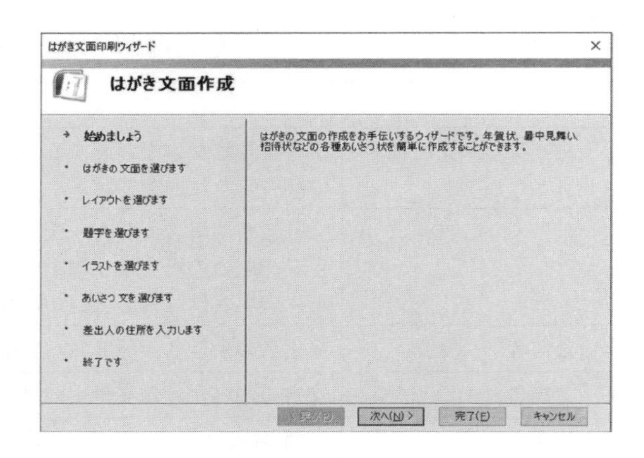

図 4.6.2　はがき文面ウイザードの開始画面

文字の向きの変更はテキストボックスを選択し，「描画ツール／図形の書式」タブの「テキスト」グループの「文字列の方向」で設定できる。

4.6.2　差し込み印刷

図 4.6.1 で「お元気ですか」の前に，あらかじめ作成してある名簿ファイル（Word ファイルまたは Excel ファイル）のデータから名前を設定する差し込み印刷の機能を学習する。

操作 4.6.2　差し込み印刷（ウィザードの利用）

1. 〔差し込み文書〕タブの〔差し込み印刷の開始〕グループの〔差し込み印刷の開始〕をクリックする。
2. 表示されるメニューから〔差し込み印刷ウィザード〕をクリックする。作業ウィンドウに差し込み印刷ウィザードが表示される
3. 「手順 1/6」で「レター」を「選択」し〔→次へ：ひな形の選択〕をクリックする。
4. 「手順 2/6」で「現在の文書を使用する」を選択し〔→次へ：宛先の選択〕をクリックする。
5. 「手順 3/6」で「既存のリストを使用」を選択し〔参照〕から使用するファイルを選択して内容の確認ができたら〔OK〕をクリックして〔→次へ：レターの作成〕をクリックする。
6. 「手順 4/6」で文書内のデータを差し込む箇所にカーソルを置き，〔差し込みフィールドの挿入〕をクリックする。
7. 「差し込みフォールドの挿入」画面が表示される（図 4.6.3)。
8. 「差し込みフィールドの挿入」画面から該当の列見出し名を選択し〔閉じる〕をクリックする。
9. 〔→次へ：レターのプレビュー表示〕をクリックする。
10. 「手順 5/6」で差し込みされたデータの内容を確認する。
11. 〔→次へ：差し込み印刷の完了〕をクリックし，作業ウィンドウを閉じる。

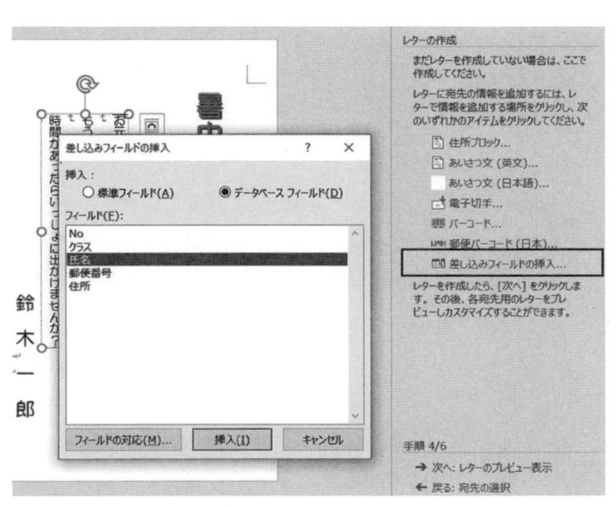

図 4.6.3　差し込みフィールドの挿入

「差し込みフィールドの挿入」画面のフィールドにはデータの1行目の列見出し名が表示される。

図 4.6.3 の「差し込みフィールドの挿入」画面で挿入をクリックすると，カーソルの場所に「<< 氏名 >>」が表示される。

以下のようにデータの 1 件目の「氏名」が文書に挿入される。

図 4.6.4　差し込み完了の文書

練習問題 4.6　URL 参照

4.7　数式の利用

この節では，数式の作成方法を学習する。Word には，文書にドロップできる組み込みの数式が用意されている。ユーザー独自の数式を一から作成する場合は，「数式ツール」を利用する。

操作 4.7.1　数式の作成

1．〔挿入〕タブの〔記号と特殊文字〕グループの〔数式〕の▼ボタンをクリックする。
2．組み込みの数式を利用する場合は，ギャラリーから目的の数式を選ぶ。新規に作成する場合は，ギャラリーの下部にある〔新しい数式の挿入〕を選択する（図 4.7.1)。
3．文書中に数式の挿入場所が現れ，リボンに「数式」が表示される（図 4.7.2)。
4．〔数式〕タブの〔構造〕グループから作成する数式の構造を選ぶ。
5．記号は〔記号と特殊文字〕から必要な記号などを選択する。

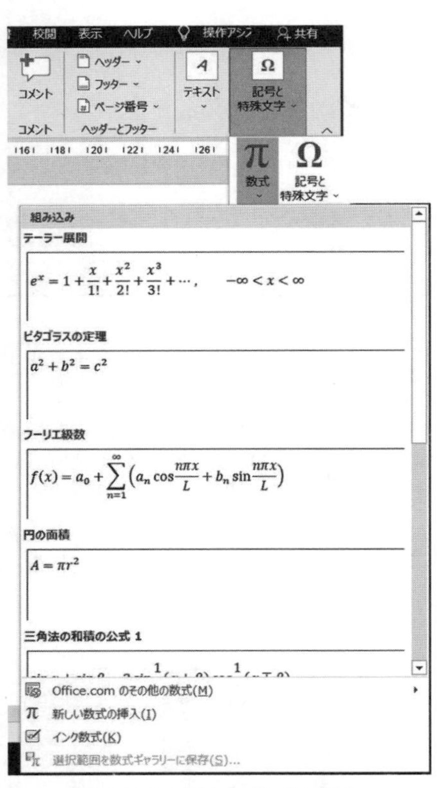

図 4.7.1　新しい数式の挿入

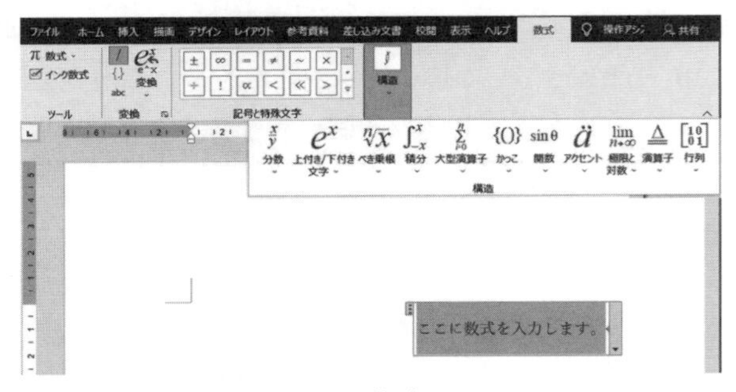

図 4.7.2　数式ツール

練習問題 4.7　URL 参照

5 Excelの活用

この章は，代表的な表計算（Spreadsheets）ソフトウェアとして世界的にも広く使われているExcel 2019（以降，Excel）の操作方法を学習する。Excelには表作成，計算機能だけでなくグラフ作成，データ管理，分析，マクロといった様々な機能があり，ビジネスの世界のみならず日常生活の場面でも活用することができる。Excelの機能を修得するには，日常的に使うことが肝心である。大学生活の身近な場面で使いこなしていくことにより，将来社会において活用可能なスキルを身につけることを目標にする。

以下の主な4つの機能のうち本章では，①②について学習する。③についてはテーブル機能のみ，その他は第7章で学習する。④については第9章で学習する。

① 表計算機能
入力したデータを見栄えの良い表として編集し，数式や関数を使用して集計する。

② グラフ機能
作成した表のデータをもとに様々な形式のグラフを作成し，データの比較や予測を行う。

③ データベース機能・データ分析
データを並べ替えたり，特定の条件でデータを抽出する。データの管理，分析を行う。

④ マクロ機能
繰り返しの操作を記録マクロとして設定し，処理を行うことができるプログラミング機能。

5.1 Excelの画面構成

Excelの基本画面の各部分の名称と機能を確認する。スタート画面から〔空白のブック〕を選択すると図5.1.1の画面が表示される。

5.1.1 ブック・ワークシート・セル

Excelで扱うデータ（数値，数式，文字列）は**セル**に格納される。1つのセルには半角32,767文字まで入力することができる。**ワークシート**は1,048,576行（2の20乗）× 16,384列（2の14乗）個のセルで構成される。ワークシートを増やして1冊の本のように管理することができるため，**ブック**とも呼ぶ。

5.1.2 ページレイアウトと改ページプレビュー

(1) ページレイアウト

表示選択の〔ページレイアウト〕表示（図5.1.2）に切り換えると，印刷結果に近い画面表示となる。ページレイアウト表示では，余白が表示され，ヘッダーとフッターを直接入力することができる。

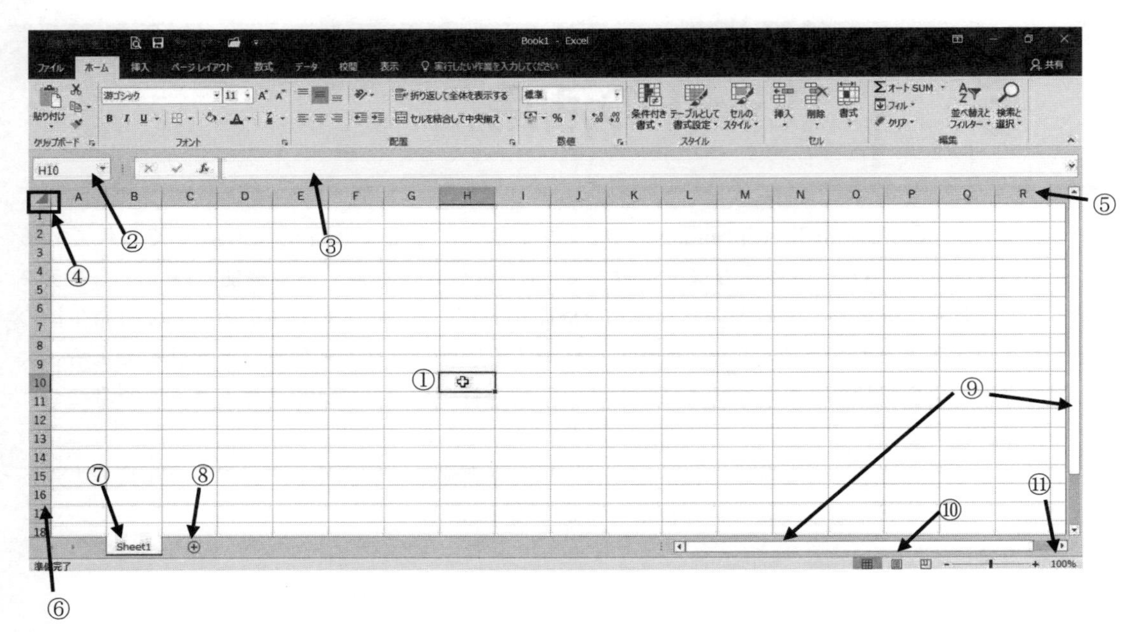

図 5.1.1　Excel の基本画面

表 5.1.1　基本画面の各部の名称と機能

①　セル アクティブセル	列番号と行番号の組み合わせで〔セル番地〕を表す。 選択しているセル。太枠で囲まれ操作の対象となっているセル。図 5.1.1 では〔H10〕。
②　名前ボックス	アクティブセルの〔セル番地〕または〔定義した名前〕や〔関数名〕が表示される。
③　数式バー	アクティブセルの内容（数式等）が表示される。
④　全セル選択ボタン	すべてのセルを選択する。
⑤　列見出し	縦方向を列と呼び，アルファベットで見出し文字を振ってある。A 列，B 列のように使用する。
⑥　行見出し	横方向を行と呼び，数字で行の見出し番号を振ってある。1 行目，2 行目のように使用する。
⑦　シート見出し	ワークシートの見出し。ワークシート名は半角 31 文字まで入力可能である。
⑧　新しいシート	新しいワークシートを挿入する。
⑨　スクロールバー	ワークシート内を移動して表示されていない部分を表示する。
⑩　表示選択	〔標準〕通常の表示モード。表，グラフ作成などの操作を行う。 〔ページレイアウト〕印刷時の余白などが表示されるモード。 〔改ページプレビュー〕印刷範囲，改ページ位置を調整できるモード。
⑪　ズーム	10%～400%の画面の拡大縮小表示が可能である。

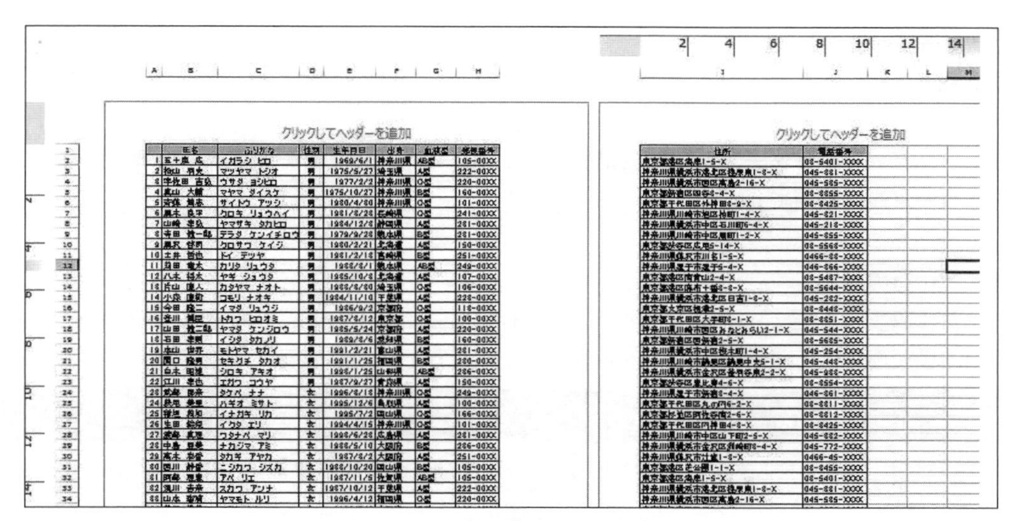

図 5.1.2　ページレイアウト表示

(2) 改ページプレビュー

〔改ページプレビュー〕表示ではページの区切り位置を変更したり，印刷範囲を指定することができる。複数ページのファイルは区切りの良いところで，次ページに印刷されるように設定することができる。

操作 5.1.1　改ページプレビュー

1.〔表示〕タブ〔ブックの表示〕グループの〔改ページプレビュー〕をクリックする。
2. 印刷範囲が青い実線の枠で囲まれドラッグして印刷範囲を変更する。ページ区切り位置は点線で表示されドラッグで任意の区切り位置に移動する。

図 5.1.3　印刷タイトルの設定

図 5.1.4　改ページプレビュー

5.1.3　印刷設定

印刷する方法は，第 2 章にある共通操作で行う。複数ページにわたる一覧表などを印刷する際には，タイトル行やヘッダー・フッター，などの設定を行う。詳細設定はページ設定画面で行う。

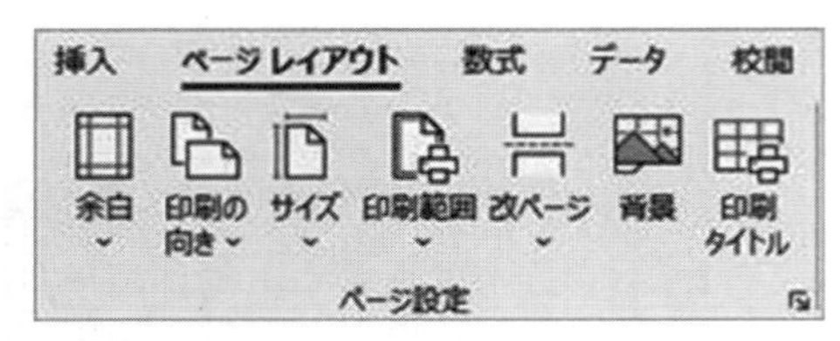

図 5.1.5　ページ設定グループ

(1) タイトル行の設定

1 ページに収まらないデータ印刷の場合，先頭行にある項目名は 2 ページ目以降印刷されず，データのみの印刷になってしまうが，タイトル行の設定を行うと，各ページに印刷することができる。

操作 5.1.2　タイトル行の印刷

1．〔ページレイアウト〕タブの〔ページ設定〕グループの〔印刷タイトル〕をクリックする。
2．〔タイトル行〕ボックスをクリックし，印刷タイトルとして各ページに印刷する行の行見出しをクリックする（図 5.1.3）。
　　または〔タイトル列〕ボックスをクリックし，印刷タイトルとして各ページに印刷する列の列見出しをクリックする。

(2) ヘッダー・フッター

ヘッダー/ フッターの設定では，各ページに共通して印刷する項目を設定する。

操作 5.1.3　ヘッダー/ フッターの設定

1．〔ファイル〕の〔印刷〕をクリックし〔ページ設定〕をクリックする。
　　〔ヘッダーの編集〕をクリックして〔ヘッダー画面〕を表示する（図 5.1.7）。
2．左側，中央側，右側のボックス内に，各設定ボタン使用して設定する（図 5.1.6）。

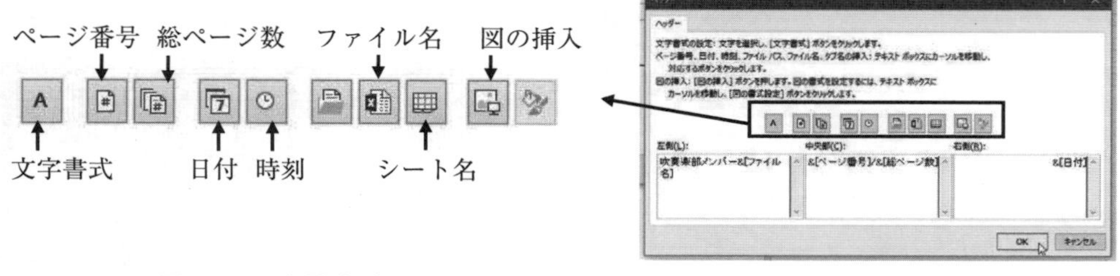

図 5.1.6　各設定ボタン　　図 5.1.7　ヘッダーの設定

フッターにも同様に設定可能である。

5.2　Excel の基本設定

5.2.1　データの入力と編集

セルにデータを入力する方法を解説する。入力されたデータは文字，数値，日付などの種類別に自動認識されセルに格納される。

(1) 文字データの入力

起動時は，半角の英数字，記号のみが入力可能な「日本語入力モード OFF」の状態が初期設定である。日本語を入力する際には「日本語入力モード」を ON に切り替えてから入力する。

セルを選択後，文字データを入力し，Enter キーまたは Tab キーでデータの確定を行う。

(2) 数値データの入力

数値データは，確定後**右揃え**でセル内に表示される。数値データや数式などの入力は，半角英数字，記号が中心となるため，半角英数字モードで入力するほうが効率よく入力できる。

	A	B	C	D	E	F	G	H	I	J
1	【文字データ】									
2	abcde									
3	日本語	←	自動的に**左揃え**で表示される							
4	あいうえおかきくけこ	←	長い文字列は隣のセルにはみ出して表示されるが一つのセル内に格納されている							
5										
6	【数値データ】									
7	12345	←	自動的に**右揃え**で表示される							
8	12345678901	←	11桁まではセル幅が自動的に広がって表示される							
9	1.23457E+11	←	12桁以上を入力すると**指数表示**となる							
10										
11	9012345678	←	**数値データ**の先頭の0は入力されない							
12	123-4567	←	数値と文字が混じると**文字データ**として入力される							

図 5.2.1　文字データと数値データの違い

【数値を文字列として入力する】
先頭に 0 を表示するなど，数値データを文字列として入力する場合には，先頭にシングルクォーテーションを入力する。数値が文字列として入力されているとセルに緑色の三角のエラーインジケータが表示される。〔エラーを無視する〕をクリックして非表示にすることができる。

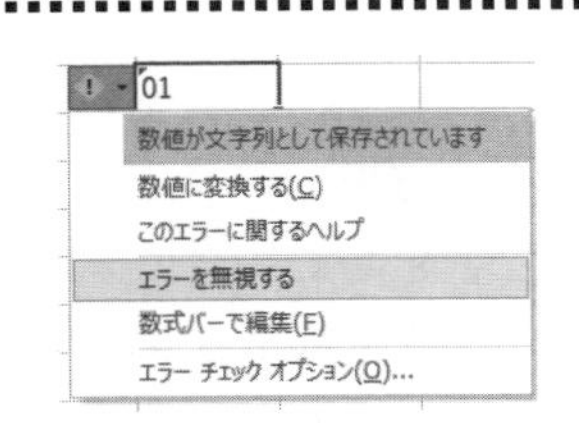

図 5.2.2　エラーインジケータ

(3) 日付・時刻データ

日付，時刻のデータは，ルールに従って入力することにより計算の対象となる数値データとして格納され，日付・時刻の表示形式でセルに表示される。

表 5.2.1　日付・時刻データの入力方法と表示

入力方法	セル内の表示	数式バーでの表示	表示形式
3/4（または 3-4）	3 月 4 日	西暦年（入力時）/03/04	日付
8：00	8：00	08：00：00	時刻

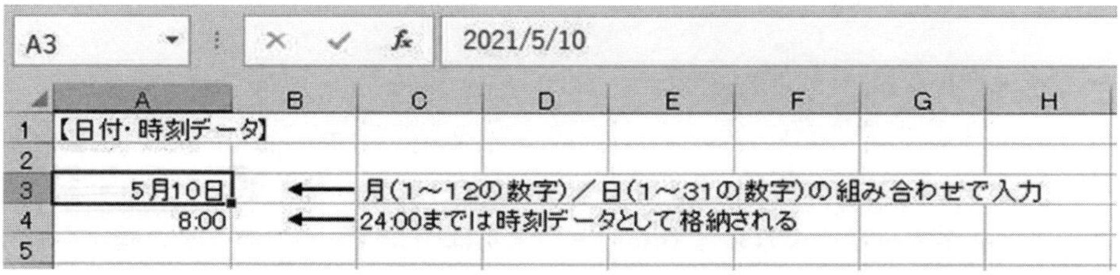

図 5.2.3　日付データの入力と数式バーでの表示

日付・時刻等の数値データは全角で入力しても確定後，自動的に半角に変換される。
また，一度，日付・時刻データを入力したセルは，〔表示形式〕が設定され，その後データを削除して数値データを入力しても，日付・時刻として表示される。数値として表示する場合には，〔表示形式〕を〔標準〕に設定する必要がある（表示形式については後述する）。

(4) データの修正と削除

表 5.2.2　データの修正と削除方法

データの削除	セル（範囲）選択後 Delete キーを押す。
データの上書き	修正するセルを選択後，データを入力する。
データの部分修正	セルをダブルクリックし修正したい位置にカーソルを移動して，対象の文字を削除または挿入し，Enter キーを押して確定する。
	セル選択後，数式バーで修正したい位置にカーソルを移動して，対象の文字を削除または挿入する。Enter キーを押して確定する。

(5) セルの選択

数式を設定したり，グラフを作成したり，書式を設定する際にはセル（複数セル範囲）を選択して行う。セルを選択する方法は以下のとおりである。列見出し，行見出しを使用して，列単位，行単位の選択も可能である。選択された範囲は太枠で囲まれ，背景色がつく。範囲内の背景色のないセルがアクティブとなり入力の対象となる。

表5.2.3　セルの選択方法

①　マウスのみ	セル範囲（列見出し，行見出し）の始点から終点までをドラッグする。
②　マウスとキーボード	・連続した範囲 始点でクリックし，範囲（列・行見出し）の終点で Shift キーを押しながらクリックする。選択後の範囲を拡大，縮小することも可能である。 ・離れた範囲 Ctrl キーを押しながら2つ目以降のセル（範囲・列・行）を選択する。
③　キーボードのみ	Shift キーを押しながら方向キーを押す。列単位，行単位の選択，選択後の範囲を拡大，縮小することも可能である。

(6)　データの移動とコピー

入力したデータをコピー，移動する方法は，第2章にある共通操作で行う。この操作に限らず，同じ結果になる操作方法は複数あることが多い。1つの方法だけを覚えて行うことも可能であるが，Excelでは複数のワークシート間，同一ワークシート内でも離れた範囲にコピー・移動する場合など，場面に応じた使い分けを行うことで，より効率的な作業が可能になる。

●セル範囲の移動とコピー

データ範囲を選択してコピーを行った場合には，貼り付け後もコピー元が点線で囲まれている。囲まれている間は，繰り返し〔**貼り付け**〕の操作が可能である。不要な場合には，Esc キーを押して解除しておく。

貼り付け先の範囲内にデータがある場合，上書きされ，削除されてしまうので注意が必要である。

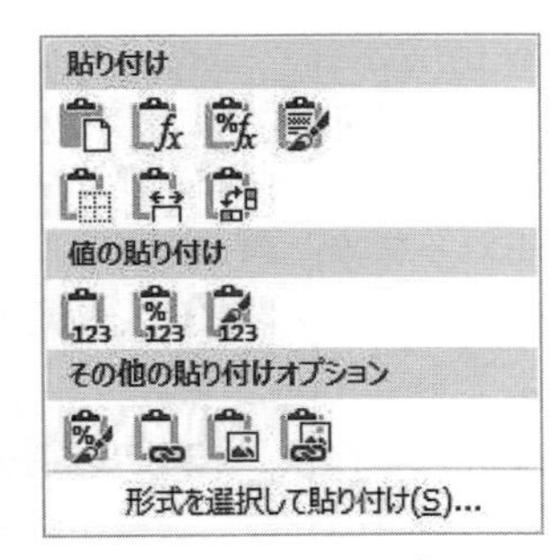

図5.2.4　貼り付けのオプション一覧

貼り付けのオプション（図5.2.4）
〔貼り付け〕を行うと，コピー元の表示形式や書式（文字の色や，罫線を含めて）が引き継がれる。〔貼り付け〕のオプションを使用して，〔値の貼り付け〕を選んで，書式をコピー先に合わせるなどの一覧から選択することができる。

●ショートカットメニューでの移動とコピー

セル（行・列）範囲を，〔切り取り〕，または〔コピー〕の後，〔貼り付け〕を行う際に，貼り付け先で右クリックし，ショートカットメニューの〔切り取ったセルの挿入〕または〔コピーしたセルの挿入〕をクリックすることで，指定した位置に挿入することができる。

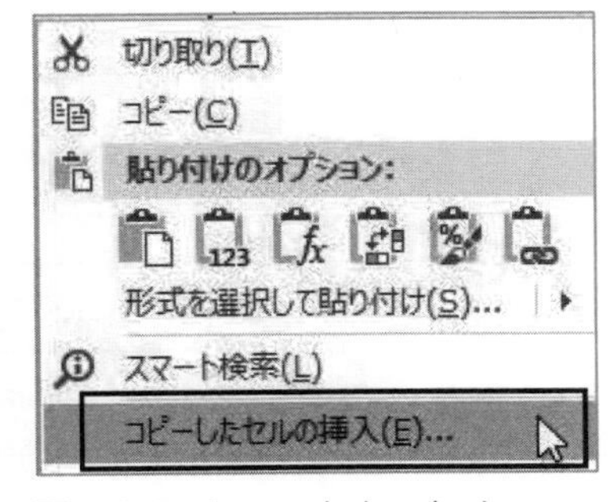

図5.2.5　ショートカットメニュー

5.2.2 列と行の操作

列の幅や，行の高さは入力した文字数や，サイズにあわせて見やすく変更する。

(1) 列幅の調整

数値データは，列幅が狭いと，##### 表示となる。文字データは隣のセルにデータがあった場合，欠けてしまう。列幅を調整することですべて表示することができる。

A．マウス操作

変更したい列見出し右の境界線上でマウスポインタの形が左右に矢印が付いた状態で行う。

- **ドラッグ**　任意の幅に調整される。
- **ダブルクリック**　列内の最大文字数データの幅に合わせて自動調整される。

複数列を選択して行うと，複数列同時に設定可能である。

B．列幅の数値指定

列見出し（または複数列見出し）を選択して，範囲内で右クリックし，〔列の幅〕をクリックすると「列幅」のボックス内に数値で，指定することができる（単位は半角の文字数である）。

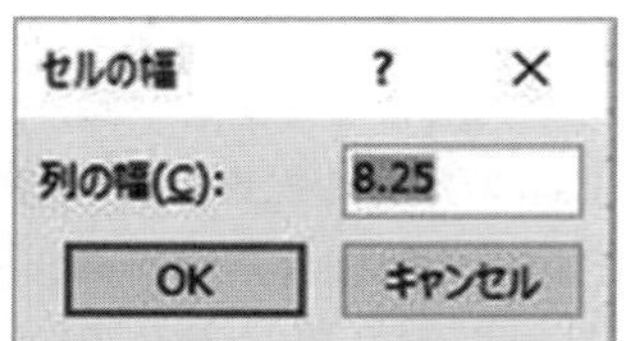

図 5.2.6　列幅の調整

(2) 行の高さの調整

行の高さは，初期設定で文字サイズに合わせて自動調整されるため，調整は必要ないが，行見出しの下の境界線をドラッグして任意の高さに設定することが可能である。

任意設定を行うと以降自動調整はされないため，文字サイズ変更のたびに調整が必要である。

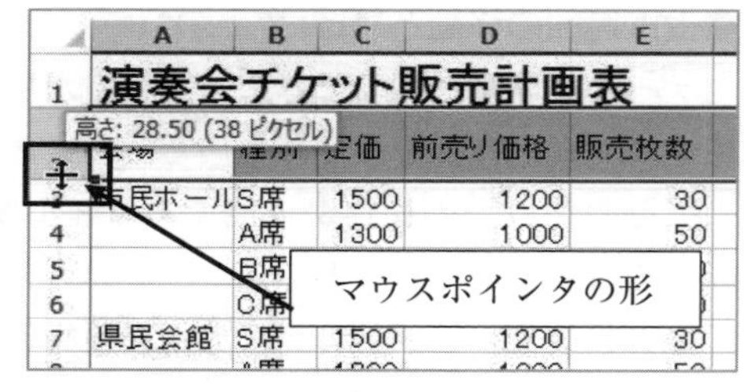

図 5.2.7　行の高さの調整

(3) セル・行・列の挿入

作成した表に列や行を挿入したり，不要な行・列を削除したりなどして，必要に応じて行う。

列見出しを右クリックし，〔挿入〕をクリックすると選択列の左に 1 列挿入される。

複数の列を選択してから〔挿入〕を行うと，選択した列数を挿入することができる。また行についても同様の操作で行う。セル単位で挿入を行うと，選択肢が表示される。

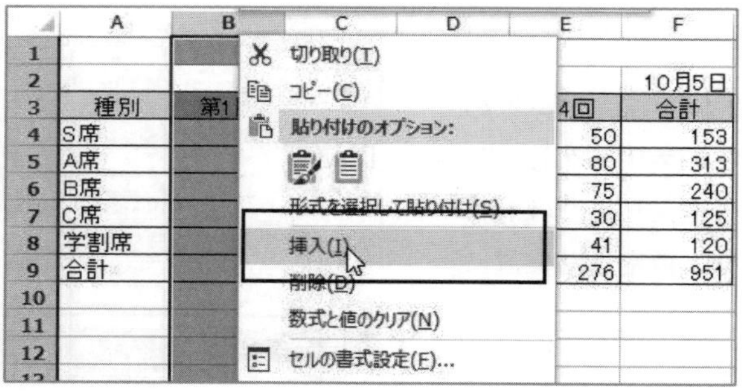

図 5.2.8　列の挿入

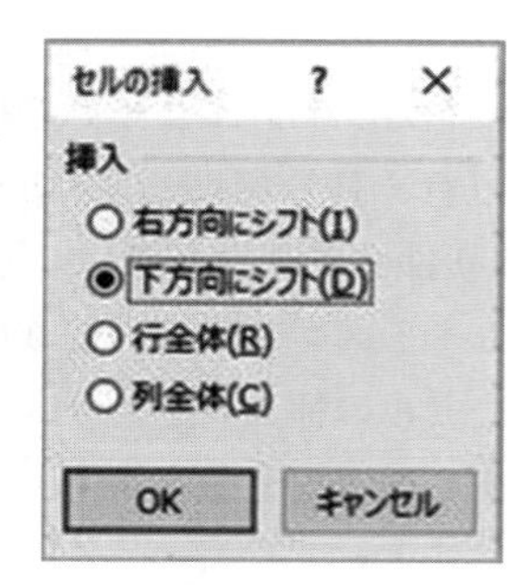

図 5.2.9　セルの挿入

(4) セル・行・列の削除

削除する列（範囲）または行（範囲）またはセル（範囲）を選択後，選択範囲内で右クリックし，〔削除〕をクリックする。

5.2.3　セルの書式と表示形式

ここでは作成した表をより効率よく見栄えよく仕上げるための書式設定について解説する。書式は，データではなくセルに設定され，データの削除や修正をしても解除されない。設定方法とともに解除方法についても確認しておく。また，データの表示形式の特徴や，条件付き書式についても解説する。

(1) 書式設定ツール

書式設定は，基本的にセル単位で行う。フォントサイズなどセル内の文字単位で設定可能な書式も一部ある。設定対象となるセル範囲を選択し，〔ホーム〕タブ内の該当するボタンをクリックして設定する。

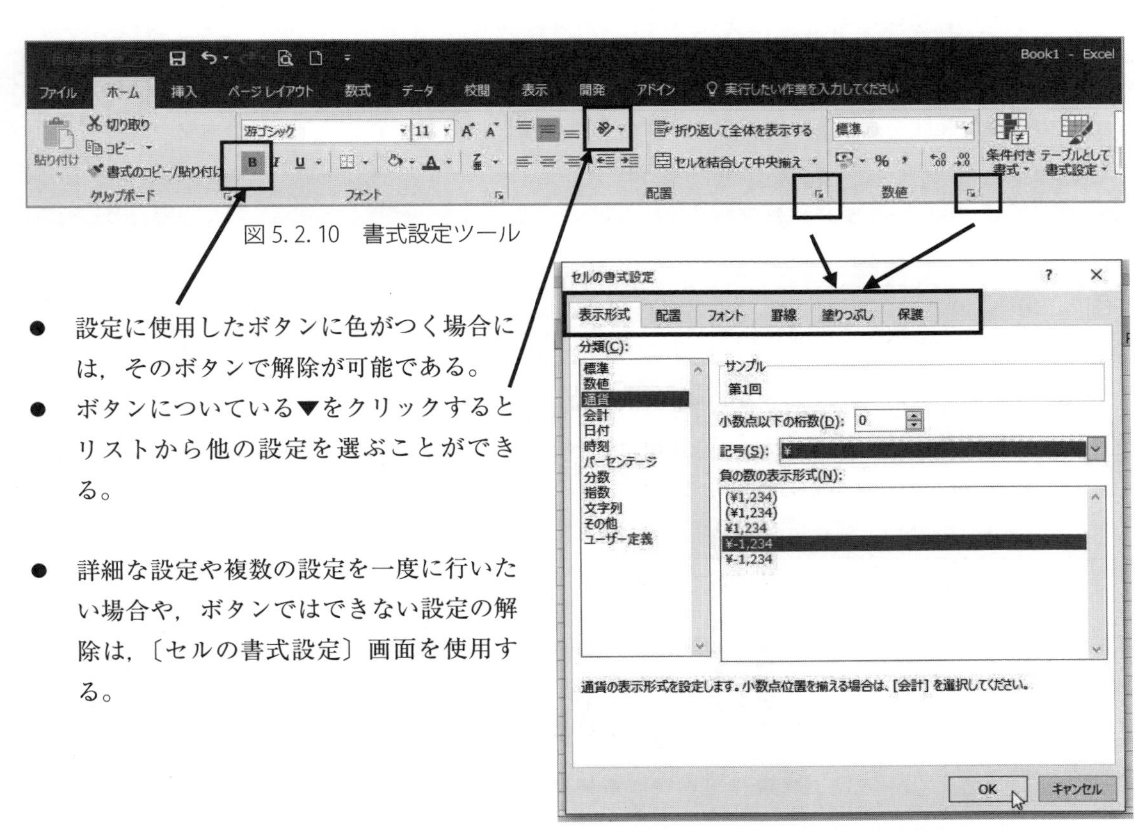

図 5.2.10　書式設定ツール

- 設定に使用したボタンに色がつく場合には，そのボタンで解除が可能である。
- ボタンについている▼をクリックするとリストから他の設定を選ぶことができる。
- 詳細な設定や複数の設定を一度に行いたい場合や，ボタンではできない設定の解除は，〔セルの書式設定〕画面を使用する。

図 5.2.11　セルの書式設定画面（通貨表示）

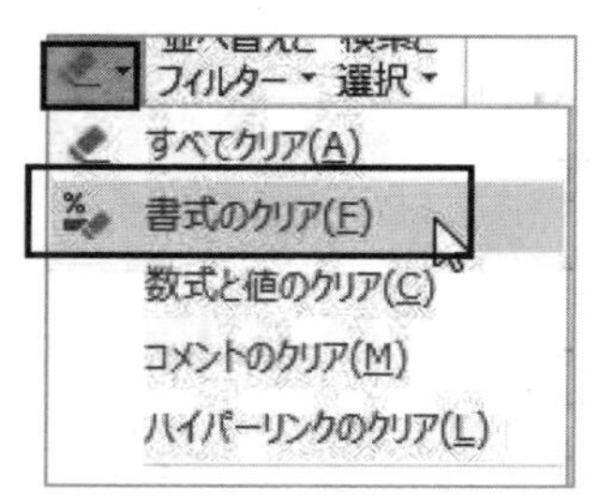

図 5.2.12　クリアボタン

効率よく書式設定，解除する方法

- 〔書式のコピー/貼り付け〕ボタン を使用すると設定済みの書式のみをコピーして設定することができる。
- 〔クリア〕ボタンのリストから〔書式のクリア〕を使用すると罫線・塗りつぶしの色，表示形式等，設定されているすべての書式が一度に解除できる。

(2) 罫線，塗りつぶしの設定

セルの境界線は印刷されない。表を見栄えよく仕上げるには，罫線の設定を行う必要がある。また見出しとなるセルには，わかりやすく塗りつぶしの色等を設定するとよい。

操作 5.2.1　罫線の設定

1. 設定するセルを選択する。
2. 〔ホーム〕タブの〔フォント〕グループの〔罫線〕の▼をクリックする。
   リストから線種を選択する（図 5.2.13）。

色，線の太さや種類を一度で設定するには，〔セルの書式設定〕画面の〔罫線〕タブから行う。
設定の解除は範囲を選択し，罫線のリストから〔枠なし〕を選択する。

操作 5.2.2　セルの塗りつぶしの設定

1. 設定するセルを選択する。
2. 〔ホーム〕タブの〔フォント〕グループの〔塗りつぶしの色〕の▼をクリックする。
3. 任意の色を選択する（図 5.2.14）。

文字の色も同様の色の種類から選択できるので，見やすさを考慮して設定する。同じ色の組み合わせで設定する場合には，書式のコピーを使用するとより簡単である。設定の解除は，範囲を選択し，〔塗りつぶしの色〕のリストから〔塗りつぶしなし〕を選択する。

図 5.2.13　罫線の設定

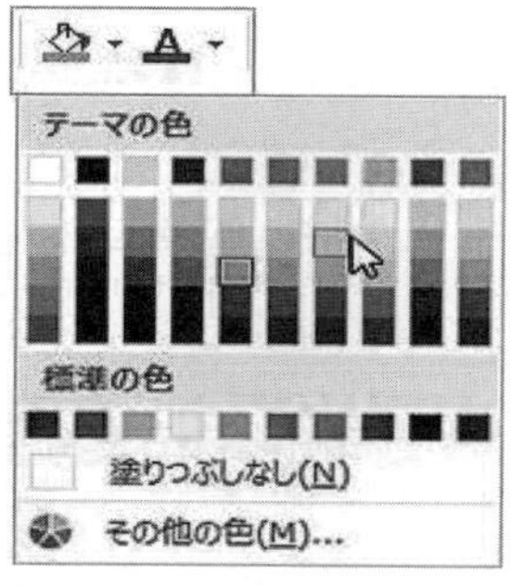

図 5.2.14　塗りつぶしの色

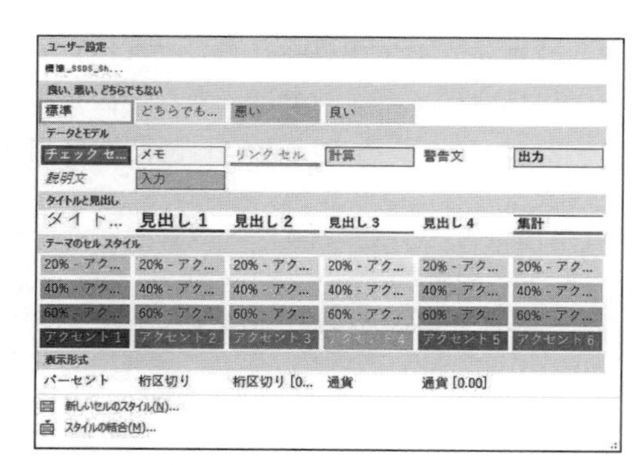

図 5.2.15　スタイル設定

〔スタイル〕グループのリストから，フォントとセルの設定が組み合わされたスタイルを選択して統一感のある設定を行うことも可能である（図5.2.15)。

(3) 配置の設定

初期設定で文字列はセル内で左揃え，数値は右揃えで，上下方向は中央揃えとなっている。表の見出しやタイトルなどは配置を変更して見やすく整える。

タイトルなどは，表の幅全体の中央に配置する。セルを結合して中央に配置すると，後から幅を変更したり列を挿入しても，中央に配置される。

操作5.2.3　セルを結合して中央揃えの設定

1. 結合するセル範囲を選択する。
2. 〔ホーム〕タブの〔配置〕グループの〔セルを結合して中央揃え〕をクリックする。

設定の解除は範囲を選択し，設定に使用したボタンをクリックする。

縦方向，均等割り付けなどの設定をする場合には，〔セルの書式設定〕画面の〔配置〕タブで行う（図5.2.16)。

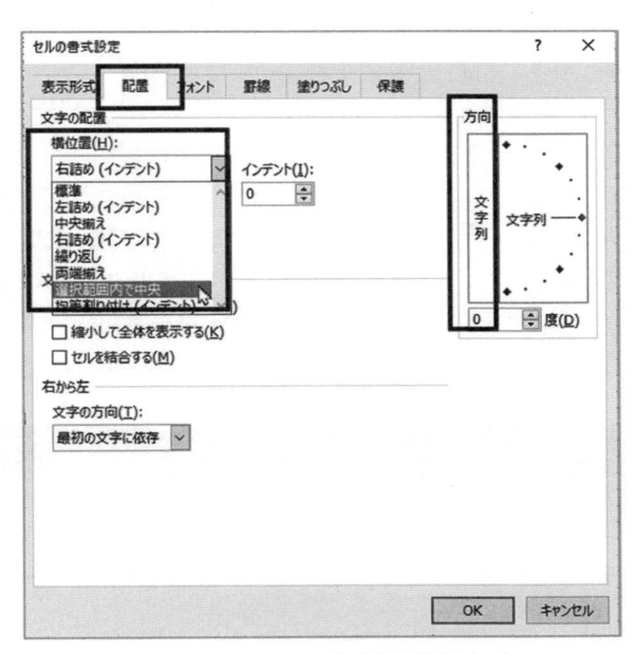

図5.2.16　セルの書式設定配置タブ

(4) 表示形式の設定

セルに入力されたデータや計算結果を，どのように表示するかを設定する。数値データに，桁区切りや通貨記号，%を付けるなど，よく使うものは〔ホーム〕タブの〔数値〕グループのボタンで簡単に設定できる。

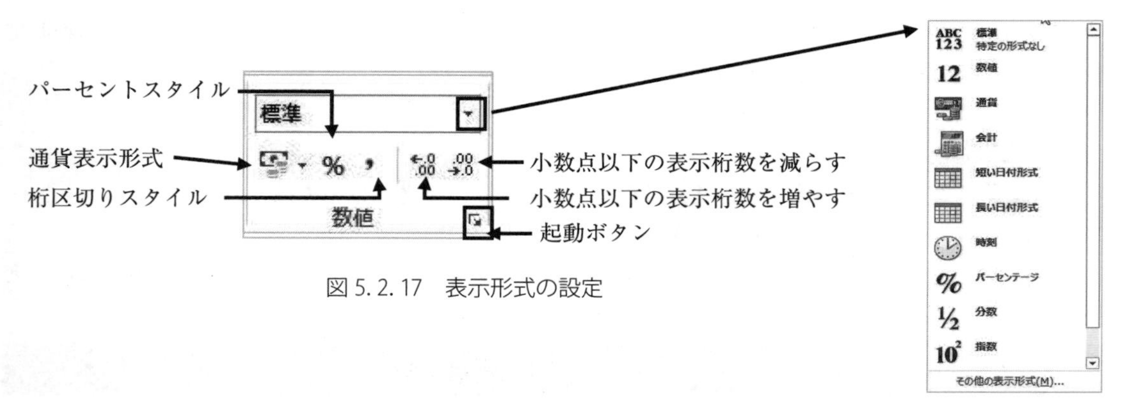

図 5.2.17　表示形式の設定

図 5.2.18　表示形式リスト

表示形式の種類は，〔セルの書式設定〕画面の〔表示形式〕タブでサンプルとともに確認することができる。

日付形式の表示は，〔分類〕の〔日付〕で，年号を〔グレゴリオ暦〕（西暦）や，〔和暦〕で表示するなどの表示形式を設定することができる。

桁区切りスタイルを設定すると，3 桁ごとにカンマが表示される。

通貨表示形式は，ドル（$），ユーロ（€）等，様々な通貨記号を選択できる。

図 5.2.19　表示形式の分類（日付）

操作 5.2.4　表示形式の設定の例：桁区切りスタイル

1．設定するセル範囲を選択する。
2．〔ホーム〕タブの〔数値〕グループの〔桁区切りスタイル〕をクリックする。

設定の解除は範囲を選択し，「表示形式」の▼をクリックし，リストから「標準」を選択する。または，セルの書式設定画面の「表示形式タブ」の「分類」から「標準」を選択する。

有効桁数について
Excelでは計算可能な有効桁数は，15桁である。割り切れない計算結果など，少数点以下の桁数を増やしても0が表示される。数字を文字データとして入力すれば，表示されるが，数値としての計算の対象にはならない。また数字が文字データとして入力されているセルにはエラーインジケータ（緑の三角）が表示される。〔数値に変換する〕をクリックすると計算の対象となる。

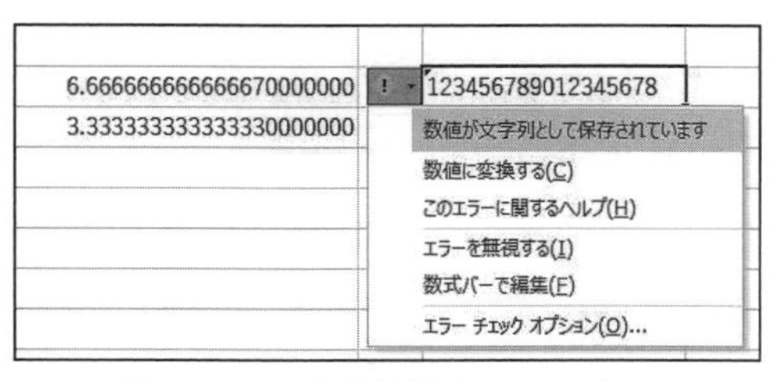

図5.2.20　有効桁数とエラー表示

(5) 条件付き書式

指定した条件を満たしているデータのセルにだけ，指定した書式を設定する機能が条件付き書式である。たとえば，一覧表の得点が70点以上ならばセルに色を付ける，日曜日と入力されたセルに赤い色を付けるなど数値データや文字データを視覚的によりわかりやすく表現することができる。

操作5.2.5　条件付き書式の設定

1. 設定するセル範囲を選択する。
2. 〔ホーム〕タブの〔スタイル〕グループの〔条件付き書式〕をクリックする。
3. 〔セルの強調表示ルール〕の一覧からいずれかのルールをクリックする。
4. 選択したルールの条件設定画面で，条件となる値またはセル番地を入力し，〔書式〕の∨をクリックしてリストから書式を選択する。

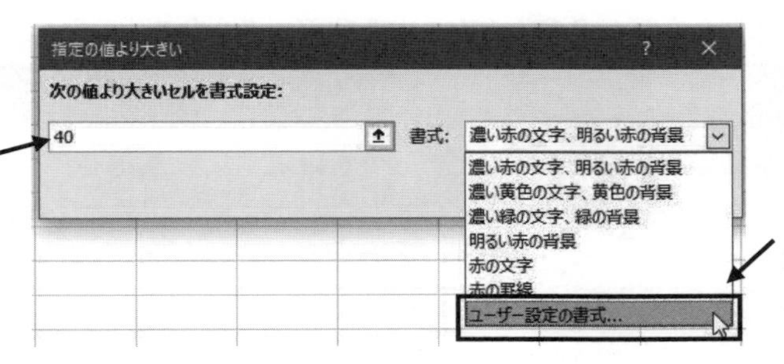

条件となる数値を直接入力するか，「=セル番地」の絶対参照式でセル番地を指定する。

リスト以外の書式を設定する場合には，〔ユーザー設定の書式…〕を選択して任意の書式を設定する。

図5.2.21　条件付き書式　条件設定画面

条件，書式の視覚表現など，以下の様々な設定方法がある。

セルの強調表示ルール　上位/下位ルール　データバー　カラースケール　アイコンセット

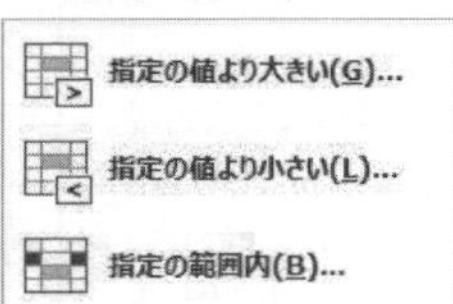

図 5. 2. 22　条件付き書式

操作 5.2.6　条件付き書式の解除

1. 設定するセル範囲を選択する。
2. 〔ホーム〕タブの〔スタイル〕グループの〔条件付き書式〕をクリックする。
3. 〔ルールのクリア〕の〔選択したセルからルールをクリア〕をクリックする。〔シート全体からルールをクリア〕をクリックするとすべての条件付き書式を解除することができる。

練習問題 5.2.1　URL 参照

5.2.4　入力に便利な機能

(1) オートフィル

オートフィルとは連続したデータの入力や，セルのデータや数式をコピーする機能である。

操作 5.2.6　オートフィル機能

1. 連続データの最初のデータを入力し，データを確定する。
2. セルを選択し，右下の■（フィルハンドル）にマウスポインタを合わせる。
3. ポインタの形が＋になったら，下方向（または上，右，左）にドラッグする（図 5.2.23）。
4. 表示されたオートフィルオプションをクリックし，メニューから必要な項目（〔連続データ〕など）をクリックする（図 5.2.24）。

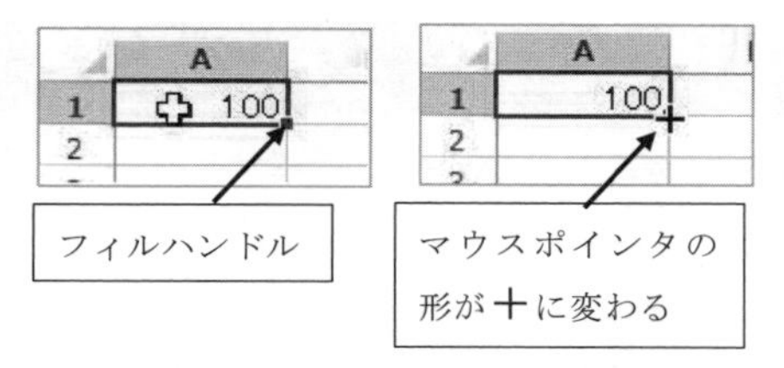

図 5.2.23　オートフィルの操作

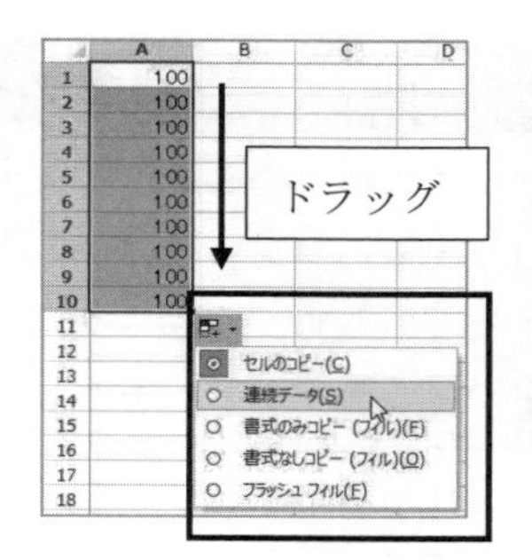

図 5.2.24　オートフィルオプション

月，曜日，干支などあらかじめ登録された文字列を入力しオートフィルを実行すると連続データとして入力される。文字と数字の組み合わせで入力すると，数字が連続して入力される（第１回，第２回…，A1，A2…）。数値を入力した２つのセルを選択して，オートフィルを実行すると数値の差分をもとに連続データが入力される（図 5.2.25）。

フィルハンドルをダブルクリックすると，隣接したデータの最終行まで，データが入力される。

右ドラッグで行うと，データにあった連続データの種類が表示され選択できる。

	A	B	C	D	E	F	G	H	I	J
1	月曜日	MONDAY	JAN	1	30	第1回	A10001	未	A1	1月
2	火曜日	Tuesday	Feb	3	29	第2回	A10002	申	A2	2月
3	水曜日	Wednesday	Mar	5	28	第3回	A10003	酉	A3	3月
4	木曜日	Thursday	Apr	7	27	第4回	A10004	戌	A4	4月
5	金曜日	Friday	May	9	26	第5回	A10005	亥	A5	5月
6	土曜日	Saturday	Jun	11	25	第6回	A10006	子	A6	6月
7	日曜日	Sunday	Jul	13	24	第7回	A10007	丑	A7	7月
8	月曜日	Monday	Aug	15	23	第8回	A10008	寅	A8	8月
9	火曜日	Tuesday	Sep	17	22	第9回	A10009	卯	A9	9月
10	水曜日	Wednesday	Oct	19	21	第10回	A10010	辰	A10	10月
11	木曜日	Thursday	Nov	21	20	第11回	A10011	巳	A11	11月
12	金曜日	Friday	Dec	23	19	第12回	A10012	午	A12	12月
13	土曜日	Saturday	Jan	25	18	第13回	A10013	未	A13	1月
14	日曜日	Sunday	Feb	27	17	第14回	A10014	申	A14	2月
15	月曜日	Monday	Mar	29	16	第15回	A10015	酉	A15	3月
16	火曜日	Tuesday	Apr	31	15	第16回	A10016	戌	A16	4月

図 5.2.25　様々なオートフィル

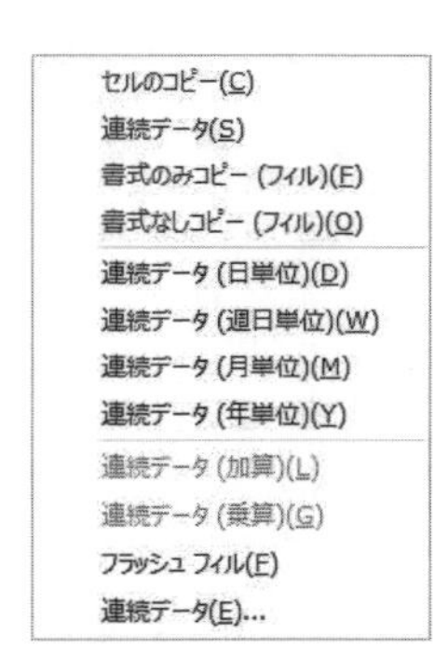

図 5.2.26　右ドラッグでの操作

ユーザー設定リスト

あらかじめ登録されたリスト以外に，「ユーザー設定リスト」として連続データを追加して登録することができる。連続データのリスト追加方法は 2.2 節「オプション設定」を参照する。

(2) フラッシュフィル

フラッシュフィルは，データに何らかの一貫性がある場合に，例に基づいてデータを入力する機能である。

操作 5.2.7　フラッシュフィル機能

1．隣接するセルのデータの組み合わせ例を入力する（図 5.2.27）。
2．セルの右下の■（フィルハンドル）にマウスポインタを合わせる。
3．ポインタの形が＋になったら，ドラッグする。
4．表示されたオートフィルオプションをクリックし，〔フラッシュフィル〕をクリックする。

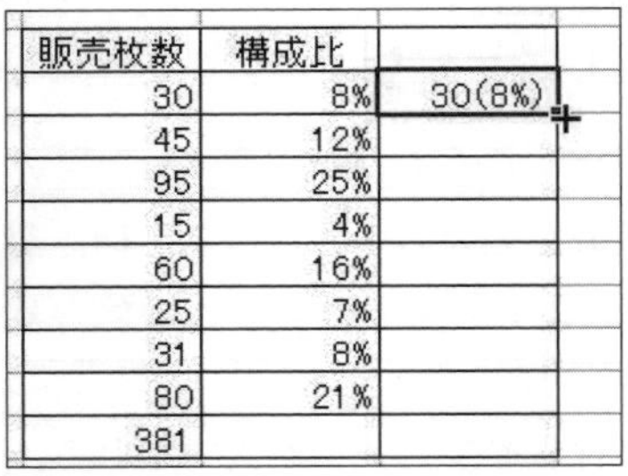

販売枚数	構成比	
30	8%	30(8%)
45	12%	
95	25%	
15	4%	
60	16%	
25	7%	
31	8%	
80	21%	
381		

図 5.2.27　フラッシュフィルの入力例

販売枚数	構成比	
30	8%	30(8%)
45	12%	45(12%)
95	25%	95(25%)
15	4%	15(4%)
60	16%	60(16%)
25	7%	25(7%)
31	8%	31(8%)
80	21%	80(21%)
381		

セルのコピー(C)
連続データ(S)
書式のみコピー (フィル)(F)
書式なしコピー (フィル)(O)
フラッシュ フィル(F)

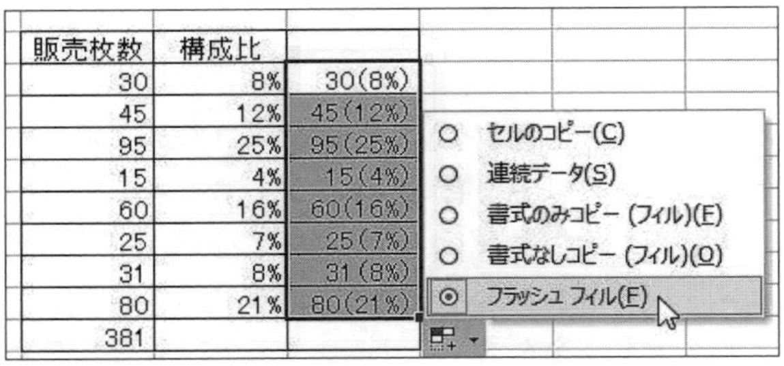

図 5.2.28　フラッシュフィルの入力例

練習問題 5.2.2　URL 参照

5.3　計算式の設定

この節では，Excel の計算機能について学習する。私たちの日常生活で，数字，計算と無縁でいられることがあるだろうか。たとえば大学に行こうとするとき，朝起きてまず時間を計算するだろう。何時に家を出るかを考える。そこにも計算が必要である。仕事をしていればさらに必要度が高まる。仕事の世界では，数字は非常に重要視される。正確さがなければ信頼は得られないし，速さも同時に求められる。速さと正確さを兼ね備えた Excel の計算機能を修得することは，社会で必要とされるスキルのひとつを身につけることになるであろう。大学生活の身近な場面で日常的に意識して使い続けることがスキルの修得につながる。

ここでは，サークル活動を例に，様々な集計を行うデータを使用する。様々な場面での計算機能の必要性を感じ取ったうえで，活用方法を自ら学習し，修得することを目指そう。

5.3.1　数式の入力

Excel で集計表を作成するときには，通常まずデータを入力する。その数値データを基に計算結果を求めるために，数式を入力する。その際，数値を入力するのではなく，データが入力されているセル番地を使用する。このように数値を直接入力せず，数値が入力されたセルを使用することを**セル参照**という。セル参照という考え方を使うと，データが未入力でもあらかじめ数式を設定しておき後からデータを入れれば，計算結果がセルに表示される。またデータの修正を行った場合には**再計算**される。

計算式を入力する手順は以下である。

① 日本語入力モードをオフにする。
② 計算式を設定するセルを選択する。
③ ＝（イコール記号・等号）を入力する。
④ 計算対象のセルをクリックする（クリックしたセル番地が表示される）。
⑤ 演算子（表 5.3.1 参照）を入力する。
⑥ 計算対象のセルをクリックする（図 5.3.1）。
⑦ Enter キーを押して確定する。

計算結果のデータがセル内に表示され，数式バーではセルに設定された数式を確認することができる（図 5.3.2）。

D2	=B2+C2		
	A	B	C	D
1				
2	加算	100	10	=B2+C2
3	減算	200	20	
4	乗算	300	30	
5	除算	400	40	
6	べき乗	5	2	
7	文字列演算	神奈川県	横浜市	

図 5.3.1 セル参照による数式の設定

D2	=B2+C2		
	A	B	C	D
1				
2	加算	100	10	110
3	減算	200	20	
4	乗算	300	30	
5	除算	400	40	
6	べき乗	5	2	
7	文字列演算	神奈川県	横浜市	

図 5.3.2 数式の設定 確定後

セルに＝（イコール記号）を入力するとそのあとに入力した文字は式の一部として認識される。アルファベットを入力するとその文字で始まる「関数」（後述）のリストが表示される。数値を直接入力した数式も，数値とセル番地の数式も設定できる。

表 5.3.1 演算子の種類

種類	Excel で使用する記号	セル参照の式の例
加算（＋）	＋（プラス）	＝ B2+C2
減算（－）	-（マイナス）	＝ B2-C2
乗算（×）	*（アスタリスク）	＝ B2*C2
除算（÷）	/（スラッシュ）	＝ B2/C2
べき乗	^（キャレット）	＝ B2^C2
文字列演算	&（アンパサンド）	＝ B2&C2

（ ）を使用すれば，（ ）内の計算が優先される。通常の数式の考え方と同様である。

5.3.2 数式のコピー

セル参照を使用して計算式を設定するメリットは，設定した数式をコピーできることにもある。

図 5.3.3 の演奏会チケット販売計画表を作成してみよう。データを入力後，空白のセルに数式を設定して表を完成させる。

セル参照を使用して割引額の計算を設定する。割引額は，定価から前売り価格を引いて求めることができる。S 席の割引額，セル E3 に =C3-D3 を入力する。

次に A 席についても同様に行えば設定できるが，ここでは全部で 4 回繰り返すこととなる。たと

	A	B	C	D	E	F	G	H	I
1	演奏会チケット販売計画表								
2	会場	種別	定価	前売り価格	割引額	割引率	販売枚数	販売額（定価）	販売額（前売り）
3	市民ホール	S席	1500	1200			30		
4		A席	1300	1000			45		
5		B席	1000	800			95		
6		C席	800	600			15		
7	合計								

図 5.3.3　数式設定データ

えば 100 種類の商品の計算などであれば 100 回繰り返すことになる。このようなとき，数式の設定をコピーで行うことができる。コピーの方法は，いくつかあるが，オートフィルでのコピーを行う。

操作 5.3.1　数式の設定とコピー

1．数式を設定するセルを選択する。
2．＝を入力後セル参照で数式を入力し，Enter キーで確定する。
3．数式を設定したセルを選択し，フィルハンドルをポイントしてポインタの形が＋になったら数式をコピーする方向へドラッグ（下方向はダブルクリックでも可能）する。

5.3.3　相対参照と絶対参照

数式のコピーができる仕組みを考えてみよう。コピーされた数式を，数式バーで確認してみる。

	A	B	C	D	E	F
1	演奏会チケッ					
2	会場	種別	定価	前売り価格	割引額	割引率
3	市民ホール	S席	1500	1200	=C3-D3	=E3/C3
4		A席	1300	1000	=C4-D4	=E4/C4
5		B席	1000	800	=C5-D5	=E5/C5
6		C席	800	600	=C6-D6	=E6/C6
7	合計					

図 5.3.4　数式表示

(1) 相対参照

表示されたセル参照の数式をみると，セル E3 に＝ C3 － D3 と設定した数式が，セル E4 にコピーされると＝ C4 － D4 となっている。

一見すると，番号が連続しているからと考えてしまうが，実際には，E3 の数式には，1つ左のセルと2つ左のセルを計算しなさいと設定されている。そのセル番地に立っている人が2つ隣のセルと1つ隣のセルを見に行って（参照して）計算せよと命じられているだけでセル番地を知らされているわけではない。その人はどこへ移った（コピーされた）としても，特定のセル番地ではなく自分のいる位置にとっての隣を見に行く（参照する）ということになる。このような**位置関係でセルを参照**することを**相対参照**という。

この仕組みにより，例えば別のワークシートへのコピー，別のブックへの数式のコピーも可能である。隣り合った数式のコピーであれば，オートフィルで行うと便利であるが，コマンドや，ショートカットによるコピー＆貼り付けも活用するとよい。

Excel では，集計表などを一見しただけでは，セルに数値データが入っているのか，数式が入っているのかはわからない。数式バーでの確認が必要である。数式をコピーした場合でも，貼り付けのオプションで値としての貼り付けも可能である（前述）。
またオートフィルの際にも，書式も含めてコピーされるため，罫線等を再度修正する必要が出てくる場合がある。オートフィルオプションで「書式なしコピー（フィル）」を選択すると防ぐことができる。

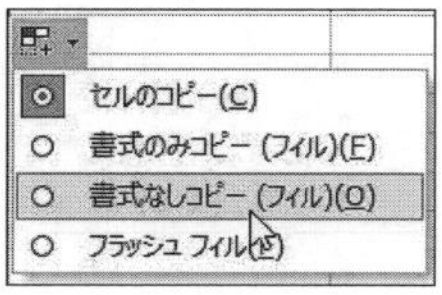

セルのコピー(C)
書式のみコピー (フィル)(F)
書式なしコピー (フィル)(O)
フラッシュ フィル(F)

図 5.3.5　オートフィルオプション

(2) 絶対参照

	A	B	C
1	メンバーの血液型の割合		
2		人数	構成比
3	A型	17	
4	O型	15	
5	B型	11	
6	AB型	5	
7	合計		

図 5.3.6　構成比の例題

Excel では相対参照の考え方で数式の設定が行なわれ，コピーが簡単にできるメリットは非常に大きい。では，次のような事例ではどうであろうか。部活のメンバーの血液型を調査した結果は図のとおりである。各血液型の割合を計算したい。

全体の中での割合のことを，構成比というが，A 型の構成比を求めるには，まず全体の人数を求め，A 型の人数を，全体の人数で割ればよい。C3 のセルに，＝B3/B7 という数式を設定する。

続けてセル C3 をセル C4 にコピーを行うと正常な結果にならない。図 5.3.8 のような表示となる。この〔# DIV/0 ！〕は 0 で割り算をしているというエラー値である。数式を確認してみるとわかるとおり，相対参照でコピーが行われ，割る方（分母）のセルが空欄になっている。空欄は 0 として計算される。

SUM

	A	B	C
1	メンバーの血液型の割合		
2		人数	構成比
3	A型	17	=B3/B7
4	O型	15	
5	B型	11	
6	AB型	5	
7	合計	48	

図 5.3.7　構成比を求める数式

	A	B	C
1	メンバーの血液型の割合		
2		人数	構成比
3	A型	17	0.354167
4	O型	15	#DIV/0!
5	B型	11	#DIV/0!
6	AB型	5	#DIV/0!
7	合計	48	#DIV/0!

図 5.3.8　エラー値

	A	B	C
1	メンバーの血液型の割合		
2		人数	構成比
3	A型	17	=B3/B7
4	O型	15	=B4/B8
5	B型	11	=B5/B9
6	AB型	5	=B6/B10
7	合計	=B3+B4+B5+B6	=B7/B11
8			

図 5.3.9　数式の確認

本来，この計算では，割る方（分母）のセル番地は B7 で固定されなければならなかったが，相対参照で，セル番地が移動してしまっている。このような場合に備え，Excel では**セル番地を固定して参照する**仕組みが用意されている。この仕組みを**絶対参照**という。

位置が移動したらその隣を見に行くという位置関係で変わる（相対的な）命令ではなく，このセル番地（絶対的な）を見に行きなさい（参照）と命じられているということになる。

絶対参照の指定は，$B$7 というようにセル番地に $ 記号をつけて行う。キーボードで [$] 記号を入力するほかに，入力位置にカーソルがある状態で [F4] キーを押すという方法がある。複数のセル番地を固定（絶対参照に）したい場合にはカーソルを移動し，それぞれ [F4] キーを押す必要がある。

(3) 絶対参照の設定

操作 5.3.2　絶対参照での数式の設定とコピー

1. 数式を設定するセルを選択する。
2. ＝を入力後セル参照で数式を入力する。
3. 絶対参照を設定するセル番地にカーソルがある状態で F4 キーを押す。
4. Enter キーで確定する。
5. 数式を設定したセルを選択し，フィルハンドルをポイントしてポインタの形が＋になったら数式をコピーする方向へドラッグ（下方向はダブルクリックでも可能）する。

【複合参照】
F4キーを繰り返し押すと図のように，＄記号のつく位置が変わる。セル番地の行を表す数字に＄記号がついている状態は行のみが固定され，列を表すアルファベットに＄記号がついている状態は列のみが固定される。このように絶対参照と相対参照を組み合わせて設定する参照方法を複合参照という。複合参照は，数式を行方向，列方向にもコピーしたい時などに使用する。

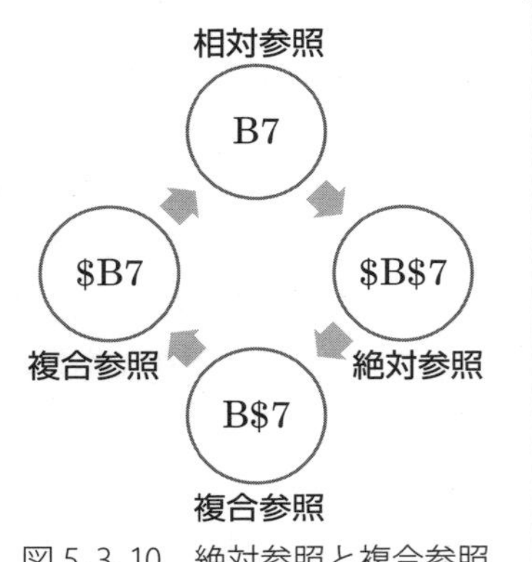

図 5.3.10　絶対参照と複合参照

5.3.4　関数について

関数とは，合計や平均といった一定のルールに従って計算を行うために用意された数式のことである。Excel には非常に多くの種類の関数が用意されているが，ここではまず，基本的な関数を例題とともに学習する。演算子を使用した計算式との設定方法の違いや，関数を使用することのメリットを含め，身近な場面での用途を考えながら理解しよう。

5.6 節「関数の活用」では，さらに仕事上でより必要となる関数や，関数と数式を組み合わせたり，様々な計算やデータ処理を簡単に素早く行う実践的な関数の利用を紹介する。

(1) 関数の書式

関数には**関数名**がついており，アルファベットで表記される。またそのあとに続くかっこ（）でくくられた**引数（ひきすう）**と呼ばれる要素には，関数ごとに内容や指定方法が決められている。
共通した関数の書式は以下のとおりである。

　＝関数名（引数）

例　= SUM（A1:A5）

引数を必要としない関数もいくつかあるが，引数がなかったとしてもかっこ（）が必ず付く。

(2) 関数の設定方法

関数で使われる演算子（記号）は半角で入力する必要があるので，日本語入力モードはあらかじめオフにしておく。次項で，下記の方法を適宜紹介する。

表 5.3.2　関数の設定方法

方法	説明
①　キーボード	関数名と引数がわかっている場合，＝に続けて関数名の頭文字を入力すると候補のリストが表示される。
②〔数式〕タブの〔関数ライブラリ〕グループ	各分類名の▼をクリックし，リストから関数名をクリックすると〔関数の引数〕画面が表示される。
③〔関数の挿入〕ボタン  fx	数式バーの左にあるボタンをクリックすると〔関数の挿入〕画面が表示される。関数を検索できるので，関数名や書式がわからない場合などに使用する。
④〔ホーム〕タブの〔編集グループ〕オート SUM ボタン 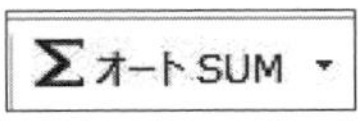 Σオート SUM ▾	▼をクリックして合計・平均・数値の個数・最大値・最小値の５つから選択する。〔その他の関数〕を選択すると〔関数の挿入〕画面が表示される。

5.3.5　基本の関数

最もよく使われている関数として，自動設定可能な関数を学習する。

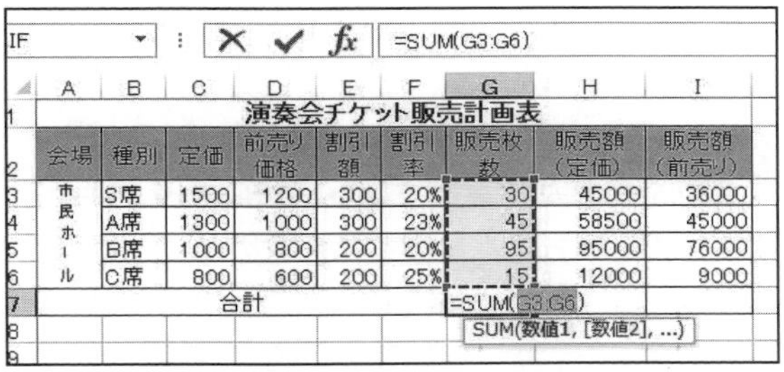

IF　=SUM(G3:G6)

	A	B	C	D	E	F	G	H	I
1	演奏会チケット販売計画表								
2	会場	種別	定価	前売り価格	割引額	割引率	販売枚数	販売額（定価）	販売額（前売り）
3	市民ホール	S席	1500	1200	300	20%	30	45000	36000
4		A席	1300	1000	300	23%	45	58500	45000
5		B席	1000	800	200	20%	95	95000	76000
6		C席	800	600	200	25%	15	12000	9000
7	合計						=SUM(G3:G6)		
8							SUM(数値1, [数値2], ...)		
9									

図 5.3.11　オート SUM での設定

(1) 合計　SUM 関数

指定したセル範囲内の合計を求める関数である。

■　関数の書式

＝ SUM（数値 1，数値 2，…）

引数には数値，セル範囲を設定する。連続したセルは：(コロン) でつなぎ，離れたセルは，(コンマ) で区切る。※範囲内の文字列や空白セルは計算対象にならない。

操作 5.3.3　合計（オート SUM を使用した計算）

1. 数式を設定するセルを選択する。
2. 〔ホーム〕または〔数式〕タブの〔オート SUM〕をクリックする。
3. 自動的に数値データの範囲を読み取り，セル内に＝ SUM（セル範囲）と表示される。
4. 点線で囲まれたセル範囲が計算の対象として正しいことを確認する。
5. 誤った範囲が選択されていた場合には，正しい範囲をドラッグして選択する。
6. Enter キーで確定する。

前述したオート SUM ツールでの計算は，設定したセルに隣接する数値データのうち，上方向または左方向から自動的に計算対象のセル範囲を読み取る。両方にデータがある場合には上方向が優先される。下方向や右方向，範囲の途中に空白セルがあった場合などには，正確に読み取ることができないので，選択をしなおす必要がある。

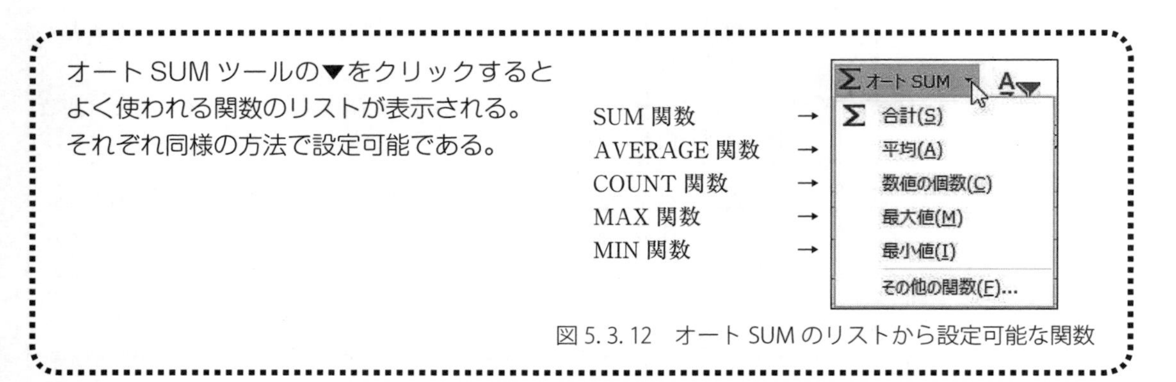

図 5. 3. 12　オート SUM のリストから設定可能な関数

(2) 平均　AVERAGE 関数

指定したセル範囲内の平均値を求める関数である。

※範囲内の文字列や空白セルは計算対象にならない。ただし 0 は計算の対象となり，計算結果が違ってくる。

■　関数の書式

= AVERAGE（数値 1，数値 2，…）

関数を使わない数式では＝（A3+A4+A5+A6）/4 であり，計算結果は同じである。ではどちらでもよいかというと，設定後の修正の際に，違いが出る。たとえば，項目が増えて表に 1 行追加した場合を見てみよう。

行の挿入をして，データを入力した時点で，関数を使用していれば追加データを含めて再計算が行われるが，数式を入力していると，再計算は行われない（図 5.3.14）。逆に行を削除した場合には，エラー値が出てしまう（図 5.3.15）。関数を使用していない場合には，後からデータの追加や削除があった場合には，数式も修正が必要になる。もとより計算対象のデータ数が多い場合には，関数を使用しないと設定にかかる手間と時間だけでも大きな差が出てくる。

	A	B
1		
2	関数を使用	数式を使用
3	30	30
4	50	50
5	70	70
6	80	80
7	=AVERAGE(A3:A6)	=(B3+B4+B5+B6)/4

図 5. 3. 13　数式と関数の違い

	A	B
1		
2	関数を使用	数式を使用
3	30	30
4	50	50
5	10000	10000
6	70	70
7	80	80
8	2046	57.5

図 5. 3. 14　行挿入でデータを追加した場合

	A	B
1		
2	関数を使用	数式を使用
3	30	30
4	70	70
5	80	80
6	60	#REF!
7		

図 5. 3. 15　行を削除した場合

AVERAGE 関数の設定方法を，〔関数の挿入〕を使用した方法で解説する。

操作 5.3.4　平均（〔関数の挿入〕を使用した設定方法）

1. 数式を設定するセルを選択する。
2. 〔関数の挿入〕または〔数式〕タブの〔関数の挿入〕をクリックする（図 5.3.16）。
3. 表示された〔関数の挿入〕画面の〔関数の分類〕の∨をクリックし，〔すべて表示〕を選択する（分類がわかれば，分類を選択してもよい）（図 5.3.17）。
4. 関数名のリストにすべての関数がアルファベット順で表示されている。スクロールして AVERAGE を選択し，〔OK〕をクリックする（リスト内で，半角で頭文字をタイプするとすばやく表示できる）。
5. 〔関数の引数〕画面が表示される。〔数値 1〕のボックスにセル範囲が表示されているが必ずしも正しい計算対象範囲とは限らない。その場合はボックス内をいったん削除する。
6. 改めて対象のセル範囲をドラッグして選択する（セル番地をボックス内でタイプしてもよい）。離れた範囲を含めるためには〔数値 2〕のボックス内をクリック（Tab キーでもカーソルは移動できる）してから対象の範囲を選択する。
7. 数式バーで，式の書式を確認し，〔OK〕をクリックする。

G8　fx　関数の挿入

	A	B	C	D	E	F	G	H	I
1	演奏会チケット販売計画表								
2	会場	種別	定価	前売り価格	割引額	割引率	販売枚数	販売額（定価）	販売額（前売り）
3	市民ホール	S席	1500	1200	300	20%	30	45000	36000
4		A席	1300	1000	300	23%	45	58500	45000
5		B席	1000	800	200	20%	95	95000	76000
6		C席	800	600	200	25%	15	12000	9000
7	合計						185	210500	166000
8	平均								

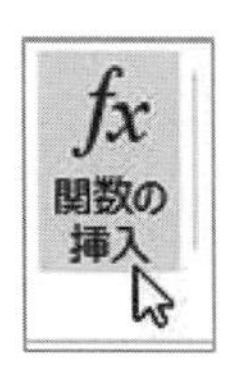

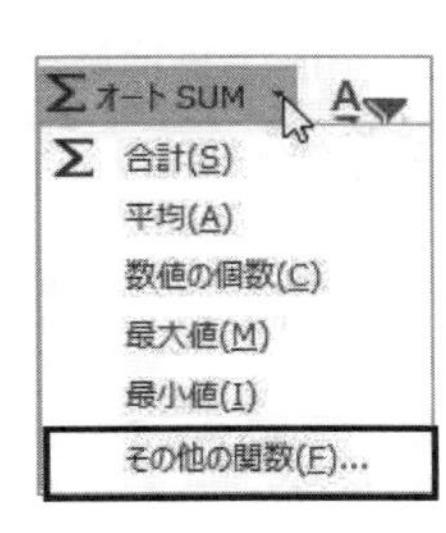

図 5.3.16　関数の挿入画面の表示方法

関数名がわからない場合にはキーワード検索

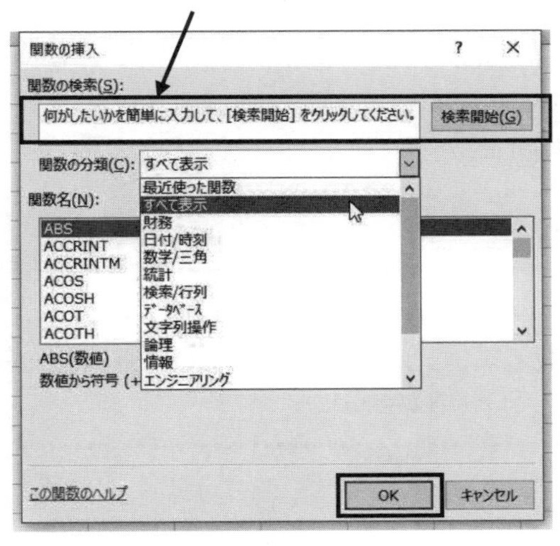

図 5.3.17　関数の挿入画面

確定〔OK〕する前に数式バーで関数の書式を確認

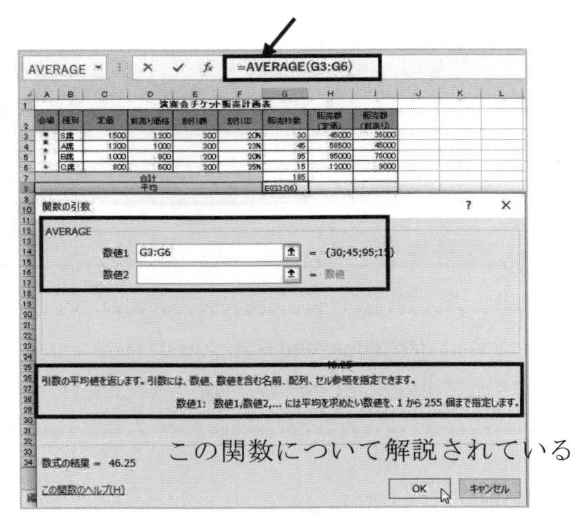

この関数について解説されている

図 5.3.18　関数の引数画面

(3) 最大値　MAX 関数・最小値　MIN 関数

指定した範囲内の最大値・最小値を求める関数である。設定方法は平均（AVERAGE）と同様である。

■　関数の書式

= MAX（数値 1，数値 2，…）引数に，最大値を求める数値，セル番地，セル範囲を指定する。

= MIN（数値 1，数値 2，…）引数に，最小値を求める数値，セル番地，セル範囲を指定する。

(4) 数値の個数　COUNT 関数

COUNT 関数は，引数に指定したセル範囲内の数値データの個数を求める関数である。

■　関数の書式

= COUNT（セル範囲）

COUNTA 関数は，データの種類にかかわらず範囲内の，空白以外のセルの個数を求める。

= COUNTA（セル範囲）

COUNTBLANK 関数は，範囲内の空白セルの個数を求める。

= COUNTBLANK（セル範囲）

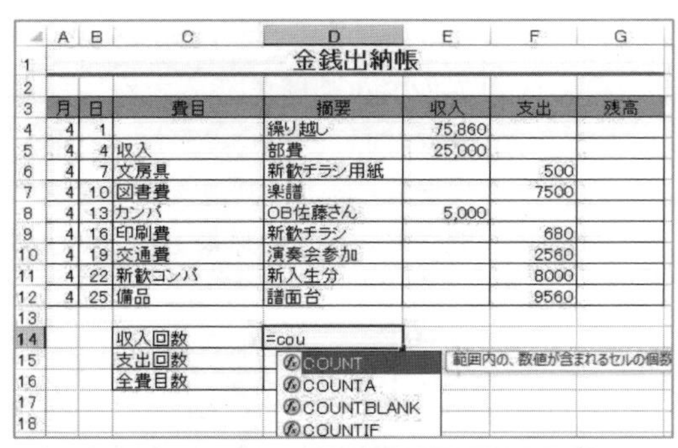

図 5. 3. 19　キーボードからの設定

操作 5.3.5　キーボードでの関数設定

1. 数式を設定するセルを選択する。
2. ＝に続けて関数の頭文字を入力すると関数のリストが表示される（図 5.3.19）。
3. 2 文字目，3 文字目と入力するとリストの対象が該当の関数に絞り込まれて表示される。
4. 関数名をダブルクリックするか [↓] キーで移動後 [Tab] キーを押して関数を選択する。
5. マウスで計算対象範囲を選択する（またはキーボードから入力する）。
6. [Enter] キーで確定する。(　) は自動的に入力される。

文字データの個数を数えるには，全データの個数を数える COUNTA 関数から COUNT 関数を引くことで計算できる。例：=COUNTA(A3:G12)-COUNT(A3:G12)

練習問題 5.3　URL 参照

5.4　ワークシートの操作

新規ファイルを開くとSheet1という名前のワークシートが表示されている。ワークシートを追加することにより，1つのファイルの中に関連した内容のデータをシート別にして管理することができる。たとえば部活動用のファイルにシートを追加して，ちょうどバインダーに用紙を追加するようにスケジュール管理表，部費の出納帳，さらにはメンバーの名簿等などを作成することもできる。

ワークシート間での計算も可能であるため，月単位の集計を各ワークシートで作成し，年間の集計を行うなどの管理が行える。またワークシートをコピーして別のファイルに追加したり，新しいファイルとして保存することもできるため，昨年のデータはそのまま残し，コピーした新しいファイルで，データの書き換えを行うなど活用の幅は広い。

5.4.1　ワークシートの挿入と削除

ワークシートを追加すると，追加したワークシートの見出しにはSheet2，Sheet3というようにシート名がつく。シート名は変更可能である。

操作 5.4.1　ワークシートの追加とシート名の変更

1. シート見出しの〔新しいシート〕をクリックする（図5.4.1）。
2. 作成されたSheet2の見出しをダブルクリックし，適切なシート名を入力する（図5.4.2）。
3. [Enter] キーを押す。

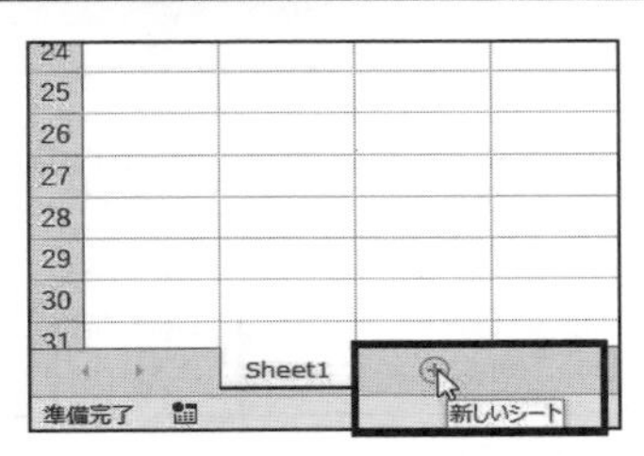

図5.4.1　ワークシートの追加

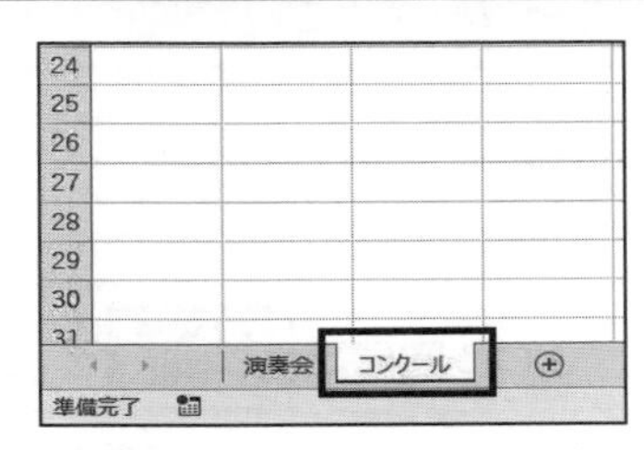

図5.4.2　ワークシート名の変更

操作 5.4.2　ワークシートの削除

1. シート見出しを右クリックする。
2. 〔シートの削除〕をクリックする。
3. シート内にデータがある場合には，メッセージが表示される（図5.4.3）。
4. 〔削除〕をクリックする。

シートを削除するとシート内のデータも削除され，「元に戻す」ボタンでも戻せなくなる。

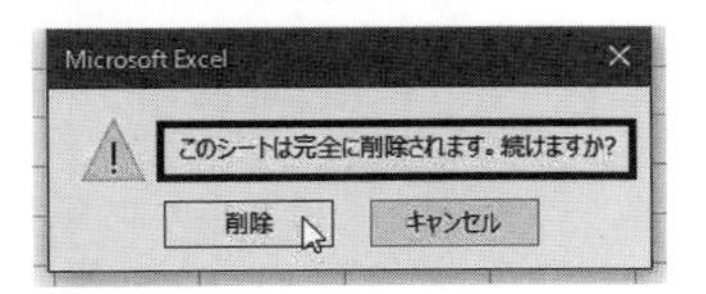

図5.4.3　シート削除への警告メッセージ

シート見出しには色を設定することができる。

操作 5.4.3　シート見出しの色

1．シート見出しを右クリックする。
2．〔シート見出しの色〕をポイントし，任意の色をクリックする。
　シートが選択されているときは，グラデーション（淡色）で表示される。

5.4.2　ワークシートのコピーと移動

ワークシートをコピー，移動するには，ドラッグ操作で行う方法，右クリックで行う方法などがある。

操作 5.4.4　ワークシートの移動とコピー

方法 1（同一ブック内に移動またはコピー）

1．ワークシート見出しを左右へ（コピーの場合は Ctrl キーを押しながら）ドラッグする。
2．▼が表示されたらドロップする（図 5.4.4）。

方法 2（他のブックや，新規ブックに移動またはコピーをする場合など）

1．シート見出しで右クリックし〔移動またはコピー〕をクリックする（図 5.4.6）。
2．〔移動またはコピー〕画面で移動先ブック名の∨をクリックし，現在開いているファイル名または（新しいブック）から選択する（図 5.4.7）。
3．移動先ファイルの挿入先を指定する（コピーの場合は〔コピーを作成する〕にチェックする，図 5.4.8）。
4．〔OK〕をクリックする。

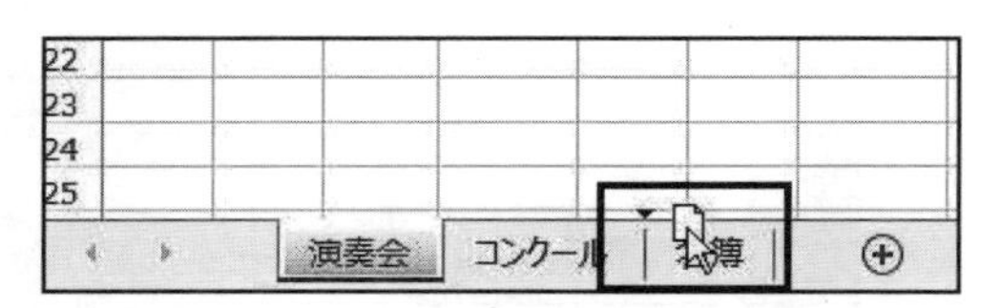

図 5.4.4　シートの移動（▼が移動先）

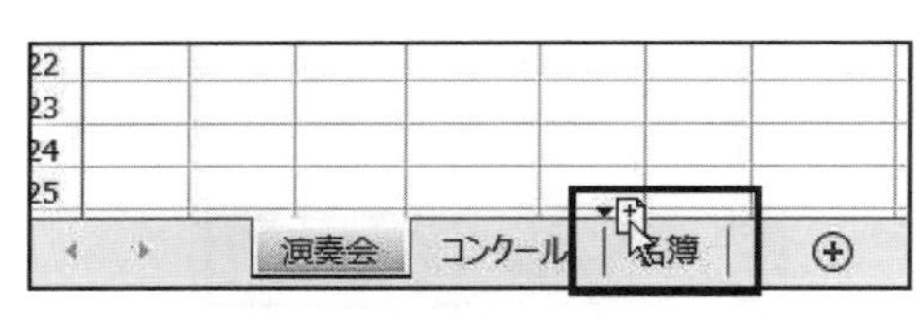

図 5.4.5　シートのコピー（マウスポインタに＋表示）

図 5.4.6　シートの移動またはコピー

図 5.4.7　別ファイルへ
移動またはコピー

図 5.4.8　移動またはコピー
別ファイルの挿入先の指定

5.4.3　ワークシートのグループ設定

複数シートのうち表示されているワークシートをアクティブシートといい，通常は操作の対象はアクティブシートのみである。複数のシートを選択すると，そのワークシートは〔グループ〕として設定され，一括して，文字の入力や書式設定，数式の設定などを行うことができる。

例えば月ごとの集計表などは，前月のシートをコピーして作成し，シート名を今月に書き換え，さらにグループ設定をして毎月の共通データの入力，数式の設定，共通する書式設定を行う。その後グループを解除して，各月の個別のデータを入力するなど，作業の効率化を図ることができる。

(1) グループ設定と解除

複数のシートを選択するには，シート見出しで操作を行う。

操作 5.4.5　グループ設定（複数シート見出しの選択）

1. 対象シートの先頭のシート見出しをクリックする。
2. 最後のシート見出しを Shift キーを押しながらクリックする。
   連続していないワークシートを選択するには，Ctrl キーを押しながらクリックする。
   タイトルバーのファイル名に [グループ] と表示される。

操作 5.4.6　グループ解除

1. グループに含まれていないシート見出しをクリックする。
   【すべてがグループとなっている場合】
   アクティブシート以外のシート見出しをクリックする。

(2) グループでの操作

グループ設定された状態で，データの入力を行うと，グループ内の同じセル番地にデータが入力される。また書式設定を行うとグループ内の同じセル番地に設定される。計算式の設定も可能である。

グループでの操作をするには，各シートとも，同じ構造にしておく必要がある。構造が異なっていると，必要なデータが上書きされてしまうなど，シートごとの操作を行うときには必ず解除してから行わないと逆効果になってしまう。

5.4.4　ワークシート間の計算

同じ構造でつくられたワークシートであれば，複数シートの同じセル番地の数値を集計することができる。

立体的な計算なので 3D 集計，串刺し演算とも呼ばれる。

ここでは 3 回分のアンケートの集計表を 4 枚目のワークシートに合計する。

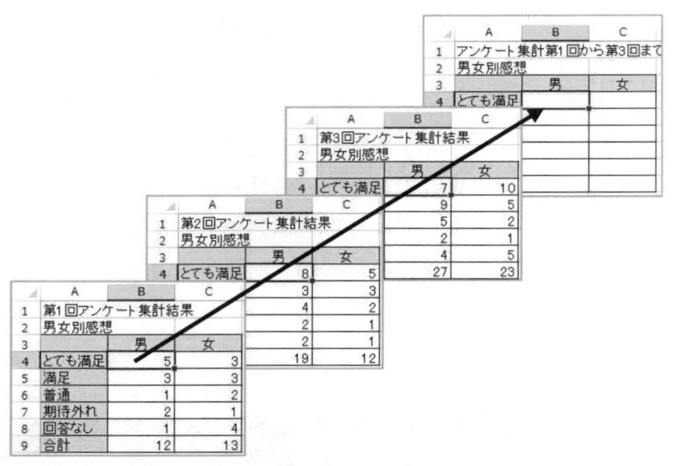

図 5.4.9　3D 集計

操作 5.4.7　ワークシート間の計算

1．集計結果を表示するワークシート見出しをクリックしてアクティブにする。
2．計算式を設定するセルを選択する。
3．〔ホーム〕タブのオート SUM をクリックする。
　数式バーに = SUM（）と表示されていることを確認する。
4．1 枚目のワークシート見出しをクリックし，式設定をするセルと同じセル番地をクリックする。数式バーに = SUM（シート名 ! セル番地）と表示されていることを確認する。
5．Shift キーを押しながら計算対象の最後のシート見出しをクリックする。
　数式バーに = SUM（' 最初のシート名 : 最後のシート名 ! セル番地）と表示されていることを確認する。
6．Enter キーを押す。
7．式を設定したセルを選択し，オートフィルでコピーを行う。

図 5.4.9 を参照してワークシート間の計算を行う。

1-3 回男女別満足度集計のワークシートのセル B4 を選択し，以下の式設定を行う。

=SUM（' 第 1 回男女別満足度 : 第 3 回男女別満足度 '!B4）

結果の表で各シートの同じセル番地が合計されていることを確認する。

B4　=SUM('第1回男女別満足度:第3回男女別満足度 '!B4)

	A	B	C
1	第1回アンケート集計結果		
2	男女別感想		
3		男	女
4	とても満足	5	3
5	満足	SUM(数値1, [数値2], ...)	
6	普通	1	2
7	期待外れ	2	1
8	回答なし	1	4
9	合計	12	13

図 5.4.10　3D 集計　SUM 関数の設定

5.5　グラフの作成

表を作成して，データを分類整理しただけでなく，グラフ化するメリットを考えてみよう。数値データを読み取らずとも，グラフであれば見た瞬間に数値の大小や時間の経過に伴う変化や割合などがわかるからであろう。表を作成して整理されたデータを，より具体的に説明する時や，さらに予測，分析したい場合にグラフは有効である。視覚的にわかりやすいグラフを作成しなければグラフ化する効果がないということになる。

Excel には，多様なグラフを一瞬にして作成できる機能が備わっているが，そのままでは，何を伝えたいのかがわからないグラフになっていることも多い。グラフ作成の目的，グラフから把握できること，分析したいことを考え，適切な編集を施し，より効果的なグラフ作成を目指そう。

5.5.1　グラフの作成手順

グラフの作成手順は，以下のとおりである。

① グラフ作成の目的を考える（グラフで何を把握，説明，明確にしたいのか）。
② データの中から，作成するグラフに必要なデータ範囲を選択する。
③ グラフの種類を選択する。
④ グラフタイトル，軸ラベル（データの単位等），凡例を設定する（必須要素）。
⑤ 文字サイズや全体のバランスを整え，色合いも目的に合わせて設定する。

重要な点はまず，②の範囲選択である。数値データだけでなく項目名を含めること，数値データも必要なデータと不要なデータを見極めて選択しなければ，出来上がったグラフの視覚効果は半減する。また，見落としがちなのは④のタイトル等の要素の設定である。グラフ単独でも何を意味しているのかがわかるように要素は必ず追加する。

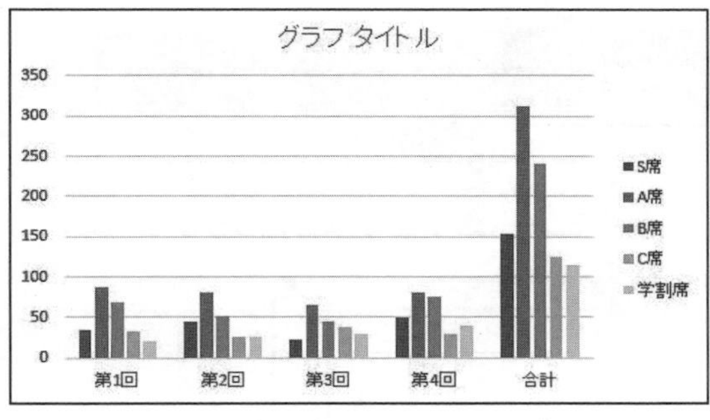

図 5.5.1　効果的とはいえないグラフ

合計のデータまで含めて選択したために本来比較したかった販売実績がわかりにくくなってしまったグラフ。視覚効果が損なわれている。

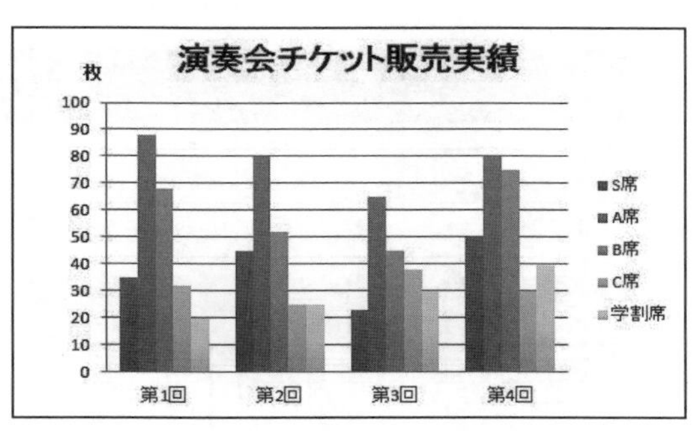

図 5.5.2　効果的なグラフ

適切に範囲を選択し，販売実績の比較がわかりやすい。グラフタイトル，軸ラベル（データの単位等）も適切に配置されている。

5.5.2　基本グラフ

Excel では，15 種類のグラフが用意されているが，まず一般的にもっともよく使われている，縦棒グラフ，円グラフの作成方法を学習し，Excel でのグラフ作成の基本機能を確認していく。作成や編集を行う際，マウスをポイントした時点で，結果がプレビューされる。設定後の状態を確認しながら作成を行うことができる。

(1)　棒グラフ

縦棒グラフは，数値データの比較で最もよく使われている。縦棒グラフには，2D 縦棒，積み上げ縦棒，100％積み上げ縦棒のほか，3D の各種類も用意されている。

ここでは，〔コンクールの成績一覧〕というデータを利用して縦棒グラフの作成方法を学習する。

操作 5.5.1　縦棒グラフの作成方法

1．グラフ化するデータ範囲を選択する。数値データだけでなくラベルとして表示される項目名も選択する。
2．〔挿入〕タブ〔グラフ〕グループ〔縦棒グラフの挿入〕の▼をクリックし〔集合縦棒〕をクリックする。

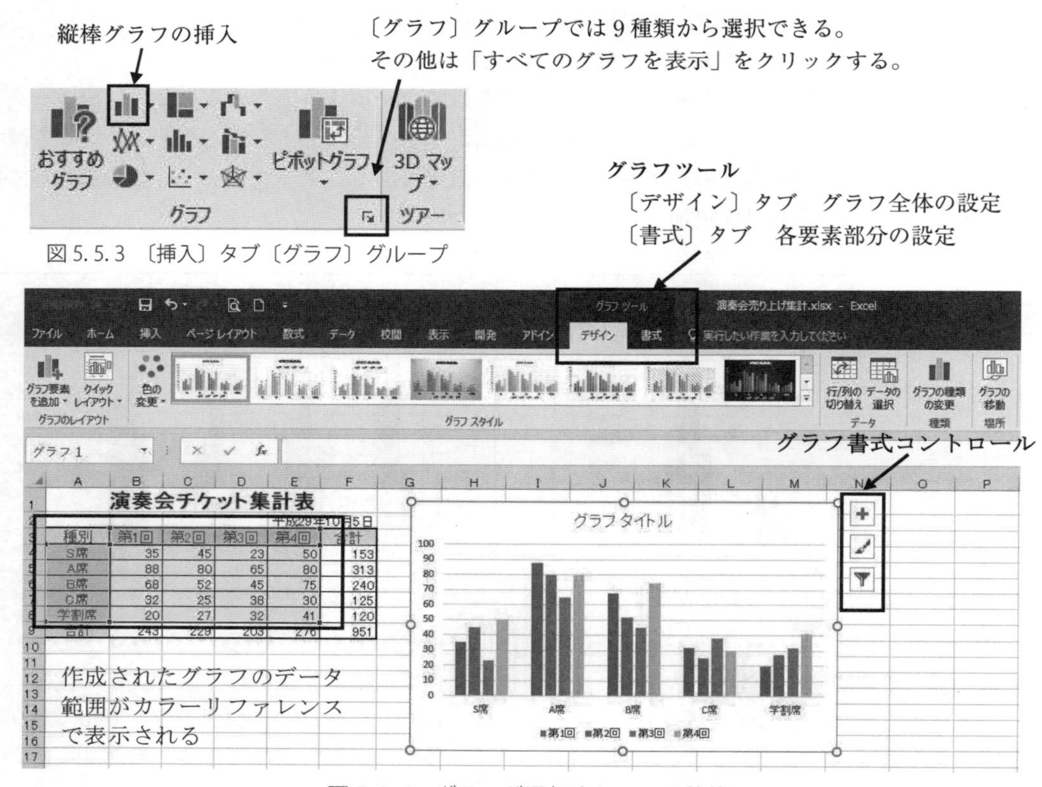

図 5.5.3　〔挿入〕タブ〔グラフ〕グループ

図 5.5.4　グラフが選択されている状態

グラフ内をクリックして選択すると，上下左右と四隅にハンドルのついた枠で囲まれ，グラフツールが表示される。グラフ以外のセルをクリックすると選択が解除される。

A．配置とサイズの変更

グラフは画面中央に作成されるため，表に重なってしまう場合がある。グラフエリアをドラッグして移動し，ハンドルを使ってサイズを変更する。

B．グラフ要素

グラフ内の各部分には名前がついており要素と呼ぶ。選択されたグラフ内で各要素をポイントするとその部分の名称が表示される。グラフの要素ごとに編集が可能である。

C．作業ウィンドウ

各グラフ要素をダブルクリックすると，右側に〔作業ウィンドウ〕が表示され，各要素の書式設定を行うことができる。右上の×をクリックすると非表示になる。

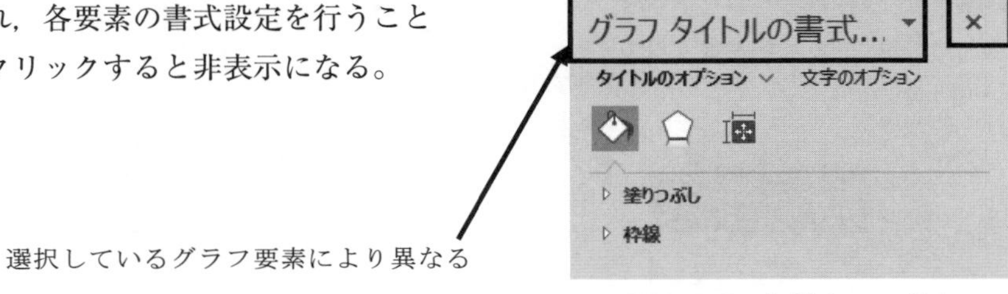

図 5.5.5　作業ウィンドウ

操作 5.5.2　グラフタイトルの入力

1．グラフタイトルをクリックする。再度クリックすると，カーソルが表示される。
2．適切なグラフタイトルを入力し，グラフタイトルの枠外でクリックする。
3．再度グラフタイトルを選択し，〔書式〕タブに切り替え（またはダブルクリックして作業ウィンドウを表示し）文字サイズ，塗りつぶしの色などの書式設定を行う。

D．グラフ書式コントロール

グラフを選択しているときに表示される。各設定はポイントすると，プレビューがグラフ内に表示される。クリックして設定する。

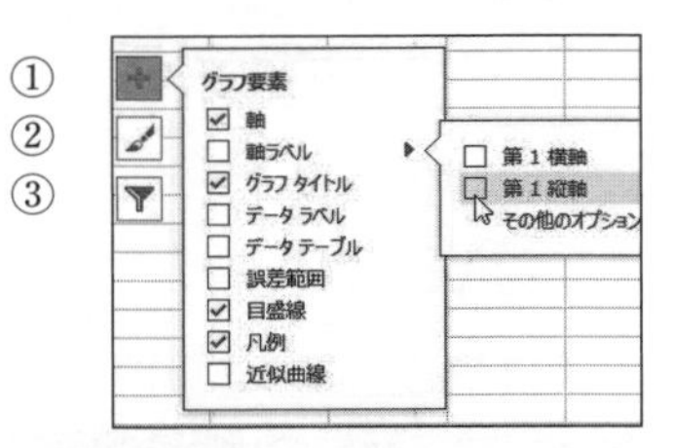

図 5.5.6　グラフ書式コントロール（グラフ要素）

表 5.5.1　グラフ書式コントロール

①　グラフ要素	タイトル，凡例，要素の表示・非表示を行う。
②　グラフスタイル	グラフのスタイルや配色を設定する。
③　グラフフィルター	グラフに表示する項目を絞り込むことができる。

操作 5.5.3　軸ラベルの追加

1.〔デザイン〕タブの〔グラフ要素を追加〕(またはグラフ書式コントロールのグラフ要素)をクリックし〔軸ラベル〕をポイントする。第1縦軸をクリックする。
2. 追加された軸ラベルをクリックして，数値の単位など適切なラベル名を入力する。
3.〔書式〕タブに切り替え(またはダブルクリックして作業ウインドウを表示し)文字の方向などを適宜変更する。
4. 軸ラベルの枠線をドラッグして移動し，縦軸の上など適切な場所に配置する。

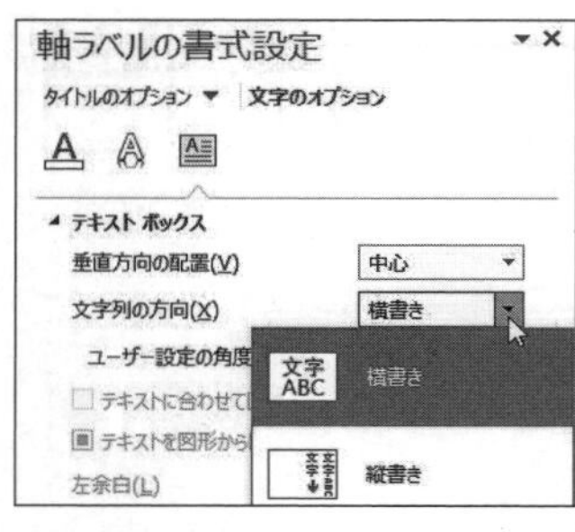

図5.5.7　文字方向の変更設定

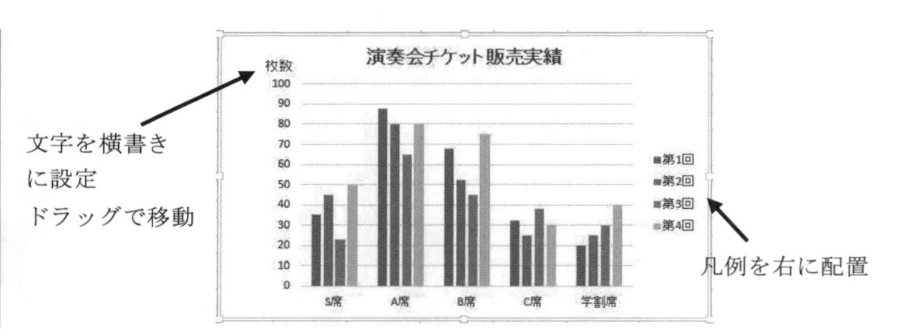

図5.5.8　編集後のグラフ

E. グラフスタイル

〔デザイン〕タブの〔グラフスタイル〕では，グラフ要素の配置や背景の色，効果(グラデーション)などの組み合わせた〔スタイル〕を選択することができる(グラフ書式コントロールのグラフスタイルでも可能)。

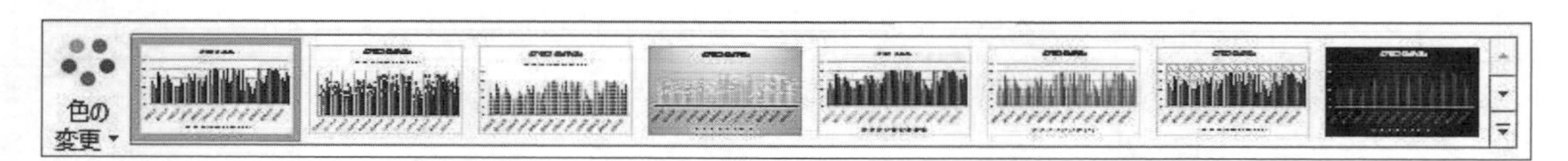

図 5.5.9　グラフスタイル

F. データの選択

グラフを作成後に，データ範囲の追加，削除，順序の変更などが可能である。

操作 5.5.4　データの選択

1.〔デザイン〕タブの〔データ〕グループの〔データの選択〕をクリックする。
2.〔データソースの選択〕画面の〔グラフデータ範囲〕の右端のボタンをクリックすると画面が縮小される。
3. ドラッグで新しい範囲を選択する。
4.〔OK〕をクリックする。

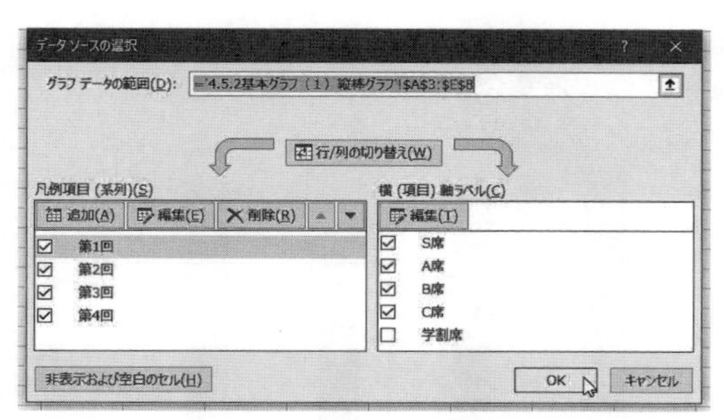

図 5.5.10 「データソースの選択」画面

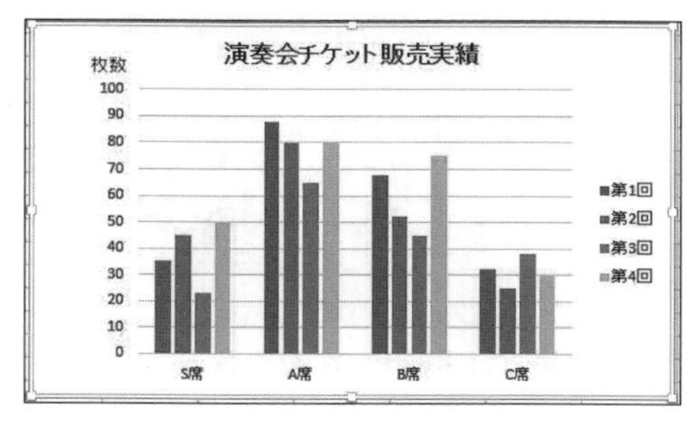

図 5.5.11　選択データ変更後のグラフ

G．行・列の切り替え

グラフの元データとして選択した項目のうち，項目数の多いほうが横軸に設定され少ないほうが凡例に設定される。

データは同じであっても何を基準にして比較したいかによって，設定を変更することができる。

操作 5.5.5　行・列の切り替え

1.〔デザイン〕タブの〔データ〕グループの〔行／列の切り替え〕をクリックする。
2.〔書式〕タブに切り替え（またはダブルクリックして作業ウィンドウを表示し）文字の方向などを必要に応じて適宜変更する。

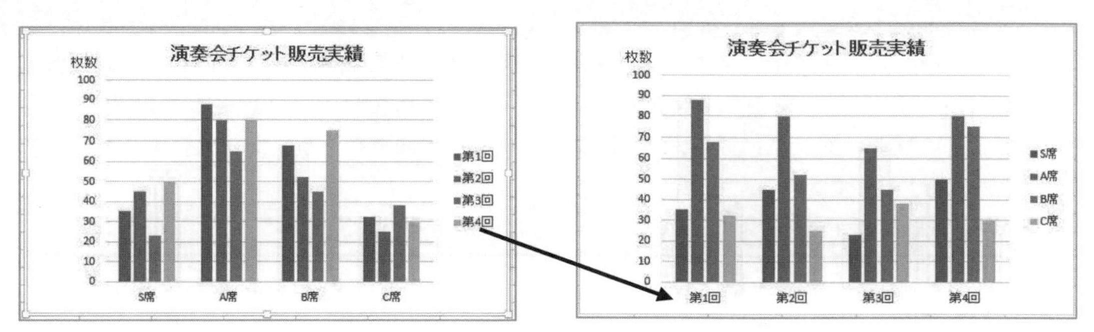

図 5.5.12　行・列の切り替え前後のグラフ（横軸と凡例が入れ替わる）

H．グラフの種類の変更

操作 5.5.6　グラフの種類の変更

1.〔デザイン〕タブの〔種類〕グループの〔グラフの種類の変更〕をクリックする。
2.〔グラフの種類の変更〕画面で，〔すべてのグラフ〕タブのなかから，クリックして選択する（グラフをポイントすると変更後のプレビューを確認できる）。
3.〔OK〕をクリックする。

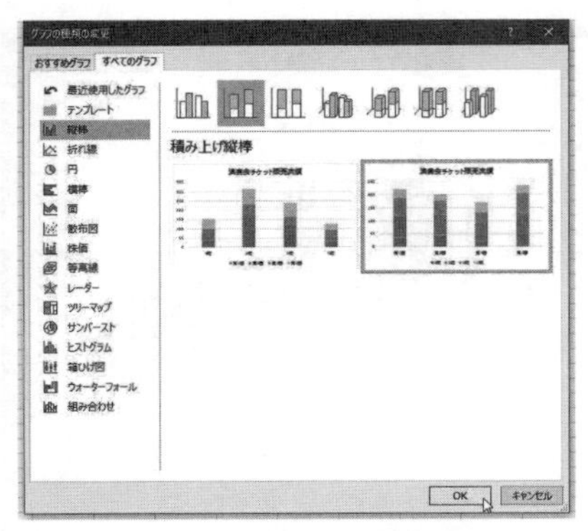

図 5.5.13 「グラフの種類の変更」画面

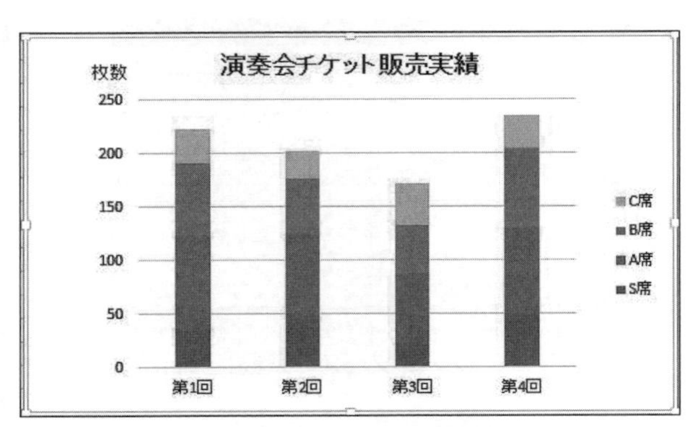

図 5.5.14　グラフの種類の変更後のグラフ

(2) 円グラフ

円グラフはデータの全体に対して，各項目がどのくらいの割合を占めているかを表現するときに使用する。ここではアンケート集計結果（図 5.5.15）をもとに，合計の満足度の割合がわかる円グラフを作成する（図 5.5.18）。

数値データだけでなく，種別（分類名）のデータも必要である。不足なく範囲を選択する。

	A	B	C	D
1	アンケート集計結果			
2				
3		男	女	合計
4	とても満足	20	18	38
5	満足	15	11	26
6	普通	10	6	16
7	期待外れ	6	3	9
8	回答なし	7	10	17
9	合計	58	48	106

図 5.5.15　例題データ

操作 5.5.7　円グラフの作成方法

1．グラフ化するデータ範囲を選択する。分類名となるデータと数値データが離れた範囲の場合は，Ctrl キーを押しながらドラッグして行う（図 5.5.15 ではセル A4:A8 と D4:D8）。
2．〔挿入〕タブの〔グラフ〕グループ〔円グラフの挿入〕の▼をクリックし，いずれかの円グラフをクリックする。
3．内容にあったグラフタイトルを入力する。

A．データラベル

凡例が表示され，色分けでおよその割合はわかるが，よりわかりやすくするには，元データをグラフ内に〔データラベル〕として表示する。グラフ内にどのように配置するか，数値データをパーセンテージにして表示するなどをオプションで設定する。

操作 5.5.8　データラベル要素の追加

1．〔デザイン〕タブの〔グラフのレイアウト〕グループの〔グラフ要素を追加〕をクリックし〔データラベル〕をクリックする。
2．▶をポイントし〔自動調整〕をクリックする（図 5.5.16）。
3．再度リストから〔その他のデータラベルのオプション〕をクリックする。
4．ラベルの内容で〔分類〕と〔パーセンテージ〕をクリックする（この場合〔凡例〕は不要になるので凡例のチェックをオフにする）（図 5.5.17）。

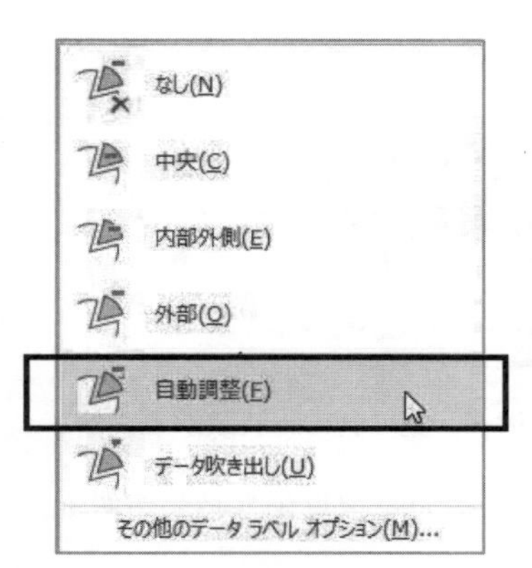

図 5.5.16　データラベルの追加

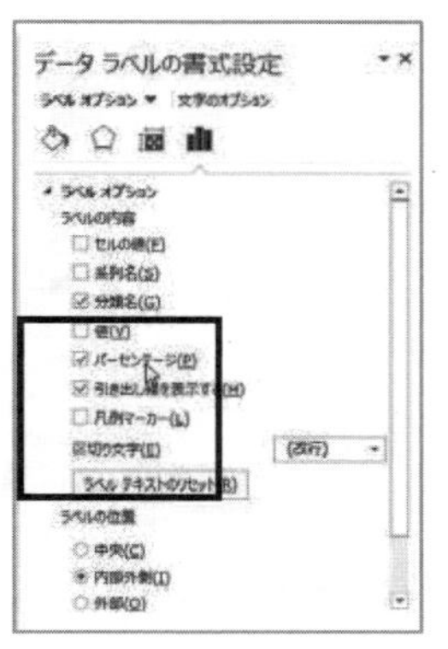

図 5.5.17　オプションの変更

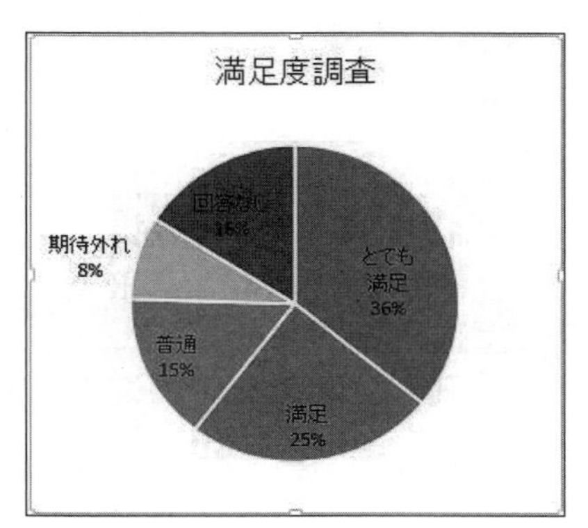

図 5.5.18　データラベル設定後のグラフ

5.5.3　複合グラフの作成

販売額と構成比（%），気温と降水量というように，単位や，数値データの大きく異なるデータをもとにグラフにしたものを複合グラフという。

構成比や比率などパーセント表示されている数値は，本来数値としては100%が1であるから，同じグラフ内で表すと，表示がわかりにくくなる。ここでは2種類のグラフを1つのグラフ内に収め，さらに軸を2つ使うことによって，単位や，数値の大きさが異なるグラフを作成する。

以下のデータを使用して2軸グラフを作成する（図 5.5.24）。

各地の月別平均気温と降水量

ブリスベン	1月	2月	3月	4月	5月	6月	7月	8月	9月	10月	11月	12月
気温(℃)	25.4	25.2	24.1	22	18.9	17.2	14.4	16.3	18.1	21	24.5	24.8
降水量(mm)	105	15	102	14	34	14	16	96	27	5	87	133

モスクワ	1月	2月	3月	4月	5月	6月	7月	8月	9月	10月	11月	12月
気温(℃)	-8.6	-1.9	2.8	7	16	16.1	21.1	19.2	12.3	3.7	-1.3	-3.9
降水量(mm)	41	19	18	22	70	74	4	82	38	36	20	64

バンコク	1月	2月	3月	4月	5月	6月	7月	8月	9月	10月	11月	12月
気温(℃)	25.7	27.8	29.5	31	31.5	30	29.5	28.8	28.9	28.4	29.2	27.5
降水量(mm)	0	2	40	8	74	147	98	276	188	218	22	31

図 5.5.19　気温と降水量データ（出典：気象庁ホームページ）

操作 5.5.9　複合グラフの作成方法

1. グラフ化するデータ範囲を選択する。
2. 〔挿入〕タブ〔グラフ〕グループ〔組み合わせグラフの挿入〕の▼をクリックし〔集合縦棒－第2軸の折れ線〕をクリックする（図 5.5.20）。
3. 作成されたグラフのグラフタイトル，軸ラベルを適切に編集する。

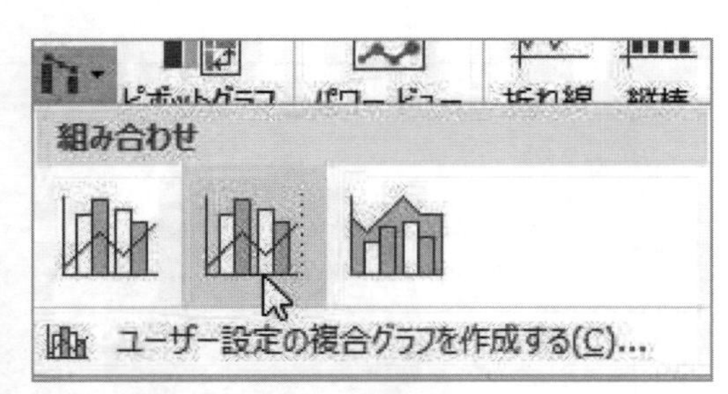

図 5.5.20　集合縦棒－第 2 軸の折れ線

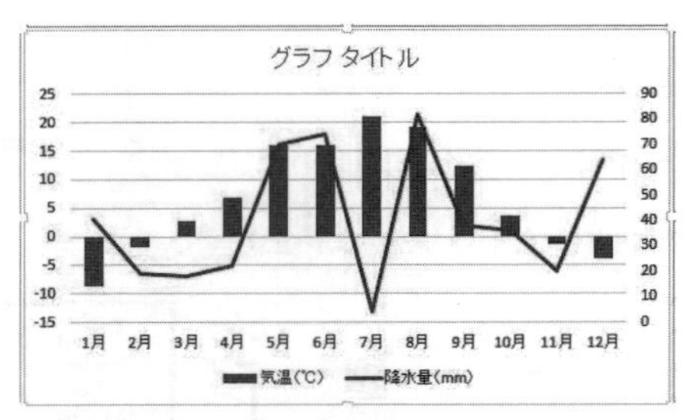

図 5.5.21　集合縦棒 - 第 2 軸の折れ線グラフ例

データの並び順により，グラフの種類が適切に表示されない場合には設定を変更する必要がある。

A．グラフの種類の変更（系列別）

縦棒と，折れ線の種類を系列別に変更する。

グラフの種類の変更画面で，それぞれの系列名の右の▼をクリックしてリストから選択する。

図 5.5.22　系列別のグラフの種類の変更

B．軸目盛の変更

数値軸の最大値，最小値，目盛間隔は，元となるデータにより自動的に設定される。第 1 軸と第 2 軸の目盛がずれている場合などには，変更して合わせることができる。

最大値・最小値
目盛間隔等を
修正する。

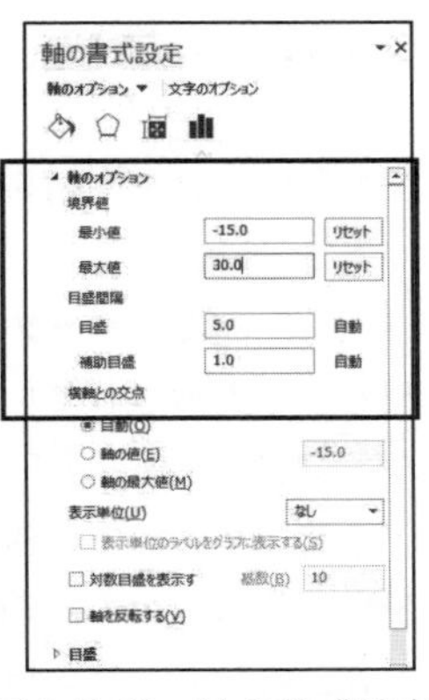

図 5.5.23　軸の書式設定

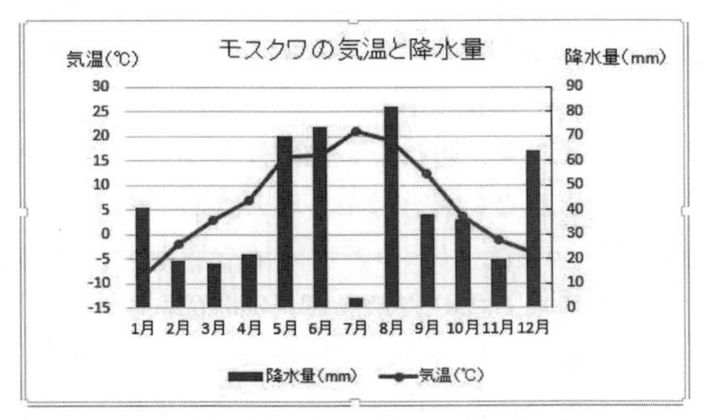

図 5.5.24　2軸グラフ完成例

練習問題 5.5　URL 参照

5.6　関数の活用

この節では，ビジネス上で必要とされる関数や設定に注意が必要となる関数を紹介する。5.3.4 項「基本の関数」で学習した関数は，引数が数値やセル範囲のみのものであった。ここで解説する関数は，引数の要素に，その関数特有の設定が必要になる。引数の設定にはいくつかの共通ルールがあり，さらに関数ごとに決められているルールもある。ルールに反した設定を行うとエラー値が表示される場合がある。エラー値は，以下のとおり種類があるが，何が原因であるかを示しているので修正のためのヒントになるともいえる。

表 5.6.1　Excel のエラー値

#####	列幅が狭いなど
#VALUE!	引数の種類が正しくないなど
#REF!	参照するセルが削除されているなど
#DIV/0!	0で割り算をしている
#N/A	検索値など，計算する値がないなど
#NAME?	関数名の誤り，″″，：の不足など
#NULL!	指定した2つのセル範囲に共通部分がない
#NUM!	処理できる範囲外の大きな値または小さな値，引数が不適切な値など

5.6.1　端数処理　ROUND（ROUNDUP・ROUNDDOWN）関数

数値を，四捨五入して指定した桁数にする関数である。

数値を丸めるという言い方もあるとおり，小数点以下の桁数が多い場合や，桁数の多い数値の端数を処理するときに使用する。

Excel では，割り切れない数値など小数点以下を含めて 15 桁目まで数値データとして格納している。表示しきれない場合はセル幅にあわせて末尾の桁で四捨五入して表示されている。また表示形式の設定で，〔小数点以下の表示桁数を増やす〕〔小数点以下の表示桁数を減らす〕という設定もできる。どちらもあくまで表示形式（一時的な見た目）のみであってデータとしての端数処理は行われていない。計算した場合などには表示されていない桁のデータも使用されるため誤差が生じる場合がある。実務で使われる数値などは，関数を使用してあらかじめ四捨五入して一定の桁数で整えておく必要がある。

■　関数の書式

＝ROUND（数値，桁数）　　四捨五入

＝ROUNDUP（数値，桁数）　　切り上げ

＝ROUNDDOWN（数値，桁数）　　切り捨て

引数の数値には，端数処理の対象となる数値，セル番地，数式などを指定する。桁数には端数処理した結果の桁数を指定する（表 5.6.2）。

ROUNDUP 関数，ROUNDDOWN 関数も，考え方，設定方法は同様である。

桁数を指定する具体例を以下に示す（4567.6789 を各桁数で四捨五入した場合）。桁数は四捨五入する位ではなく，四捨五入後の小数点以下の桁数または 0 の桁数（マイナス表記）に一致している。

表 5.6.2　端数処理の関数の桁数指定方法

四捨五入する桁	四捨五入後の数値	指定する桁数
100 の位	5000	－3
10 の位	4600	－2
1 の位	4570	－1
小数第 1 位	4568	0
小数第 2 位	4567.7	1
小数第 3 位	4567.68	2
小数第 4 位	4567.679	3

操作 5.6.1　ROUND 関数（四捨五入）の設定方法

1．数式を設定するセルを選択する。
2．〔関数の挿入〕または〔数式〕タブの〔関数の挿入〕をクリックする。
3．表示された〔関数の挿入〕画面の〔関数の分類〕の∨をクリックし，〔すべて表示〕を選択する。

4．リストから〔ROUND〕を選択し，〔OK〕をクリックする。
5．〔関数の引数〕画面が表示される（図5.6.1)。〔数値〕のボックスに対象となるセル番地を入力する。またはマウスでセルを選択する。
6．Tab キーを押して桁数のボックスにカーソルを移動し，半角文字で四捨五入後の桁数（表5.6.1参照）を入力する。
7．数式バーで，式を確認し，〔OK〕をクリックする。

図5.6.1の例では，
M4のセルに
= ROUND（L4,0）
と設定しオートフィルで式のコピーをセル番地M15まで行う。
四捨五入が正しく行われているかを確認する。

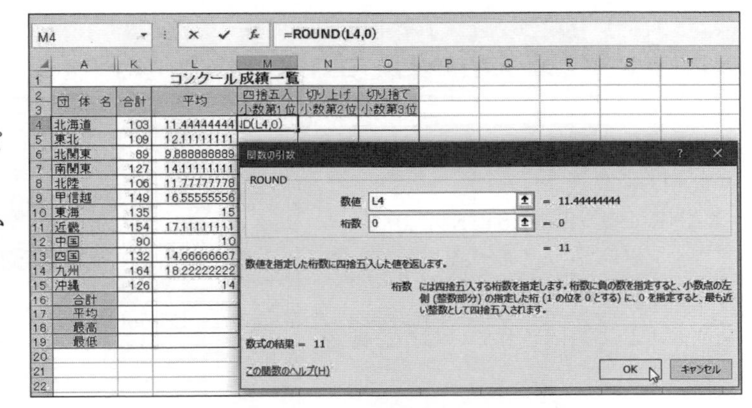

図5.6.1 端数処理の関数設定

5.6.2 順位付け RANK.EQ関数

指定した範囲の数値データの中で，それぞれのデータが何番目に位置するかを求める関数である。様々なランキングといわれるものをよく目にするが，同じ数値であってもそのデータがどのような範囲の中であるかによって違ってくる。また，たとえばタイムを競うスポーツなど，数値が少ないほうが，ランキングが上位になる場合もある。この関数の設定には，数値と範囲と順序の情報が必要になる。

Excelでは，数値の大きいほうが上の順位の場合は〔**降順**〕（点数の良い順）といい，数値の小さいほうが上にくる順を〔**昇順**〕と呼んでいる。

■ 関数の書式

= RANK.EQ（数値，参照，順序）

引数には，順位を求める数値（セル番地）を指定し，参照に順位付けの対象となるセル範囲を指定する，順序として1（昇順）または0（降順・省略も可能）を指定する。

設定後には，数式をコピーして設定するため，**〔参照〕のセル範囲には絶対参照の指定**を行う。

操作5.6.2 RANK.EQ関数の設定方法

1．数式を設定するセルを選択する。
2．〔関数の挿入〕または〔数式〕タブの〔関数の挿入〕をクリックする。

3．表示された〔関数の挿入〕画面の〔関数の分類〕の∨をクリックし，〔すべて表示〕を選択する。
4．RANK.EQ を選択し，〔OK〕をクリックする。
5．〔関数の引数〕画面が表示される。数値のボックスに対象となるセル番地を入力する。またはマウスでセルを選択する。
6．Tab キーを押して〔参照〕のボックスにカーソルを移動し，順位付けの対象となるデータ範囲を指定する。F4 キーを押して絶対参照の指定を行う。
7．Tab キーを押して〔順序〕のボックスにカーソルを移動し，降順の場合は 0（または省略可能）昇順の場合は 1 を指定する（図 5.6.2）。
8．数式バーで，式を確認し，〔OK〕をクリックする。

図 5.6.2 の例では，
セル M4 に
=RANK.EQ（K4,$K$4:$K$15,0）
と設定しオートフィルで式のコピーを行う。
順位が正しく表示されているかを確認する。

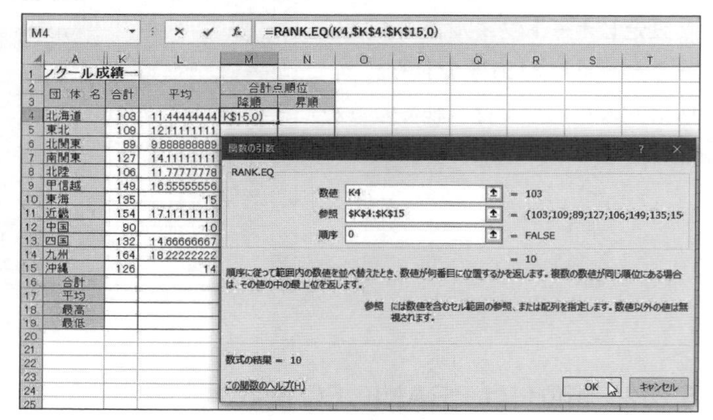

図 5.6.2　RANK. EQ 関数の設定

5.6.3　日付・時刻　TODAY・NOW 関数

現在の日付や時刻を関数で表示する。この関数による日付と時刻は，ファイルを開いた PC の日付と時刻をもとに表示される。日付や時刻は，計算の対象となる。たとえば今日の日付をもとに 100 日後を計算したい場合には，= TODAY（）+100 のように入力すると常に 100 日後の日付が表示される。

■　関数の書式

= TODAY（）
= NOW（）

現在の日付と時刻を表示する。引数を指定しないが，（　）は必要である。

操作 5.6.3　TODAY 関数の設定方法

1．数式を設定するセルを選択し，= TODAY（）と入力する。
2．Enter キーを押す。

日付は 1900 年 1 月 1 日を 1 として 9999 年 12 月 31 まで通し番号（シリアル値）がついており計算はシリアル値を基に行われる（入力した日付の表示形式を〔標準〕に設定すると確認できる）。

5.6.4　ふりがな表示　PHONETIC 関数

名簿データなどを作成する際，氏名の隣のセルに「ふりがな」を表示させたい場合に使用する。

操作 5.6.4　PHONETIC 関数の設定方法

1．数式を設定するセルを選択し＝PHONETIC（漢字の入っているセル番地）と入力する。
2．［Enter］キーを押す。

図 5.6.3 の例では，
セル F3 に
＝PHONETIC（E3）と設定する。
数式をコピーする。

	A	B	C	D	E	F
1	担当一覧表					
2	NO	担当	分類	楽器	氏名	ふりがな
3	1				五十嵐　広	イガラシ ヒロ
4	2				松山　利夫	マツヤマ トシオ
5	3				宇佐田　吉弘	ウサダ ヨシヒロ
6	4				真山　大輔	マヤマ ダイスケ
7	5				斉藤　篤志	サイトウ アツシ
8	6				黒木　良平	クロキ リョウヘイ
9	7				山崎　孝弘	ヤマザキ タカヒロ

図 5.6.3　PHONETIC 関数の設定

「ふりがな」は入力したときの「読み情報」をもとに格納されている。〔ホーム〕タブ〔フォント〕グループ〔ふりがな表示 / 非表示〕から設定が可能である。

〔ふりがな表示〕　セル内の漢字の上に表示
〔ふりがなの編集〕「読み情報」を修正する
〔ふりがなの設定〕「ひらがな」「カタカナ」等変更

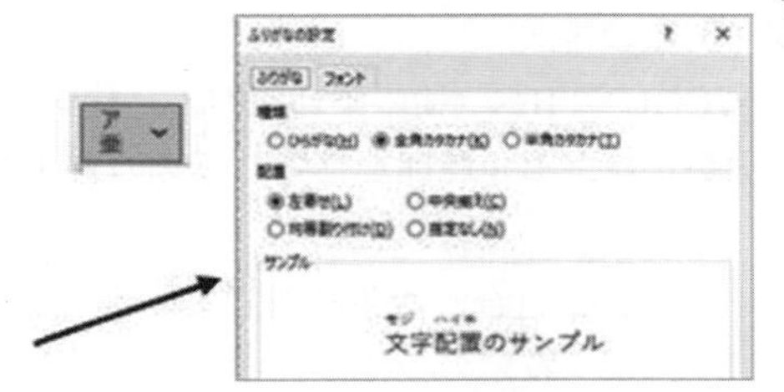

図 5.6.4　ふりがなの設定画面

5.6.5　条件付き計算　COUNTIFS・SUMIFS（AVERAGEIFS・MAXIFS・MINIFS）関数

数値データの中から特定の条件に合ったデータのみを対象に計算する場合の関数を学習する。

たとえば，アンケート集計の結果から特定の回答データのみを数えたり（COUNTIFS 関数），経費の一覧から特定の項目の費用のみを合計したり（SUMIFS 関数），特定のグループ別の平均点や（AVERAGEIFS 関数）や最高得点（MAXIFS 関数）を計算したりといったことが可能である。

すでに COUNT，SUM，AVERAGE，MAX，MIN の各関数については，その用途を含めて学習した。ここでは，IF が付け加えられている関数名のとおり「もし，この条件に合っていたならば」この範囲の中からデータを検索し，そのデータの個数を数える。合計値，平均値，最大値，最小値を求めることになる。

条件を指定するからには，その**範囲と条件を明示**しなければならない。条件の指定方法に，いくつかの共通したルールがあるので以下に示す。

検索条件の指定方法

表 5.6.3　比較演算子の指定方法

演算子	入力例	意味
>	">80"	80 より大きい
>=	">=80"	80 以上
<	"<80"	80 より小さい（未満）
<=	"<=80"	80 以下
=	"=80"	80 と等しい
<>	"<>80"	80 と等しくない（以外）

- 数値データ
  比較演算子（＝等号と　＜，＞不等号）を単独または組み合わせて使用する。
  たとえば年齢が 80 歳以上という条件であれば ＞＝ 80 といった条件設定となる。
  不等号＜，＞は必ず先頭にくる。
- 文字データ
  文字データを条件として指定することができる。
  その場合には，"男" というようにダブルクォーテーション（半角）で囲み，入力する。
- セル番地
  あらかじめ比較演算子による式，文字列が入力されているセル番地を条件として指定することも可能である。

■　関数の書式

＝ COUNTIFS（検索条件範囲 1，検索条件 1，検索条件範囲 2，検索条件 2，・・・・）

引数には，セル範囲を指定し，その範囲内から数えるデータを検索するための条件を指定する。

＝ SUMIFS（合計対象範囲，条件範囲 1，条件 1，条件範囲 2，条件 2，・・・・）

引数には，特定の条件に合ったデータを合計するセル範囲を指定し，特定条件で検索する対象範囲を指定し，特定の検索条件を数値，式，文字列で指定する。

＝ AVERAGEIFS（平均対象範囲，条件範囲 1，条件 1，条件範囲 2，条件 2，・・・・）

引数には，特定の条件に合ったデータの平均値を計算するセル範囲を指定し，特定条件で検索する対象範囲を指定し，特定の検索条件を数値，式，文字列で指定する。

＝ MAXIFS（最大範囲，条件範囲 1，条件 1，条件範囲 2，条件 2，・・・・）

引数には，特定の条件に合ったデータの最大値を求めるセル範囲を指定し，特定条件で検索する対象範囲を指定し，特定の検索条件を数値，式，文字列で指定する。

＝ MINIFS（最小範囲，条件範囲 1，条件 1，条件範囲 2，条件 2，・・・・）

引数には，特定の条件に合ったデータの最小値を求めるセル範囲を指定し，特定条件で検索する対象範囲を指定し，特定の検索条件を数値，式，文字列で指定する。

検索条件が 1 つの場合には，COUNTIF 関数，SUMIF 関数，AVERAGEIF 関数を使うことができる。引数の順序が異なるので注意する。条件設定の方法は同様である。

図 5.6.5 のアンケート調査結果のデータを使用して，関数の設定方法を学習する。

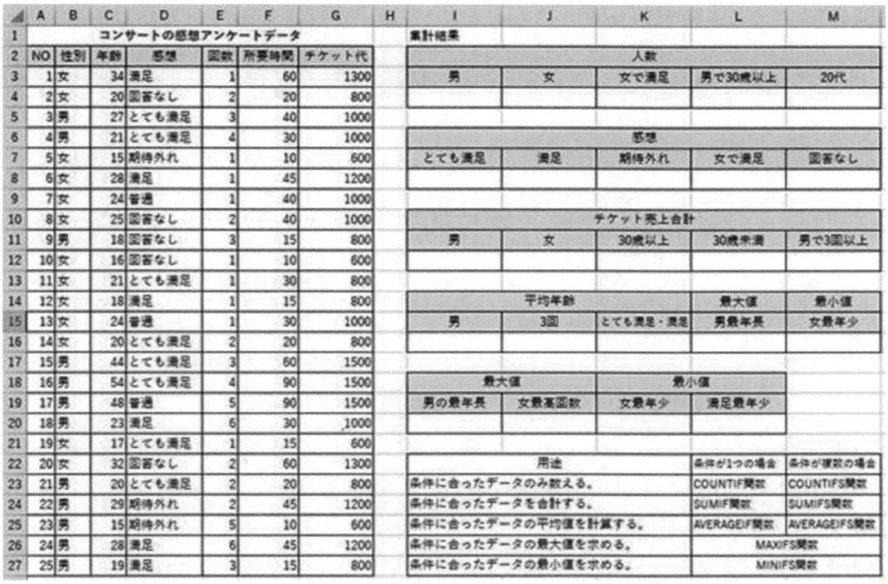

	コンサートの感想アンケートデータ					
NO	性別	年齢	感想	回数	所要時間	チケット代
1	女	34	満足	1	60	1300
2	女	20	回答なし	2	20	800
3	男	27	とても満足	3	40	1000
4	男	21	とても満足	4	30	1000
5	女	15	期待外れ	1	10	600
6	女	28	満足	1	45	1200
7	女	24	普通	1	40	1000
8	女	25	回答なし	2	40	1000
9	男	18	回答なし	3	15	800
10	女	16	回答なし	1	10	600
11	女	21	とても満足	1	30	800
12	女	18	満足	1	15	800
13	女	24	普通	1	30	1000
14	女	20	とても満足	2	20	800
15	男	44	とても満足	3	60	1500
16	男	54	とても満足	4	90	1500
17	男	48	普通	5	90	1500
18	男	23	満足	6	30	1000
19	女	17	とても満足	1	15	600
20	女	32	回答なし	2	60	1300
21	男	20	とても満足	2	20	800
22	男	29	期待外れ	2	45	1200
23	男	15	期待外れ	5	10	600
24	男	28	満足	6	45	1200
25	男	19	満足	3	15	800

集計結果
人数
男　女　女で満足　男で30歳以上　20代
感想
とても満足　満足　期待外れ　女で満足　回答なし
チケット売上合計
男　女　30歳以上　30歳未満　男で3回以上
平均年齢　最大値　最小値
男　3回　とても満足・満足　男最年長　女最年少
最大値　最小値
男の最年長　女最高回数　女最年少　満足最年少
用途　条件が1つの場合　条件が複数の場合
条件に合ったデータのみ数える。　COUNTIF関数　COUNTIFS関数
条件に合ったデータを合計する。　SUMIF関数　SUMIFS関数
条件に合ったデータの平均値を計算する。　AVERAGEIF関数　AVERAGEIFS関数
条件に合ったデータの最大値を求める。　MAXIFS関数
条件に合ったデータの最小値を求める。　MINIFS関数

図 5.6.5　COUNTIF 関数・SUMIF 関数・AVERAGEIF 関数の例題

〔男〕の人数を，COUNTIFS 関数を使用して，計算する。

操作 5.6.5　COUNTIFS 関数の設定方法

1．数式を設定するセルを選択する。
2．〔関数の挿入〕または〔数式〕タブの〔関数の挿入〕をクリックする。
3．関数名のリスト内で，COUNTIFS 関数を選択し，〔OK〕をクリックする。
4．表示された〔関数の引数〕画面の〔検索条件範囲 1〕のボックスに検索対象となるセル範囲を入力する。またはマウスでドラッグして選択する。
5．〔検索条件 1〕のボックスにカーソルを移動し，〔条件となる文字列〕または〔式〕を入力する（図 5.6.6）。
6．Tab キーを押すと，条件指定した文字列にダブルクォーテーションがつく。
7．数式バーで，式の書式を確認し，〔OK〕をクリックする。

図 5.6.6 の例では，
セル I 4 を選択し，
= COUNTIFS(B3:B27,"男")
と式を設定する。

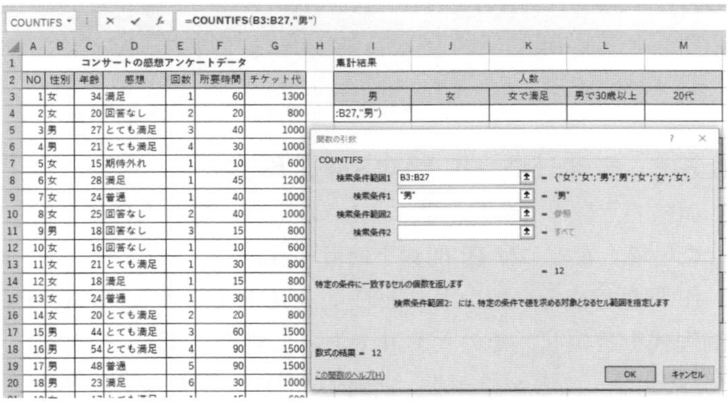
=COUNTIFS(B3:B27,"男")
関数の引数
COUNTIFS
検索条件範囲1　B3:B27
検索条件1　"男"
検索条件範囲2
検索条件2
= 12
特定の条件に一致するセルの個数を返します
数式の結果 = 12
OK　キャンセル

図 5.6.6　COUNTIFS 関数の設定

性別が男で回数が 3 回以上のチケット代の合計を，SUMIFS 関数を使用して計算する。

操作 5.6.6　SUMIFS 関数の設定方法

1．数式を設定するセルを選択する。
2．〔関数の挿入〕または〔数式〕タブの〔関数の挿入〕をクリックする。
3．関数名のリスト内で，〔SUMIFS〕を選択し，〔OK〕をクリックする。
4．〔関数の引数〕画面が表示される。〔合計対象範囲〕のボックスにカーソルを移動し，計算対象のセル範囲を入力する。またはマウスでドラッグして選択する。
5．〔条件範囲 1〕のボックスに検索対象となるセル範囲を入力する。またはマウスでドラッグして選択する。
6．〔条件 1〕のボックスにカーソルを移動し，「条件となる文字列」または「式」を入力する。 Tab キーを押すと，条件指定した文字列（または式）にダブルクォーテーションがつく。
7．〔条件範囲 2〕のボックスに検索対象となるセル範囲を入力する。またはマウスでドラッグして選択する。
8．〔条件 2〕のボックスにカーソルを移動し，「条件となる文字列」または「式」を入力する。 Tab キーを押すと，条件指定した文字列（または式）にダブルクォーテーションがつく。（さらに追加条件がある場合には，7.8 を繰り返し追加する。）
9．数式バーで，式の書式を確認し，〔OK〕をクリックする。

図 5.6.7 の例では，
セル M12 を選択し
=SUMIFS(G3:G27,B3:B27," 男 ",E3:E27,">=3")
と式を設定する。

条件は，最大 127 個まで指定することができる。追加した条件は，すべての条件を満たしている（AND 条件）となり，対象を絞り込むことになる。

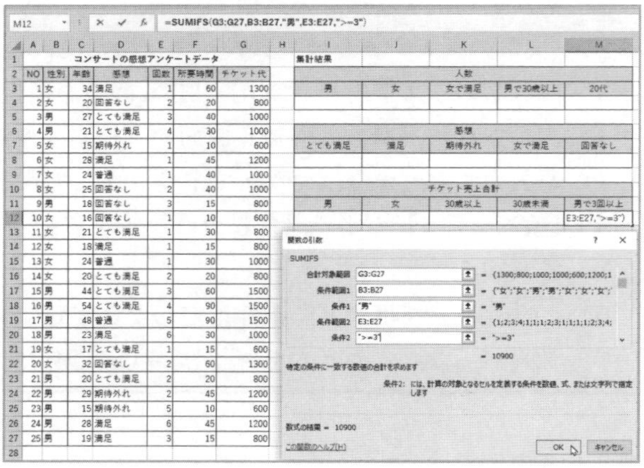

図 5.6.7　SUMIFS 関数の設定

5.6.6　条件分岐　IF 関数・IFS 関数

試験の点数などの集計表に 70 点以上の点数の人には合格，70 点未満の人には不合格という評価をしたい場合などには IF 関数を使用する。

IF 関数は，その関数名のとおり，〔もしもこの条件に合っていたならば〕といった条件を指定する**論理式**を設定し，そのとおりであった場合（**真**），そうでなかった場合（**偽**）で処理内容を分ける（分岐する）ことができる。前述の SUMIF 関数や COUNTIF 関数とも条件を指定するところは似ているが，回答はあくまでも１つであるのに対して，IF 関数は回答が２つに分かれる点がまったく違っている。

■　関数の書式

＝ IF（論理式，真の場合，偽の場合）

引数の指定　　表 5.6.4　IF 関数の引数

論理式	判断の基準となる数式を設定する。 試験の点数が 70 点以上であるということを表す論理式は，D5 ＞＝ 70（セル D5 に点数が入力されているとして）となる。
真の場合	論理式の結果が真（TRUE）だった場合の処理を数値，数式，文字列で指定する。 "合格" というように，文字列の場合にはダブルクォーテーション（半角）で囲む。
偽の場合	論理式の結果が偽（FALSE）だった場合の処理を数値，数式，文字列で指定する。 "不合格" というように，文字列の場合にはダブルクォーテーション（半角）で囲む。

論理式の演算子　　表 5.6.5　論理式

演算子	入力例	意味	具体例	
>	A>B	A が B より大きい	D5>0	セル D5 が 0 より大きい
>=	A>=B	A が B 以上	D5>=D3	セル D5 がセル D3 以上
<	A<B	A が B より小さい（未満）	D5<150	セル D5 が 150 未満
<=	A<=B	A が B 以下	D5< = D6	セル D5 がセル D6 以下
=	A=B	A と B が等しい	D5 = ""	セル D5 が空白（表示なし）
<>	A<>B	A と B が等しくない	D5<>"男"	セル D5 が男以外

セルが空白であるという設定には ""（半角ダブルクォーテーションを続けて２つ）を使用する。
文字列を式に入れる時には "" で囲むというルールがあるが，ここでは間に何もないということで空白ということを表している（NULL 値ともいう）。

操作 5.6.7　IF 関数の設定方法（ひとつの条件）

1．数式を設定するセルを選択する。
2．〔関数の挿入〕または〔数式〕タブの〔関数の挿入〕をクリックする。
3．関数の分類から〔論理〕を選択し，関数名のリスト内の IF を選択し，〔OK〕をクリックする。〔関数の引数〕画面が表示される。
4．〔論理式〕のボックスをクリックし，条件となる論理式を入力する。
5．Tab キーを押して〔真の場合〕のボックスにカーソルを移動し，真の場合の判定結果となる〔数式〕，〔セル番地〕，〔文字列〕等を入力する（文字列の場合には自動的にダブルクォーテーションがつく）。

6．Tab キーを押してカーソルを〔偽の場合〕に移動し，偽の場合の判定結果となる〔数式〕，〔セル番地〕，〔文字列〕等を入力する。
7．数式バーで，式を確認し，〔OK〕をクリックする。
8．判定結果を確認し，オートフィルで式をコピーする。
9．各得点の判定結果が正確であるかを確認する。

ここでは，コンクール成績一覧を例にして，各審査員の合計点が 120 点以上の場合は合格，120 点未満は不合格と判定する。

セル M4 を選択し，IF 関数を設定する。
引数ボックスの〔論理式〕のボックスをクリックし，K4>=120 と入力する。
〔真の場合〕のボックスに〔合格〕と入力する。
〔偽の場合〕のボックスに〔不合格〕と入力する。数式バーで，=IF（K4>=120," 合格 "," 不合格 "）となっていることを確認し，〔OK〕をクリックする。

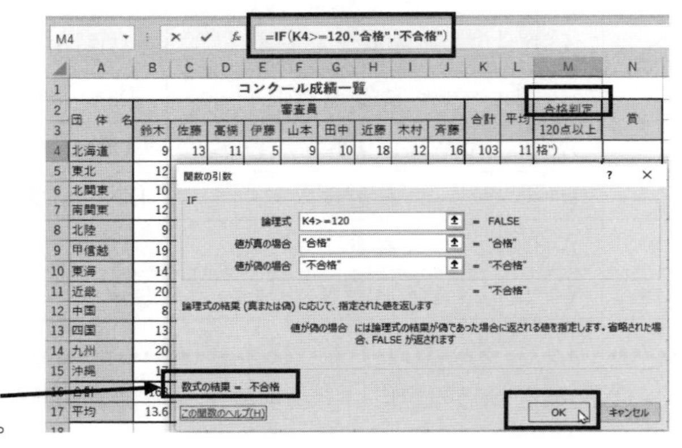

図 5.6.8　IF 関数の設定

条件が複数ある場合には，IFS 関数を使用する。条件は最大 127 個まで指定可能である。

■　関数の書式

= IFS（論理式 1，値が真の場合 1，論理式 2，値が真の場合 2，・・・・）

論理式の設定方法，真の場合の設定方法は IF 関数と同様である。判定結果の個数分の条件と結果を指定する。

【引数指定の注意点】

前の論理式で真となった条件が優先される。
順序が逆転してはならない。

×　×　×

=IFS(K4>=140,"金",K4>=120,"銀",K4>=110,"銅",K4<110,"")

「偽の場合」という引数がないため「最後に直前の条件の真ではない条件の論理式」と「結果」を指定する必要がある。または，最後の条件の論理式の代わりに TRUE（それ以外の場合はという条件）を指定する。

図 5.6.9　IFS 関数の引数設定の注意点

操作 5.6.8　IFS 関数の設定方法（複数の条件）

1．数式を設定するセルを選択する。
2．〔関数の挿入〕または〔数式〕タブの〔関数の挿入〕をクリックする。
3．関数の分類から〔論理〕選択し，関数名のリスト内の IFS を選択し，〔OK〕をクリックする。〔関数の引数〕画面が表示される。
4．〔論理式 1〕のボックスをクリックし，条件となる論理式を入力する。
5．[Tab] キーを押して〔真の場合 1〕のボックスにカーソルを移動し，真の場合の判定結果となる〔数式〕，〔セル番地〕，〔文字列〕等を入力する。
6．判定結果の個数分 4．5．同様〔論理式 2・・〕〔真の場合 2・・〕の設定を繰り返す。
7．数式バーで，式を確認し，〔OK〕をクリックする。
8．判定結果を確認し，オートフィルで式をコピーする。判定結果が正確であるかを確認する。

ここでは，コンクール成績一覧を使用し，合計得点が 140 点以上は金，120 点以上は銀，110 点以上は銅，110 点未満は「表示なし」と判定する。

セル N4 を選択し，IFS 関数を設定する。

引数ボックスの〔論理式 1〕のボックスをクリックし，1 つ目の条件の論理式 K4>=140 と入力する。〔真の場合 1〕のボックスにカーソルを移動し，「金」と入力する。

〔論理式 2〕のボックスをクリックし，2 つ目の条件の論理式 K4>=120 と入力する。〔真の場合 2〕のボックスにカーソルを移動し，「銀」と入力する。

〔論理式 3〕のボックスをクリックし，3 つ目の条件の論理式 K4>=110 と入力する。〔真の場合 3〕のボックスにカーソルを移動し，「銅」と入力する。

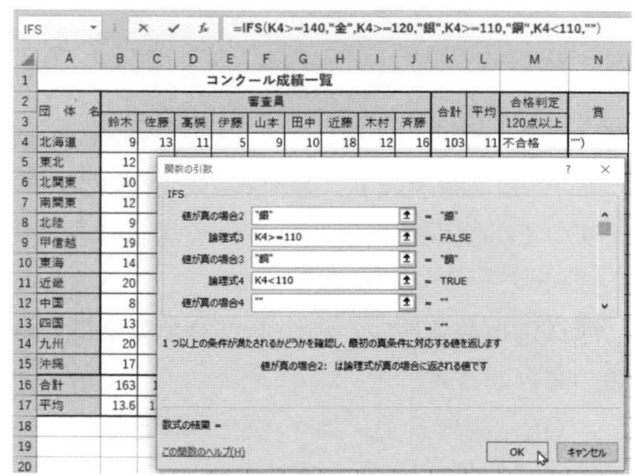

図 5.6.10　IFS 関数の設定

〔論理式4〕のボックスをクリックし，4つ目の条件の論理式 K4<110 と入力する。〔真の場合4〕のボックスにカーソルを移動し，「""」（半角のダブルクォーテーションを続けて2つ）と入力する。

5.6.7　IF 関数のネスト

ネストとは，関数の中に関数を入れ込んで計算を行う仕組みである。

平均値を求めた結果を四捨五入したい場合などには，ROUND 関数の引数の〔数値〕部分に AVERAGE 関数を入れ込んで設定することができる。

例えば，以下のように設定する。

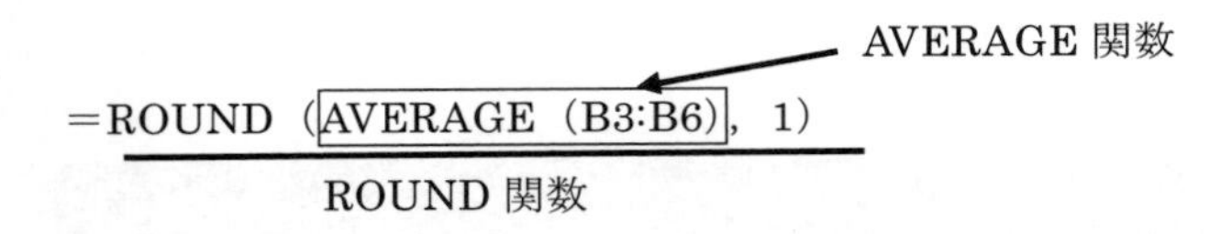

5.6.8　複数条件　AND 関数・OR 関数（IF 関数のネスト）

評価の結果は2つだが条件が複数ある場合にはどうするかを考えてみよう。例えば，審査員鈴木も佐藤も高橋も，10 点以上だった場合には合格，そうでなければ不合格と判定する。という条件の場合には，判定結果は2つであるから IF 関数は1つでよい。しかし，条件のほうが3種類必要となる。このような場合には，IF 関数の論理式の部分に AND 関数をネストして，複数の条件を指定することができる。

=IF（ AND（B4>=10,C4>=10,D4>=10） ，"合格","不合格"）

IF 関数の条件設定の論理式を，AND 関数を使用して複数にすることにより，複数条件をすべて満たしているという式設定が可能になる（図 5.6.11）。

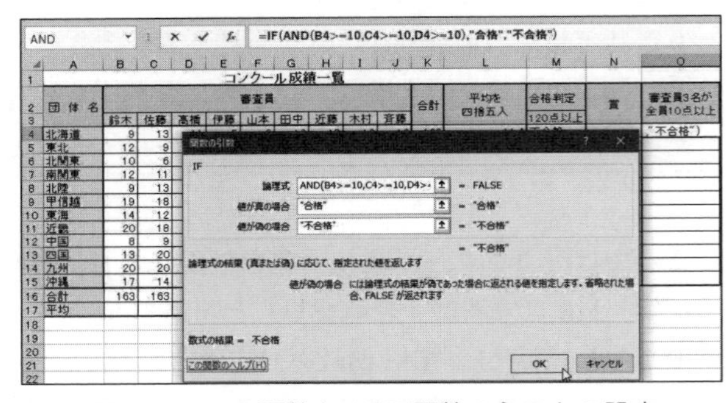

図 5.6.11　IF 関数と AND 関数のネストの設定

■　関数の書式

= AND（論理式1，論理式2，論理式3，……）

すべての論理式を満たしている場合には TRUE という結果が返ってくる。満たしていない場合は FALSE という結果が返ってくる。

同様に複数条件のどれか1つでも満たしているという条件の場合には，OR 関数を使用する。

■　関数の書式

= OR（論理式1，論理式2，論理式3，……）

論理式のどれか 1 つでも満たしている場合には TRUE という結果が返ってくる。満たしていない場合は FALSE という結果が返ってくる。

操作 5.6.9　IF 関数に AND 関数・OR 関数をネストする設定方法

1. 数式を設定するセルを選択する。
2. 〔関数の挿入〕または〔数式〕タブの〔関数の挿入〕をクリックする。
3. 関数の分類から〔論理〕を選択し，関数名のリスト内の〔IF〕を選択し，〔OK〕をクリックする。
4. 表示された〔関数の引数〕画面の〔論理式〕のボックスをクリックし，〔名前ボックス〕の▼をクリックしてリストから AND（OR）を選択する。
5. AND（OR）〔関数の引数〕画面の〔論理式 1〕のボックスに 1 つ目の条件となる論理式を入力する。〔論理式 2〕のボックスに 2 つ目の条件となる論理式を入力する（… 3 つ目，4 つ目と必要に応じて条件となる論理式を入力）。
6. 数式バーの IF にカーソルを移動し，IF 関数の〔関数の引数〕画面に切り替える。
7. 〔真の場合〕のボックスにカーソルを移動し，判定結果となる〔数式〕，〔セル番地〕，〔文字列〕等を入力する（文字列の場合には自動的にダブルクォーテーションがつく）。
8. 〔偽の場合〕のボックスにカーソルを移動し，判定結果となる〔数式〕，〔セル番地〕，〔文字列〕等を入力する（図 5.6.11）。
9. 数式バーでネストされていることを確認する。
10. 数式バーで，式を確認し，〔OK〕をクリックする。

5.6.9　検索　VLOOKUP 関数

以下の左のような名簿に担当楽器を入力したい場合，右側の表のようにあらかじめ「担当番号」を付けた一覧表を作っておき，担当番号を入れただけで対応する「担当」，「楽器」の入力ができれば，より早く正確にできるであろう。これは，例えば郵便番号を入れたら隣のセルに住所が入力される，仕事上では，例えば注文書にコード番号を入れればその商品名と定価などが入力されるなどということに，実際よく使われている。このように，特定の一覧表を参照して，入力したコード番号を検索し，それに対応するデータを表示する関数が，VLOOKUP 関数である。

	A	B	C	D	E	F	G	H	I	J
2	NO	担当番号	担当	楽器	氏名	ふりがな				
3	1	M1	木管楽器	ピッコロ	五十嵐 広	イガラシ ヒロ		担当番号	担当	楽器
4	2	K1	金管楽器	トランペット	松山 利夫	マツヤマ トシオ		M1	木管楽器	ピッコロ
5	3	D1	打楽器	ティンパニ	宇佐田 吉弘	ウサダ ヨシヒロ		M2	木管楽器	クラリネット
6	4	M2	木管楽器	クラリネット	真山 大輔	マヤマ ダイスケ		K1	金管楽器	トランペット
7	5		#N/A	#N/A	斉藤 篤志	サイトウ アツシ		K2	金管楽器	トロンボーン
8	6		#N/A	#N/A	黒木 良平	クロキ リョウヘイ		D1	打楽器	ティンパニ
9	7		#N/A	#N/A	山崎 孝弘	ヤマザキ タカヒロ		D2	打楽器	パーカッション
10	8		#N/A	#N/A	寺田 健一郎	テラダ ケンイチロウ		G	弦楽器	ハープ
11	9		#N/A	#N/A	黒沢 啓司	クロサワ ケイジ		E	その他	ピアノ
12	10		#N/A	#N/A	土井 哲也	ドイ テツヤ				

図 5.6.12　VLOOKUP 関数の設定

■　関数の書式

= VLOOKUP（検索値 , 範囲 , 列番号 , 検索方法）

引数の設定

〔検索値〕は，検索対象のコード番号を入力するセル番地を指定する。〔範囲〕は，参照する表の範囲を指定する。〔列番号〕は，参照する表の左から何列目を参照するかを指定する。〔検索方法〕は，完全一致のもののみ検索する場合に FALSE，近似値も含めて検索する場合には TRUE を指定する。

今回の表を当てはめるとセル C3 に設定する式は

=VLOOKUP（B3,$H$4:$J$11,2,FALSE）

つまり，左隣に入力されたデータを，H3：J11 のセル範囲（の一覧表）に探しに行き，見つけたら，その表の左から 2 列目のデータを，このセル（C3）に入力しなさい，ということになる。

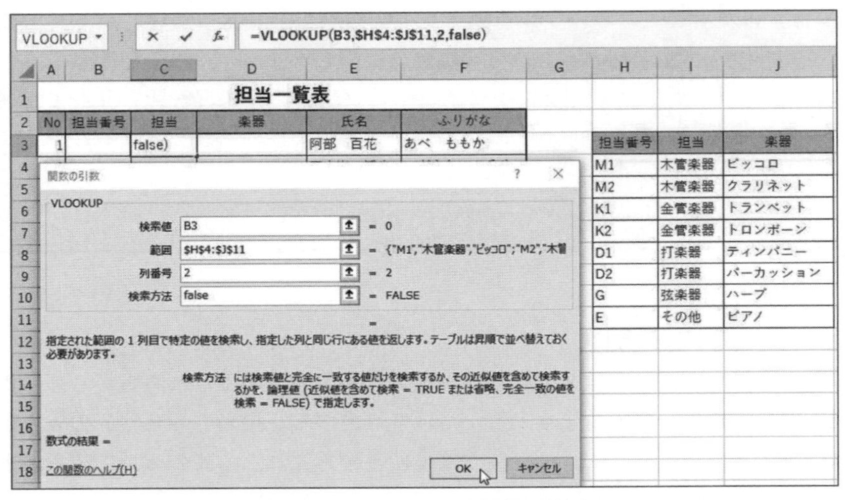

図 5.6.13　VLOOKUP 関数の設定

操作 5.6.10　VLOOKUP 関数の設定方法

1. 数式を設定するセルを選択する。
2. 〔関数の挿入〕または〔数式〕タブの〔関数の挿入〕をクリックする。
3. 〔すべて表示〕に切り替え，関数名のリスト内の VLOOKUP を選択し，〔OK〕をクリックする。
4. 表示された〔関数の引数〕画面の〔検索値〕のボックスをクリックし，検索する値となるセル番地を入力する。
5. 〔範囲〕のボックスにカーソルを移動し，データの一覧表の範囲を選択し，F4 キーを押して絶対参照の指定をする（この後，式をコピーするときのために対象のセル番地を固定しておく）。

6．〔列番号〕のボックスに該当の列番号（範囲に設定した表の左から数えて何列目か）を入力する。
7．〔検索方法〕ボックスに半角で FALSE または TURE（省略可）を入力する。
8．数式バーで，式を確認し，〔OK〕をクリックする。

近似値での VLOOKUP 関数の設定例

賞の一覧を作っておき，コンクールの合計点から該当する賞を表示する。

L4 に

=VLOOKUP（K4,$N$4:$O$8,2,TRUE）を設定する。

検索の型を TRUE に設定することにより，合計点を一覧の左から 1 列目にある数値から，一致する値がない場合は，近似値（合計点未満の最大値）を探し，その左から 2 列目にあるデータを返すということになる。あらかじめ「賞」の一覧は，合計の昇順で並べ替えておく必要がある。

検索の型を近似値（TRUE）にした設定により VLOOKUP 関数を使用すると IF 関数のネストを使用した判定と同様の結果が得られる。VLOOKUP 関数では，式を変更することなく判定基準の設定，修正等も容易であり活用の幅が広い。

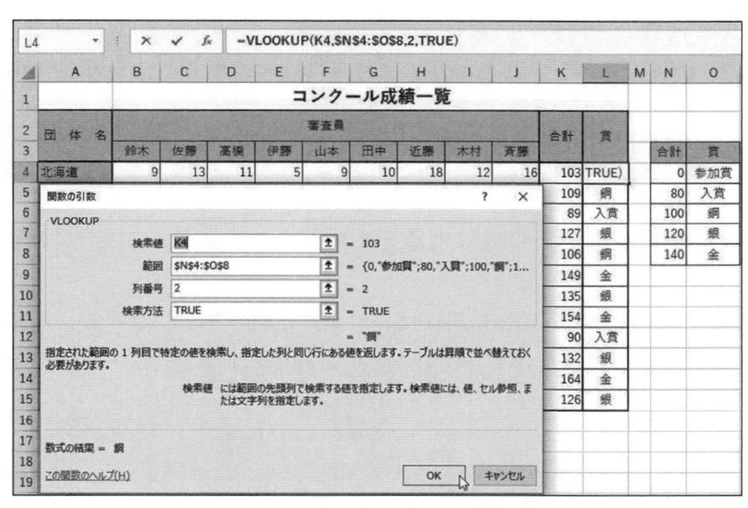

図 5.6.14　VLOOKUP 関数近似値での設定

5.6.10　エラー処理　IFERROR 関数

VLOOKUP 関数をコピーすると，検索値のデータがあるところは，計算が成り立っているが，入力されていないところには，エラー値 #N/A! が表示される（図 5.6.11）。この場合，このエラー値は式が間違っているわけではない。あくまでも検索値が入力されていないためである。エラー値の場合には空欄になるように設定することができる関数が IFERROR 関数である。

IFERROR 関数は，数式の結果がエラー値の場合に，指定した結果を表示することができる。

■　関数の書式

= IFERROR（値 , エラーの場合の値）

操作 5.6.11　IFERROR 関数に VLOOKUP 関数をネストする設定方法

1．数式を設定するセルを選択する。
2．〔関数の挿入〕または〔数式〕タブの〔関数の挿入〕をクリックする。
3．〔すべて表示〕に切り替え，関数名のリスト内の IFERROR を選択し，〔OK〕をクリックする。
4．表示された〔関数の引数〕画面の〔値〕のボックスをクリックし，〔名前ボックス〕の▼をクリックしてリストから VLOOKUP を選択する。
5．VLOOKUP 関数の設定を行い（操作 5.6.10 参照）数式バーの IFERROR にカーソルを移動し，IFERROR 関数の〔関数の引数〕画面に切り替える。
6．〔エラーの場合の値〕のボックスをクリックし，エラーの場合の結果として表示する〔値〕，〔式〕，〔セル番地〕等を入力する。
7．数式バーで式を確認し，〔OK〕をクリックする。

ここでは，IFERROR 関数に VLOOKUP 関数をネストしてエラー値の場合には空欄とする設定を行う。

C3 のセルに =IFERROR(VLOOKUP(B3,$H$4:$J$11,2,FALSE),"") と設定する。

数式をコピーしエラー値が表示されていないことを確認する。

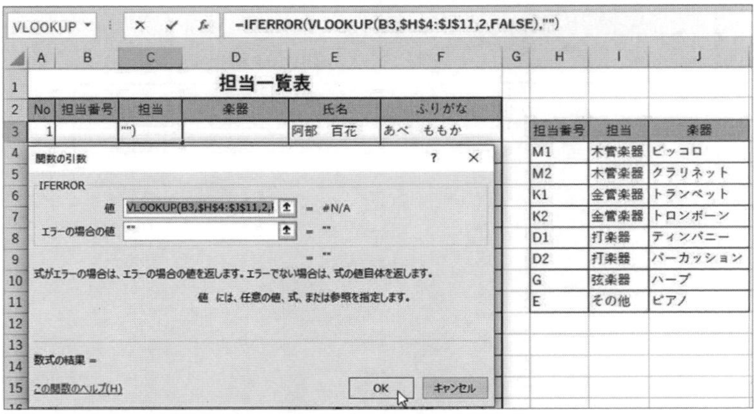

図 5.6.15　IFERROR 関数に VLOOKUP 関数をネストする設定

5.6.11　エラー回避の設定（IF 関数のネスト）

IFERROR 関数を使う設定と同様の結果が得られる設定として，IF 関数のネストを使い，このセル番地が空欄であったならば，空欄のままになり，そうでなければ，VLOOKUP 関数を行うという式を設定する方法がある。IFERROR 関数では Excel のエラー値の場合にのみ有効であるが，IF 関数のネストを使用すると，例えば以下のような請求書データの金額セルにあらかじめ単価×数量といった数式が設定され，単価，数量がまだ入力されていない場合に，0 が表示されてしまう状態を回避するなど，エラー値ではない場合でも，処理が可能である。

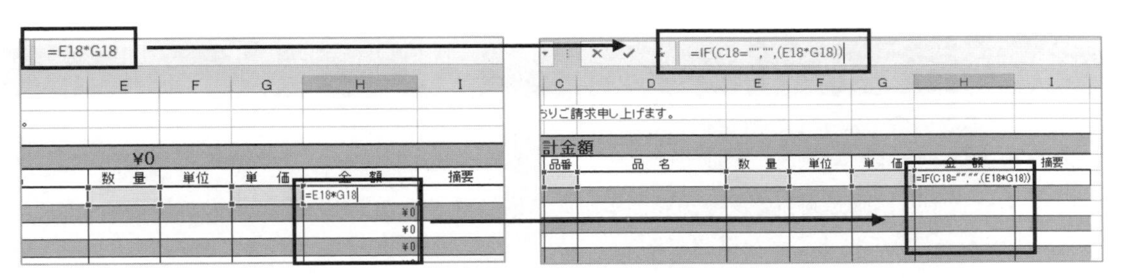

図 5.6.16　IF 関数に数式をネストしてエラー回避する設定例

操作 5.6.12　IF 関数に数式をネストする設定方法

1．エラー（0 等）が表示され，修正が必要なセル（コピー元のセル）を選択する。
2．数式バーでクリックし数式の前に IF 関数を入力して追加する。
3．最後に IF 関数の閉じかっこを追加して［Enter］キーを押す。
4．再度，式をコピーしてエラー値が表示されないことを確認する。

［練習問題 5.6］　URL 参照

5.7　テーブル機能

表や一覧のことを一般的にテーブルと呼ぶこともあるが，Excel では「テーブル」という特別な機能がある。特定の規則に従って作成した表を「テーブル」に変換することにより，並べ替えや抽出などが簡単にでき，表の罫線やセルの色なども自動的に素早く設定される。データベース機能は第 7 章で詳しく学習するが，ここでは Excel の「テーブル機能」について学習する。

5.7.1　テーブル設定

作成した表をテーブルに変換すると様々な自動機能が使えるようになる。その機能を最大限に活用するためには，変換する前に次のような点に注意してあらかじめ表を作成しておく必要がある。

データベース機能の規則に従って表を作成する
・先頭行に見出しを作成する（フィールド名） ・見出し行には中央揃えなどの書式を設定する。 ・見出し行に空白セルは作らない。 ・見出し（フィールド名）は重複しない。 ・1行に1件データ（レコード）を入力する。 ・表（リスト）の周囲は1行、1列以上空白にする。

入力時の注意点
・見出し含め、リストの内部はセル結合をしない。 ・同じデータが続いても省略せずセルにデータを入力する。 ・列（フィールド）に同じ種類（型）のデータのみを入力する。 ・数式を設定する列と、入力による列とは明確に分け統一する。 ・見出し行の文字はセル内改行をしない。 ・表の中に空白行、空白列を作らない。

図 5.7.1　テーブル変換のための表作成

上記の注意点を守って表を作成し，表内にアクティブセルがあれば，自動的に表全体を範囲選択されテーブル変換が可能となる。

操作 5.7.1　テーブル変換

1．対象の表内のセルを 1 か所選択する。
2．〔挿入〕タブ〔テーブル〕グループの〔テーブル〕をクリックする。
3．〔テーブルの作成〕画面のデータ範囲ボックス内に対象の表全体が自動選択されそのセル番地が表示されていることを確認する。
4．〔先頭行をテーブルの見出しとして使用する〕にチェックがついていることを確認し〔OK〕をクリックする。

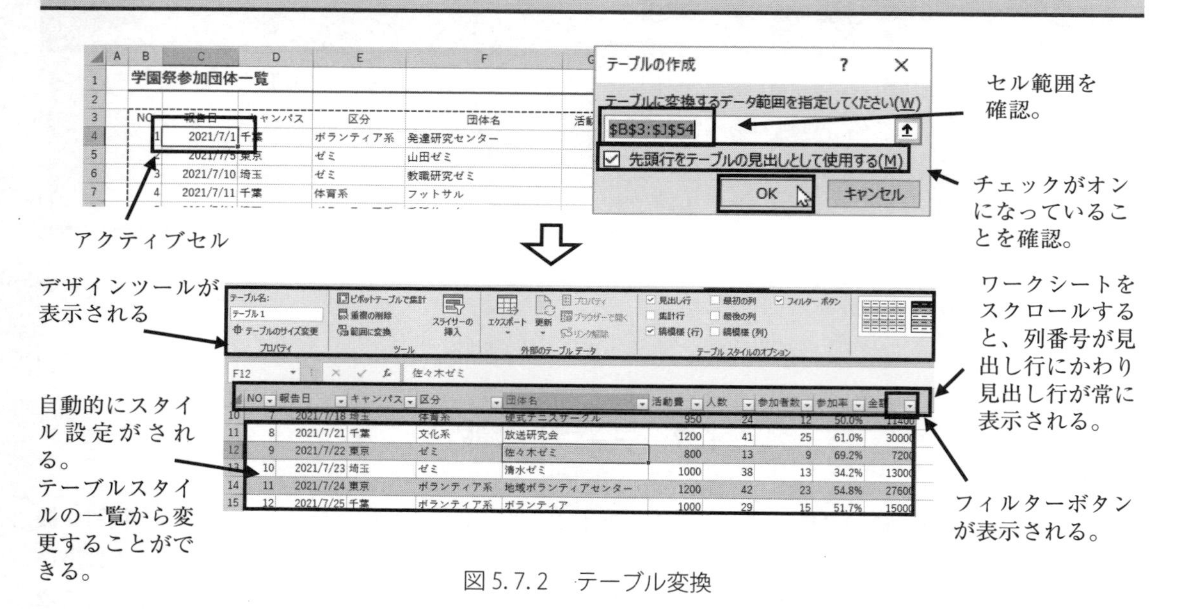

図 5.7.2　テーブル変換

(1) 行・列の追加・削除

テーブルに行・列を追加すると，範囲は拡大され「縞模様」などの書式設定も再設定され保たれる。行・列を削除した場合も範囲が縮小され同様である。また，追加・削除はテーブル内のみで行われるためテーブル以外のセルには影響がない。

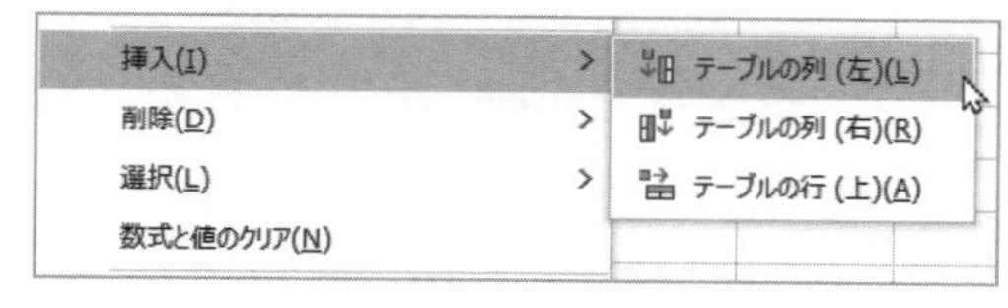

図 5.7.3　行・列の追加・削除

操作 5.7.2　行・列の追加削除

1．テーブル内の追加または削除をするセルで右クリックする。
2．追加の場合は〔挿入〕の〔テーブルの列（右・左)〕〔テーブルの行（上・下)〕のいずれかをクリックする。
　削除の場合は〔削除〕の〔テーブルの列〕〔テーブルの行〕をクリックする。
　行・列が追加され書式が再設定されることを確認する。

(2) 名前を利用した式の設定

テーブルの各列は見出し行の項目名（フィールド名）で名前が定義される。

計算式を設定すると，セル番地ではなく定義された名前で，表示される。式を設定すると列内のすべてに式が設定される。

操作 5.7.3　テーブルでの計算式の設定

1．計算式を設定するセルを選択する。
2．＝を入力後，計算の対象となるセルを選択する。
3．計算式内にセル番地ではなく [@ フィールド名] で計算対象が表示される。
4．Enter キーで確定すると，すべての行に式が設定され計算結果が表示される。

ここでは，列を挿入し，フィールド名に「参加率」と入力する。参加率人数と参加者数から，参加率を計算する数式＝ I4/H4 を設定する。セル J4 を選択し，＝を入力後，I4 をクリックすると [@参加者数] と表示される。

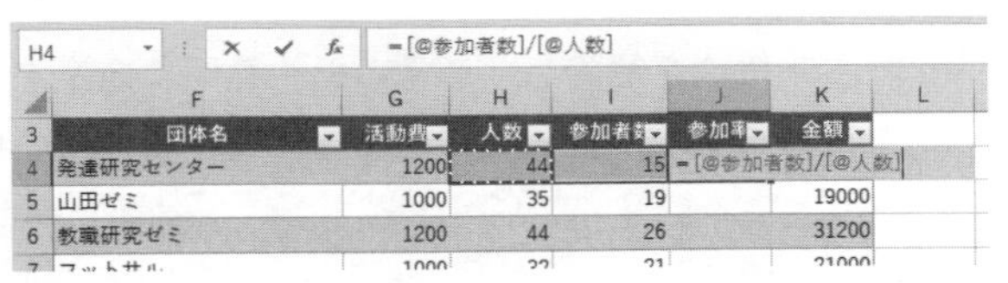

図 5.7.4　テーブル内での数式の設定

＝ [@参加者数]/ [@人数] と設定し，Enter キーを押す。

列内のすべてに式が設定され結果が表示される。列単位で選択しパーセントスタイルを設定する。

(3) テーブルスタイルのオプション

テーブルスタイルのオプションで，チェックボックスの，オンオフを切り替えることでフィルターボタンを解除したり，集計行を追加することができる。

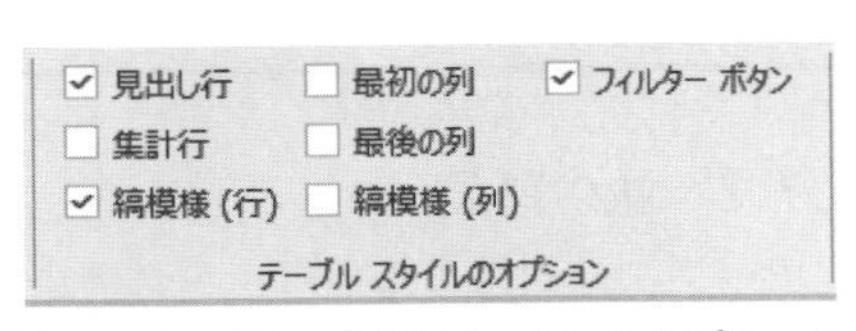

図 5.7.5　テーブルスタイルのオプション

操作 5.7.4　集計行の追加

1．テーブル内のセルを 1 か所選択する。
2．〔挿入〕タブ〔テーブル〕グループの〔テーブルスタイルのオプション〕の〔集計行〕チェックボックスをクリックする。最終行に集計行が追加される。
3．集計したい項目の集計行の▼をクリックし，リストから計算方法を選択する。
　計算結果が表示される。

4．集計行の計算結果をクリックし，数式バーで計算式を確認する SUBTOTAL 関数が指定されている。

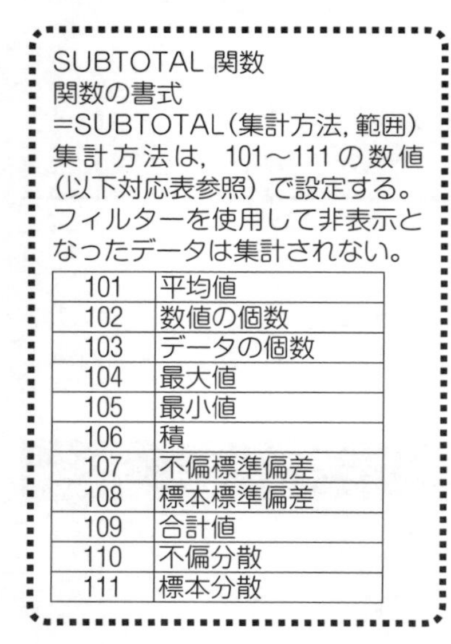

SUBTOTAL 関数
関数の書式
=SUBTOTAL(集計方法, 範囲)
集計方法は，101～111 の数値（以下対応表参照）で設定する。フィルターを使用して非表示となったデータは集計されない。

101	平均値
102	数値の個数
103	データの個数
104	最大値
105	最小値
106	積
107	不偏標準偏差
108	標本標準偏差
109	合計値
110	不偏分散
111	標本分散

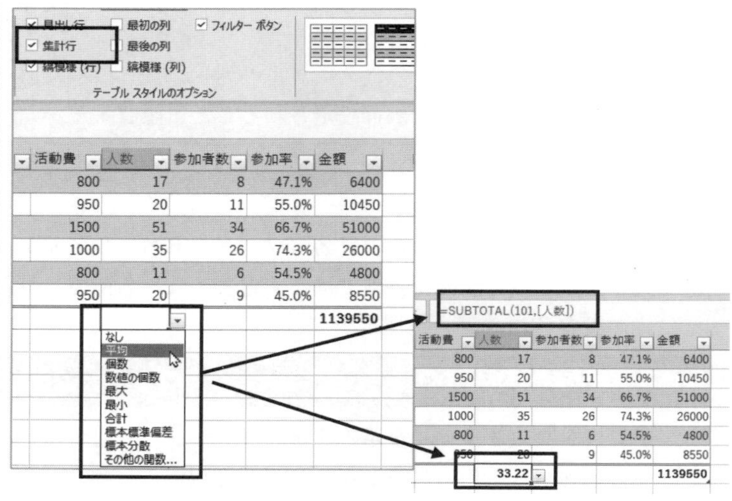

図 5.7.6　集計行の追加

(4) テーブルの解除

テーブル機能を解除し，通常のセル範囲に変換することができる。変換後もテーブルスタイルの書式は維持されるが，行・列の追加削除による書式の再設定はされない。

操作 5.7.5　テーブルの解除

1．テーブル内のセルを 1 か所選択する。
2．〔デザイン〕タブ〔ツール〕グループの〔範囲に変換〕をクリックする。
　確認画面が表示される。
3．〔はい〕をクリックする。

5.7.2　並べ替え

テーブルの列見出しのフィルターボタンを使用して，並べ替えを実行する。

操作 5.7.6　並べ替え

1．並べ替えの基準とする列見出しのフィルターボタンをクリックする。
2．〔昇順〕または〔降順〕をクリックする。
　結果が表示される。使用したフィルターボタンに矢印が表示される。

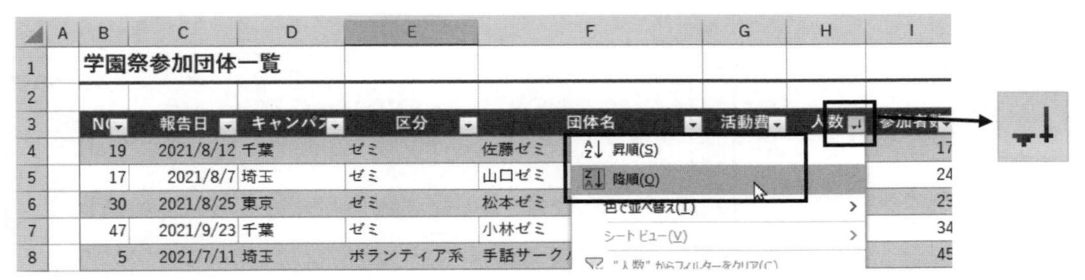

図 5.7.7　フィルターボタンを使用した並べ替え

並べ替えの基準については第 8 章を参照する。

5.7.3　抽出（フィルター）

テーブルの列見出しのフィルターボタンを使用して，条件に合ったレコードのみを抽出する。

(1)　文字列を基準とした抽出

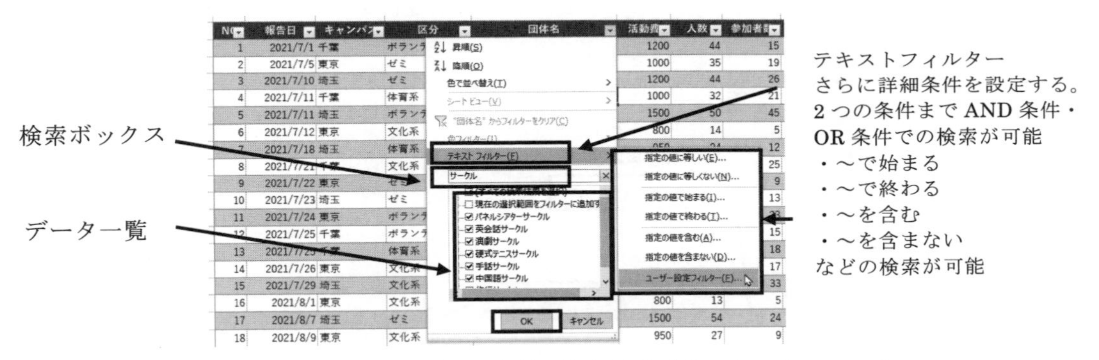

図 5.7.8　フィルターボタンを使用した抽出（テキストフィルター）

操作 5.7.7　文字列を検索条件として抽出（フィルター）

1. 抽出する列見出しのフィルターボタンをクリックする。
2. 〔データ一覧〕から選択または除外する。または検索ボックスに文字列を入力するとデータ一覧が絞り込まれる（図 5.7.8）。
3. 〔OK〕をクリックする。
   条件に合ったレコードのみが抽出された結果が表示される。使用したフィルターボタンにフィルターアイコンが表示される。

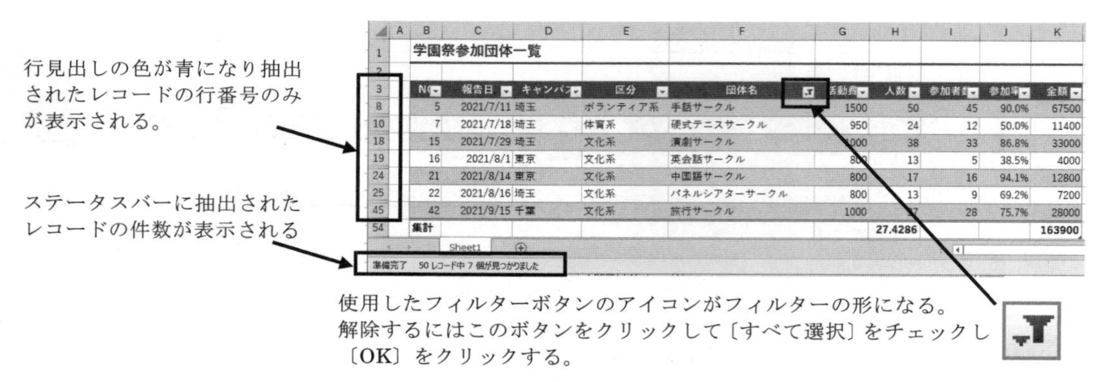

図 5.7.9　フィルターボタンを使用した抽出結果（テキストフィルター）

(2) 数値を基準とした抽出

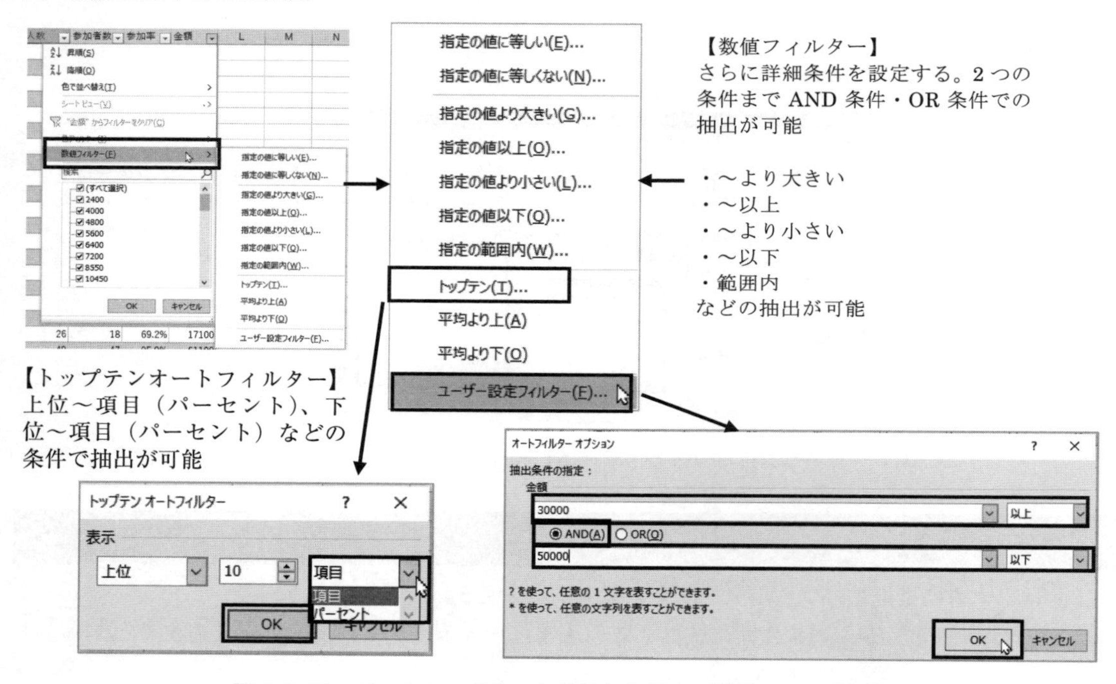

図 5.7.10　フィルターボタンを使用した抽出（数値フィルター）

操作 5.7.8　数値を検索条件として抽出（フィルター）

1. 抽出する列見出しのフィルターボタンをクリックする。
2. 〔データ一覧〕から選択または除外する。または〔数値フィルター〕の一覧から条件設定画面を表示し条件を設定する（図 5.7.10）。
3. 〔OK〕をクリックする。
   条件に合ったレコードのみが抽出された結果が表示される。使用したフィルターボタンにフィルターアイコンが表示される。
   さらに絞り込む場合は該当のフィルターボタンを使用して2と3を実行する。

	A	B	C	D	E	F	G	H	I	J	K
3		NO	報告日	キャンパス	区分	団体名	活動費	人数	参加者数	参加率	金額
6		3	2021/7/10	埼玉	ゼミ	教職研究ゼミ	1200	44	26	59.1%	31200
11		8	2021/7/21	千葉	文化系	放送研究会	1200	41	25	61.0%	30000
18		15	2021/7/29	埼玉	文化系	演劇サークル	1000	38	33	86.8%	33000
20		17	2021/8/7	埼玉	ゼミ	山口ゼミ	1500	54	24	44.4%	36000
29		26	2021/8/21	埼玉	ゼミ	渡辺ゼミ	1200	45	37	82.2%	44400
30		27	2021/8/22	千葉	ゼミ	中村ゼミ	1200	46	39	84.8%	46800
33		30	2021/8/25	東京	ゼミ	松本ゼミ	1500	53	23	43.4%	34500
36		33	2021/8/30	埼玉	ゼミ	林ゼミ	1300	49	38	77.6%	49400
47		44	2021/9/21	東京	体育系	チアリーディング	1300	49	33	67.3%	42900
54		集計						46.5556			348200

Sheet1

準備完了　50 レコード中 9 個が見つかりました

図 5.7.11　フィルターボタンを使用した抽出結果（数値フィルター）

(3) 抽出条件の解除

複数のフィルターボタンを使用して，絞込検索を行った場合には，〔データ〕タブ〔並べ替えとフィルター〕グループの〔クリア〕をクリックすると，指定した条件が解除され元のテーブル表示に戻る。

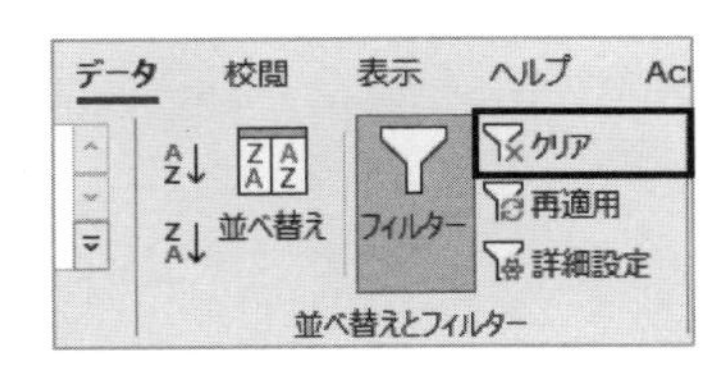

図 5.7.12　複数の抽出条件の解除

6 PowerPointの活用

この章は，プレゼンテーションを目的としたPowerPoint 2019（以降，PowerPoint）の操作方法を学習する。プレゼンテーションは話し手が持っている情報を聞き手に伝え，説得し理解や納得を得るため，さらに言えば話し手の望む行動をとってもらうための手段の1つである。ここでいう情報は，研究の成果をはじめ意見や企画の説明など直接目には見えないものや形がないものを対象とする場合も多く，視覚に訴えることができればさらに効果的である。大学において身近なプレゼンテーションは研究発表であろう。教室内で行われる小規模のものから学会や講演会など大規模なものまで例には事欠かない。PowerPointは作成から発表までのプレゼンテーションを支援するソフトウェアなので，きれいで見やすく変更も容易な資料が簡単に作成できる。

6.1 PowerPointの基本操作

6.1.1 PowerPointとは

PowerPointでは作成する文書をプレゼンテーションといい，構成する各ページをスライドと呼ぶ。スライド上には文字や図・動画など様々なオブジェクトを配置することでき，プレゼンテーション時には主である口頭での説明について従たる関連スライドを表示していく。また，スライドにあらかじめナレーションなどを録音しておくこともある。プレゼンテーションの一般的な流れは，①企画・構成の検討，②効果的なスライドの作成，③資料の印刷，④スライドショーの実行となる。プレゼンテーションの際，聞き手に見せるのがスライドショー画面である。

次項からPowerPointの基本操作を学ぶ。操作方法については主にPowerPoint独自のものを記述し，他のアプリケーションと共通する説明は第1章から第5章に詳述されているので省略する。

6.1.2 PowerPointの画面構成

PowerPointを起動後，スタート画面で「新しいプレゼンテーション」をクリックすると，基本画面（図6.1.1）が表示される。丸数字で示した部分の名称と内容は次のようになる。

①	タイトルバーとリボン	第2章参照
②	サムネイル	すべてのスライドを縮小して順番に並べて表示する領域
③	スライドペイン	現在のスライドを表示し，編集作業する領域
④	ステータスバー	表示モードや画面の表示倍率の指定など選択するボタンが並ぶ（表6.1.1参照）

図 6. 1. 1　PowerPoint の基本画面

表 6. 1. 1　ステータスバーの各部と機能

スライド 1/1	現在のスライド番号／全スライド数
日本語	利用している言語
ノート	ノートの表示
コメント	スライドにコメントを書く
	標準
	スライド一覧
	閲覧表示
	スライドショーを実行する
- + 114%	スライドの表示倍率の変更と現在の倍率
	スライドの拡大と縮小（画面に合わせた表示）

6.1.3　PowerPoint の画面表示の種類

PowerPoint は同じプレゼンテーションを複数の方法で表示できる。各表示モードは，表 6.1.1 を参考にステータスバーのコマンドを利用するか，操作 6.1.1 を利用し表示タブを使って切り替える。

操作 6.1.1　表示画面の切り替え

1. 〔表示〕タブの〔プレゼンテーションの表示〕グループの各コマンドをクリックする。

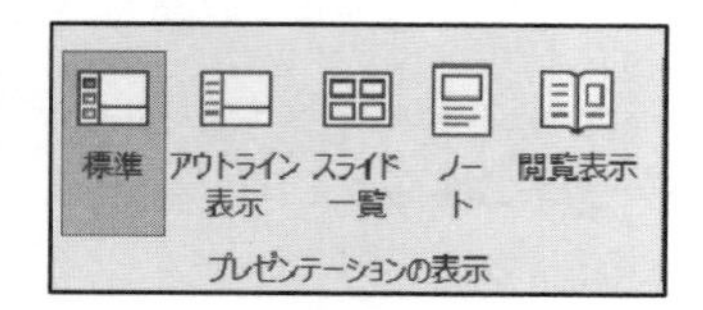

図 6. 1. 2　プレゼンテーションの各表示

(1) 標準（図 6. 1. 3）

スライドが大きく表示されるので，文字の入力やオブジェクトの配置など編集に適している。

(2) アウトライン表示（図 6. 1. 4）

画面左部分がアウトラインペイン，右部分がスライドペインで構成される。アウトラインペインには，スライド中のプレースホルダー内の文字列だけが表示される。この領域で入力してもスライドに表示される。プレゼンテーションの構成を考えるときなどに活用できる。

図 6. 1. 3　標準表示

図 6. 1. 4　アウトライン表示

(3) スライド一覧（図 6. 1. 5）

全スライドの縮小サイズを並べた表示で，全体構成の確認や並べ替え操作が容易である。この表示では，入力や編集はできない。

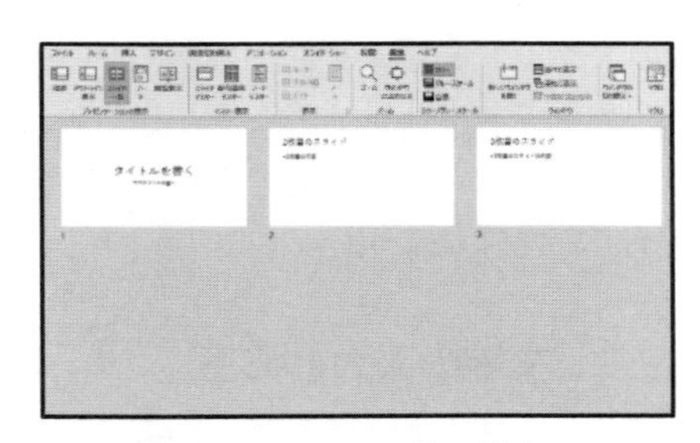

図 6. 1. 5　スライド一覧表示

(4) ノート（図 6. 1. 6，図 6. 1. 7）

ノートにはスライドの説明など自由に記述できる。スライドショーの実行画面では表示されない。標準表示（図 6.1.7）では，スライドペインのスライドの下がノートペインの位置である。見えないときは操作 6.1.2 で表示する。文字数が多い場合はスライドペインとの境界線をドラッグして領域を広げることができる。

図 6. 1. 6　ノート表示

図 6. 1. 7　ノートペイン表示

操作 6.1.2　ノートの表示と非表示

1.〔表示〕タブの〔表示〕グループの〔ノート〕をクリックし，表示と非表示を切り替える。

(5) 閲覧表示

PowerPoint のウィンドウ内で，スライドショーと同じ表示をする。

(6) スライドショー

スライドが全画面で表示される。プレゼンテーション実行時に聞き手に見せる画面で，6.6 節「スライドショー」で詳述する。

6.2　スライドの作成と編集

ここからは実際にプレゼンテーションを作成する。新しいプレゼンテーション画面で，表示されたスライドに文字やオブジェクトを適宜入力する。1 スライドができたら，新しいスライドを追加して次のスライドを作成する。スライドの挿入・削除・順序の変更，また内容の修正はいつでも可能である。スライドにはレイアウトとしておおまかな配置が設定できるので利用すると便利である。レイアウトもいつでも変更可能である。1 スライド当たりの情報量は適切にすることを心掛け，見やすいスライドを作成しよう。

6.2.1　文字の入力と修正

最初のスライド（図 6.2.1）は，タイトル用のスライドを作成するレイアウトになっている。図内①で示したように，文字を入力するプレースホルダーが 2 つ配置されている。タイトルおよびサブタイトルの表示に利用することが多い。それぞれクリックしてから文字を入力する。文字の書式は 6.3.1 項で説明する「テーマ」に沿って自動的に設定されるのでここでは変更しない。入力と同時にサムネイル（図内②の部分）中のスライドに同じ文字が表示される。作成中のスライドは，サムネイルでは枠が太線で囲まれる。これを「現在のスライド」と呼ぶ。後から修正をする場合は，サムネイルで該当スライドをクリックすれば，そのスライドが現在のスライドとして表示され編集可能になる。サムネイルのスライドに入力しても同じ結果である。

操作 6.2.1　文字の入力と修正

1．該当のプレースホルダー内をクリックする（図 6.2.2）。
2．カーソルが表示されるので，文字を入力または修正する。

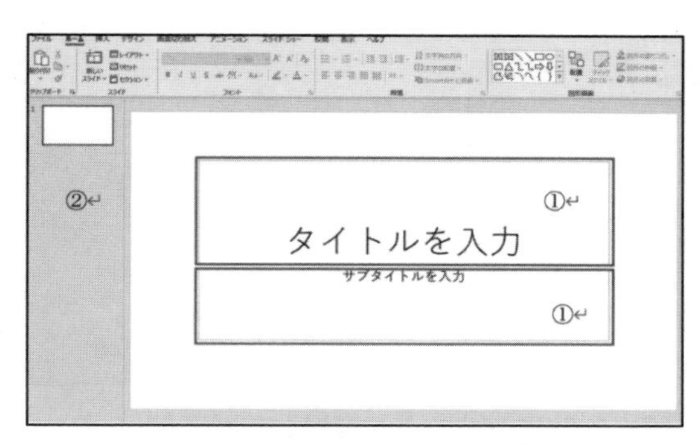

図6.2.1　タイトルスライド

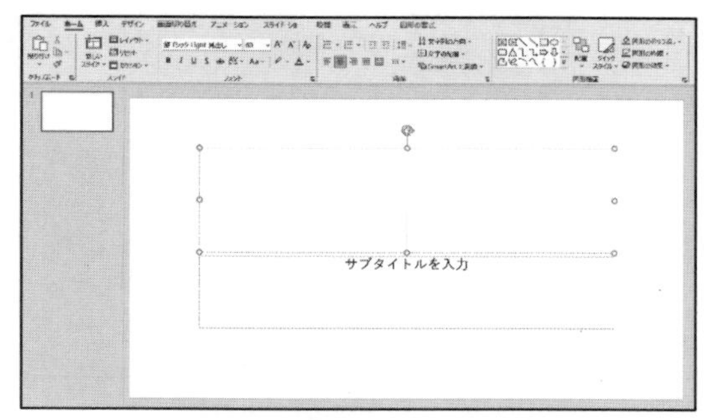

図6.2.2　タイトルの入力時（クリック後）

【練習問題6.2.1】 URL参照

6.2.2　スライドの追加，削除と順序の変更

スライドの操作では，複数のスライドをまとめて選択することができる。連続している場合は，最初のスライドをクリック，最後のスライドを Shift キー＋クリックする。離れているスライドは，Ctrl キー＋クリックで選択していけばよい。この選択方法は削除や順序の変更などに利用できる。

(1) スライドの追加

次のスライドを追加する。スライドの追加操作をすると現在のスライドの次の位置に新しいスライドが挿入される。〔新しいスライド〕は2段で構成され（図6.2.3），上段・下段で違う機能なのでクリックの位置で使い分ける。この章では，〔新しいスライド（上）〕，〔新しいスライド（下）〕のように表現する。他にもこのような使用方法のコマンドがあるので同様とする。

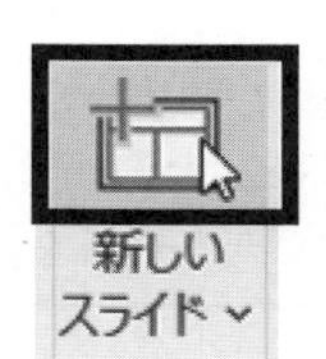

図6.2.3　複数機能のコマンド

操作6.2.2　スライドの追加

1．次のいずれかの方法で行う。

方法1（同じレイアウトで追加する）

〔ホーム〕タブの〔スライド〕グループの〔新しいスライド（上）〕をクリックすると，現在のスライドと同じレイアウト（注）で新しいスライド（図6.2.4）が挿入される。

方法2（別のレイアウトで追加する）

〔新しいスライド（下）〕をクリックするとレイアウトのメニューが表示されるので，クリックで選択し追加する（図6.2.5）。

（注）レイアウトが「タイトルスライド」の場合，次に挿入されるスライドのレイアウトは「タイトルとコンテンツ」になる。

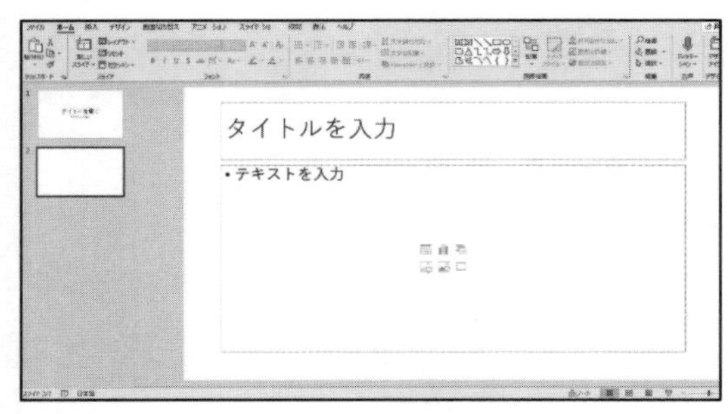

図 6.2.4　2 枚目のスライドを挿入

図 6.2.5　レイアウトを選択してスライドを挿入

図 6.2.4 内のスライド内，コンテンツ領域のプレースホルダーには，文字入力用の箇条書き行頭文字および 6 つのコンテンツが表示されている。プレースホルダー内をクリックして入力すれば箇条書きになる。入力後 Enter キーを押すと，改行と同時に次の行頭文字が表示される。レベルを変更するときはインデントを利用する。初期設定では，フォントサイズは自動調整に設定されている。プレースホルダーに納まらない文字数が入力されると小さくなる。自動でサイズ変更したくない場合，プレースホルダーの書式設定で変更すればよい。プレースホルダーのサイズや位置を変えることも可能である（第 1 章のウィンドウ操作を参照）。

操作 6.2.3　プレースホルダーの書式設定

1. 変更するプレースホルダー上で右クリックし，メニューから〔図形の書式設定〕をクリックする。
2. 作業ウィンドウに図形の書式設定が表示されるので〔サイズとプロパティ〕をクリックし，メニューから必要な項目を設定する。

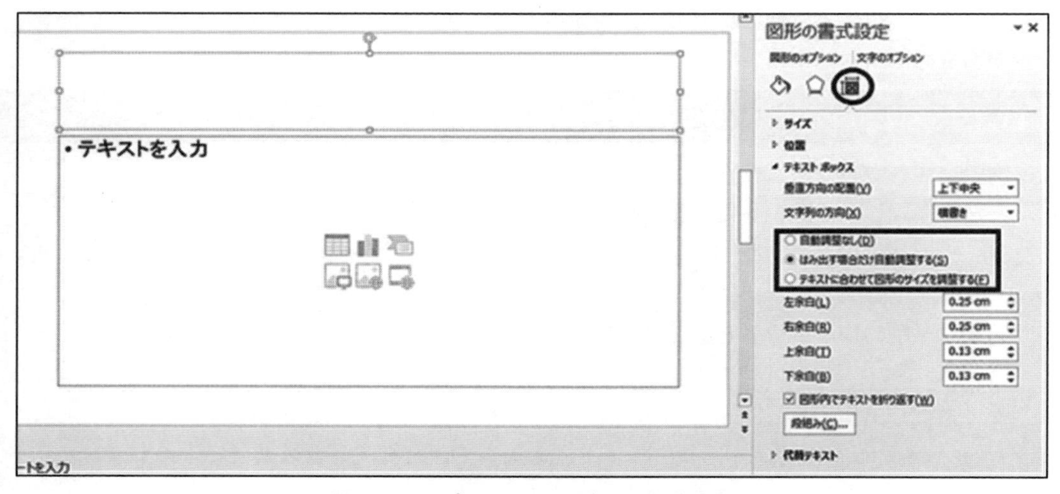

図 6.2.6　プレースホルダーの書式設定

【練習問題 6.2.2】　URL 参照

(2) スライドの削除

不要なスライドは削除する。

操作 6.2.4 スライドの削除

1. 選択したスライドを右クリックし，メニューで「スライドの削除」をクリックする。

(3) スライドの順序の変更

スライドの順序の変更はいつでも可能である。複数スライドをまとめて操作することもできる。

操作 6.2.5 スライドの順序の変更

1. サムネイルを利用するか表示を一覧表示にしてから，順番を変更したいスライドを選択し，新しい位置にドラッグする。
2. スライドがマウスと一緒に移動するので，適当な位置でドロップする。
(注)「切り取り」後，「貼り付け」操作でもよい。

【練習問題 6.2.3】 URL 参照

(4) スライドの複製と複写

作成したスライドは，複製と複写ができる。元のスライドと同じスライドが追加されるので，そのままもしくは修正して利用する。

A. スライドの複製

操作 6.2.6 スライドの複製

1. 複製するスライドを右クリックしメニューで「スライドの複製」をクリックすると，現在のスライドの次に複製スライドが追加される。

B. スライドの複写（コピーして貼り付ける）

操作 6.2.7 スライドの複写

1. 複写するスライドを右クリックし，メニューで「コピー」を選択する。
2. 追加する位置で右クリックし，メニューから「貼り付け」を選択する。
右クリックする位置がスライドの場合：そのスライドの次に，スライド間の場合は赤いガイドラインが表示され，その位置に複写スライドが追加される。

操作 6.2.7 は，別のプレゼンテーション間でも可能である。2つのプレゼンテーションを並べて表示してから操作すると容易である（図 6.2.7）。

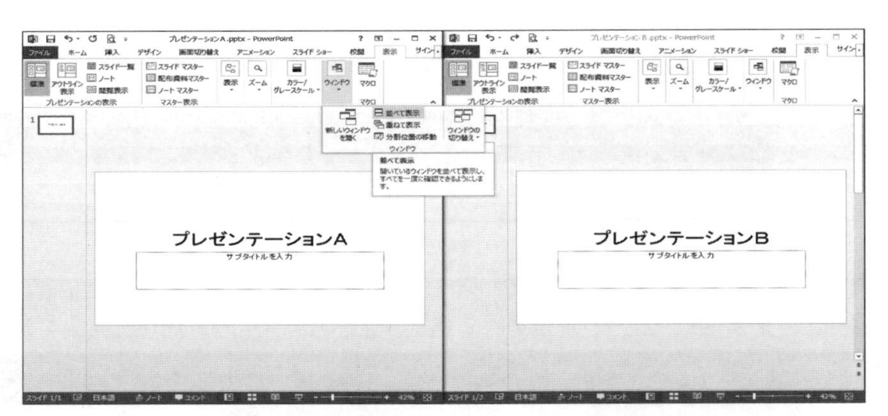

図 6.2.7　2つのプレゼンテーションを並べて表示

操作 6.2.8　複数のプレゼンテーションを並べて表示する

1. 現在のプレゼンテーションはそのまま，利用したいプレゼンテーションを開く。
2. 〔表示〕タブの〔ウィンドウ〕グループの〔並べて表示〕をクリックする。現在のプレゼンテーションを左に配置した状態で並べて表示される。
   (注) 終了後，編集を続けるプレゼンテーションのウィンドウを最大化すれば，並べての表示は解除される。

6.2.3　レイアウトの変更

レイアウトはいつでも変更することができる。

操作 6.2.9　レイアウトの変更

1. 〔ホーム〕タブの〔スライド〕グループの〔レイアウト〕をクリックしてメニューを表示し，適当なレイアウトをクリックで選択する。

6.2.4　ノートの作成

それぞれのスライドのノート部分に，発表者用のメモなどを書いておくことができる。

操作 6.2.10　ノートの作成

1. タスクバーの「ノート」をクリックする。
2. スライドの下部に，ノートペインが表示されるのでクリックしてから入力する。

6.3 スライドのデザイン

6.3.1 テーマの利用

テーマを選択すると，文字の書式やオブジェクトの配置，背景などが一括して設定される。追加する新しいスライドは自動的にテーマの形式になる。ここまで「新しいプレゼンテーション」で作成してきたが，テーマとしては「Office テーマ」が設定されている。テーマはいつでも変更できる。

操作 6.3.1 テーマの利用

1. 〔デザイン〕タブをクリックする。
2. 〔テーマ〕グループでテーマをポイントするとスライドのデザインが変わるので確認し，適したものをクリックする。
3. 〔バリエーション〕グループにバリエーションが表示されるので必要ならクリックで選択する。
4. 〔バリエーション〕グループで〔その他〕 をクリックしてメニューを開き，各要素（フォント，配色，効果など）を設定して自由にバリエーションをつけることができる。マウスのポイントで変更が確認できるので適当なものがあればクリックして確定する。

6.3.2 文字，背景の編集

テーマの設定後，必要なら自由に編集ができる。

6.3.3 スライドマスターの変更

テーマに設定されている背景をはじめ書式やレイアウトはスライドマスターとして管理されている。スライドマスターを変更するとそのプレゼンテーション内のすべてに反映される。既存のテーマを編集してもよい。別の名前でテーマ保存しておけば他のプレゼンテーションでも利用できる。

操作 6.3.2 スライドマスターの表示

1. 〔表示〕タブの〔マスター表示〕グループの〔スライドマスター〕をクリックする。
   図 6.3.1 が表示され，同時にスライドマスター用の〔スライドマスター〕タブが追加される。このタブは，終了すると非表示になる。

操作 6.3.3 スライドマスター終了

1. 〔スライドマスター〕タブの〔閉じる〕グループの〔マスター表示を閉じる〕をクリックする。

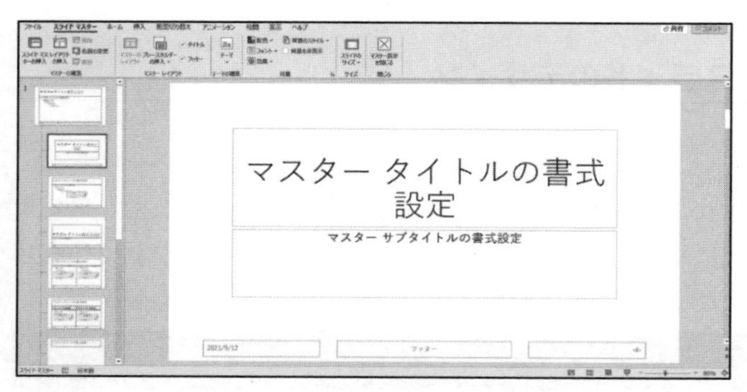

図 6.3.1　スライドマスターの表示

スライドマスターのサムネイルで，一番上に表示されるスライドを変更するとすべてのスライドが変更される。以下のスライドはレイアウトごとの変更になる。例えば，プレゼンテーション全体のフォントを変更する場合は，一番上のスライドで変更する。変更操作は，〔スライドマスター〕タブ（図 6.3.2）の各機能を利用する。新しいレイアウトの追加もできる。ここでの操作は終了しても設定が残るので，変更を取り消す場合はスライドマスターを終了し，通常の画面で「元に戻す」ボタンで設定を削除する。作成したテーマを保存しておけば，他のプレゼンテーションでも利用できる。

操作 6.3.4　テーマの保存

1.〔デザイン〕タブの〔テーマ〕グループの〔その他〕をクリックする。
2.〔現在のテーマを保存する〕をクリックする。
　保存先は PowerPoint が指定する位置，ファイルの種類は Office テーマのままとし，ファイル名は自由に設定する（図 6.3.3)。

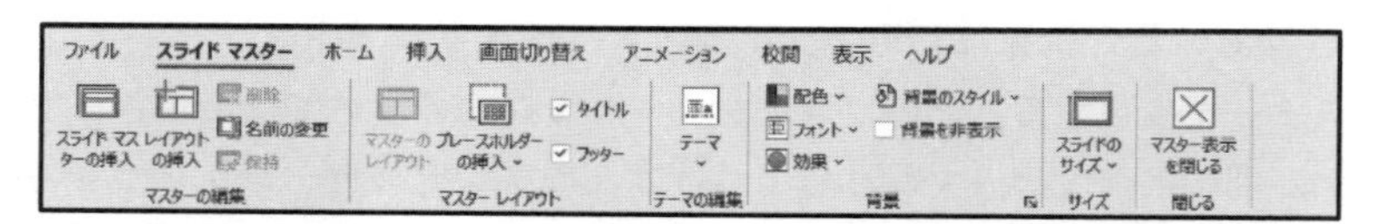

図 6.3.2　スライドマスターのリボン

図 6.3.3　スライドマスターの保存

【練習問題 6.3】　URL 参照

6.4　オブジェクトの作成と編集

わかりやすいプレゼンテーションを作成するためには，文字だけでなく図や表の利用がかかせない。この節ではスライド上の図や表を総称してオブジェクトと呼ぶが，利用できるオブジェクトは他の Office アプリケーションと同様，表・グラフ・画像・ビデオ画像・図・SmartArt グラフィック・オーディオなど多岐にわたる。Word や Excel など他のアプリケーションで作成したオブジェクトをスライドに取り込むことができるので，既存の資料がある場合は活用するとよい。インターネット上から取得する場合は，著作権など留意しなければならない。第 3 章で詳述の情報倫理を十分に学習し，理解のうえ利用すること。スライドに配置したオブジェクトの削除などの編集は第 2 章を参照されたい。

6.4.1　オブジェクトの挿入

オブジェクトをスライド上に挿入する PowerPoint 独自の方法を操作 6.4.1 に示す。

操作 6.4.1　オブジェクトの挿入

1. 〔ホーム〕タブの〔スライド〕グループの〔レイアウト〕で，「タイトルとコンテンツ」など「コンテンツ」を含むものを選択してスライドを追加する（図 6.4.1）。
2. 中央部の各コンテンツ（図 6.4.2）からクリックで選択する。

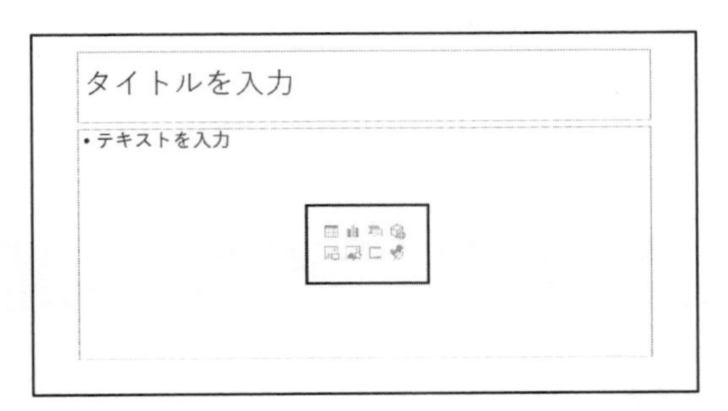

図 6.4.1　スライド中央部がコンテンツメニュー

上段　左から表の挿入，グラフの挿入，SmartArt グラフィックの挿入
下段　左から画像，オンライン画像，ビデオの挿入

図 6.4.2　スライド上で設定するコンテンツ

6.4.2　SmartArt グラフィックの挿入

SmartArt グラフィックの挿入と編集は，第 2 章を参照されたい。PowerPoint には箇条書きを SmartArt グラフィックに変換する機能があるので操作方法を示す。

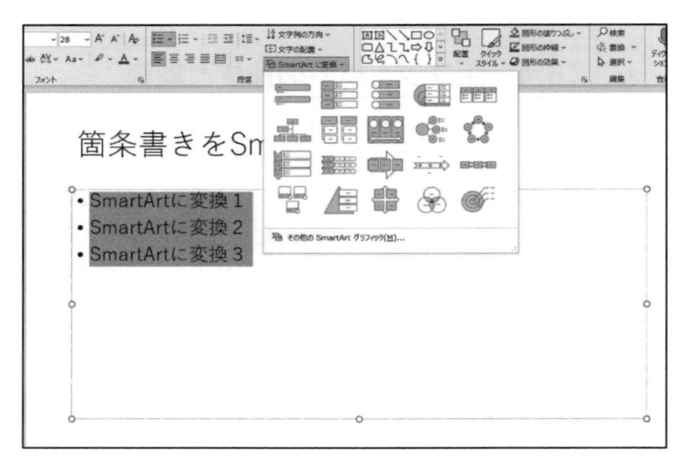

図 6.4.3　SmartArt に変換

操作 6.4.2　箇条書きを SmartArt グラフィックに変換する

1. 箇条書きで入力する。
2. SmartArt グラフィックに変換する行を範囲選択する。
3. 〔ホーム〕タブの〔段落〕グループの〔SmartArt に変換〕をクリックし，メニューから適切なグラフィックを選択する。
4. スライドに SmartArt に変換され，表示される。

【練習問題 6.4】　URL 参照

6.4.3　画面録画

この項はパソコンの操作画面を動画にしてスライドに挿入する，画面録画機能について説明する。

操作 6.4.3　画面録画の準備

1. 画面録画するアプリケーションなどを起動し，必要な画面を表示しておく。
2. 〔挿入〕タブの〔メディア〕グループの〔画面録画〕をクリックする。
3. 上記 1 の画面および画面上部中央あたりに画面録画のメニュードックが表示される（図 6.4.3）。

画面録画を終了すると，録画画面が表示されて元のスライドに戻る。

操作 6.4.4　画面録画の終了

1. 次のいずれかの方法で行う。

方法 1

キーボードで 3 キーを同時に押す（Windows ロゴ キー＋Shift キー＋Q キー）

方法 2

ドックの右上部の〔×〕をクリックする。

画面録画は，操作6.4.5のように設定してから開始する。

操作6.4.5　画面録画の設定と録画開始

設定（準備）

1. 録画の領域を指定する。表示のドックで〔領域の選択〕をクリックする。
2. ドラッグで範囲設定する。範囲は赤い破線で表示される。
3. マイクからの音声が必要な時は，〔オーディオ〕をクリックする。図6.4.5は設定した状態で背景色がつく。
4. マウスポインター一の軌跡表示が必要な時は〔ポインターの録画〕をクリックする。3項と同様，図6.4.5は設定した状態。

開始

1. 準備ができたら〔●　録画〕をクリックして録画を開始する。
2. 録画中は，〔●　録画〕が〔一時停止〕になるので，中断するときはこれをクリック。

録画中はドックが非表示になる。表示が必要な場合は，最初に表示された画面上部中央あたりにマウスをポイントすると再表示される。

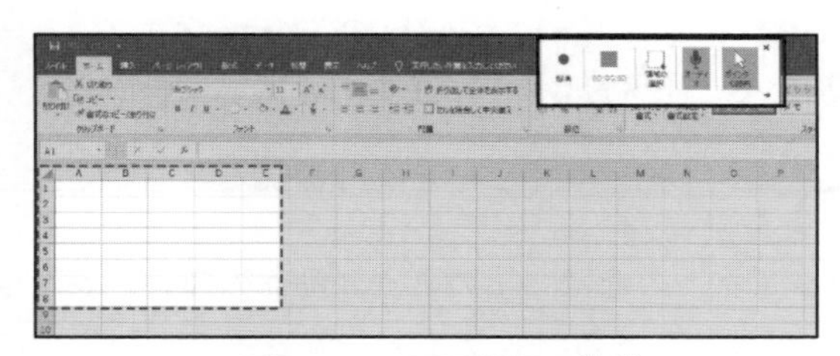

図6.4.4　画面録画の準備

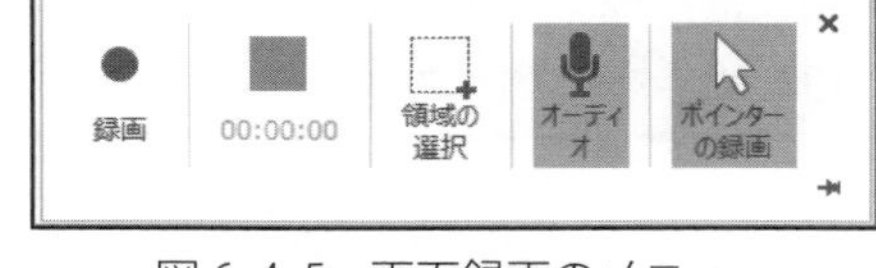

図6.4.5　画面録画のメニュー

画面録画を終了すると，元のスライドに戻る。

作成されたオブジェクト内をクリックすると，図6.4.6のように操作ボタン（太線部分）が表示されるので，再生・巻き戻し操作をして録画を確認する。

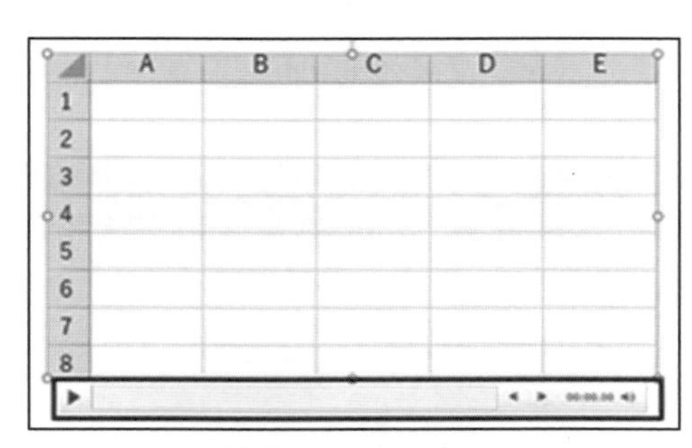

図6.4.6　画面録画のスライド

6.5　アニメーションの設定

アニメーションは，スライドショーの実行時に文字列やオブジェクトに動作をつける機能である。適度な設定で印象的なスライドになる。

6.5.1　文字列，オブジェクトにアニメーションを設定する

アニメーションの設定は，オブジェクトやプレースホルダーごとに行う。同じ対象に複数設定することが可能で，工夫すると多彩な動作を実現できる。

操作 6.5.1　アニメーションの設定

1. アニメーションを設定するオブジェクトをクリックする。
2. 〔アニメーション〕タブの〔アニメーション〕グループのメニューから適切なアニメーションをクリックする。
3. 〔効果のオプション〕をクリックし，それぞれのアニメーションに効果のオプションを付けることができる。
4. 複数のアニメーションを設定するときは，〔アニメーション〕タブの〔アニメーションの詳細設定〕グループの〔アニメーションの追加〕をクリックして，表示されたメニューから適切な動作をクリックする。

アニメーションを設定すると，設定されたオブジェクトのそばに[1]のように動作の順番が表示され，サムネイル内のスライド番号下に ★ マークが表示される。スライド一覧表示でも同様である。設定したアニメーションは，作業ウィンドウに表示される。詳細な設定や動作の順番を変更するにはこのウィンドウを利用する。〔アニメーション〕タブの〔プレビュー〕などで再生できる。

操作 6.5.2　アニメーションウィンドウの表示と非表示

1. 〔アニメーション〕タブの〔アニメーションの詳細設定〕グループの〔アニメーションウィンドウ〕のクリックで，表示と非表示を設定する。

6.5.2　アニメーションの削除

操作 6.5.3　アニメーションの削除

1. 操作 6.5.2 の方法でアニメーションウィンドウを表示する。
2. 表示された一覧から削除するアニメーションをクリックすると，行の右に▼が表示されるので，クリックしてメニューを開き，〔削除〕をクリックする。

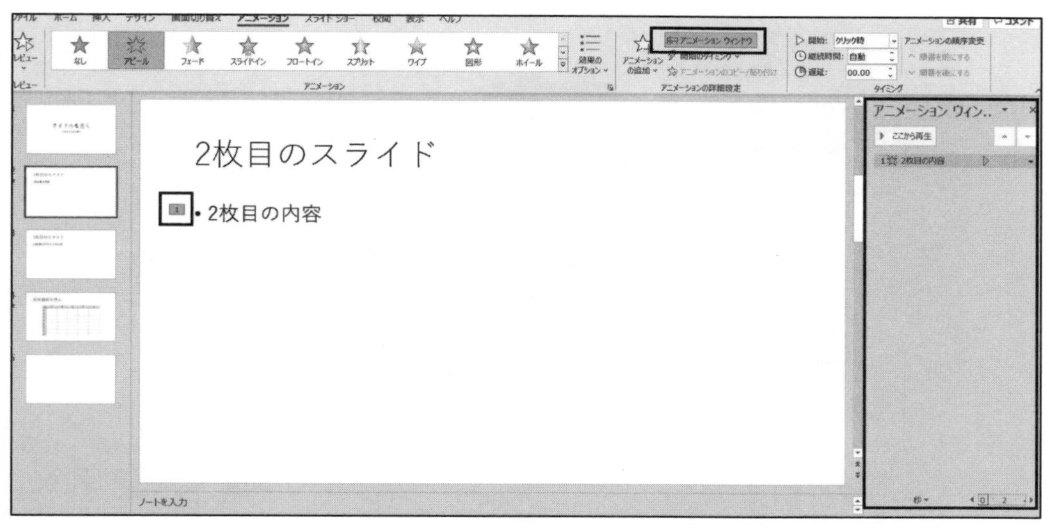

図 6.5.1　アニメーションの設定とアニメーションウィンドウ

6.5.3　アニメーションの順序変更

操作 6.5.4　アニメーションの順序を変更する

1. 次のいずれかの方法で順序を変更する。

方法 1

アニメーションウィンドウで，順序を変更したいアニメーションをクリックで選択し，右上の［▼］（下へ）か［▲］（上へ）をクリックして移動する。

方法 2

アニメーション動作順序の番号を選択してから，〔アニメーション〕タブの〔タイミング〕グループの〔順番を前にする〕か〔順番を後にする〕をクリックする。

アニメーションの追加，削除，順序変更の操作後，動作順序の番号は自動的に変更される。

6.5.4　アニメーションのその他の設定

アニメーションは，動作のタイミングや時間配分など詳細に設定することができる。設定は，アニメーションウィンドウを利用するか，〔アニメーション〕タブの〔タイミング〕グループで行う。

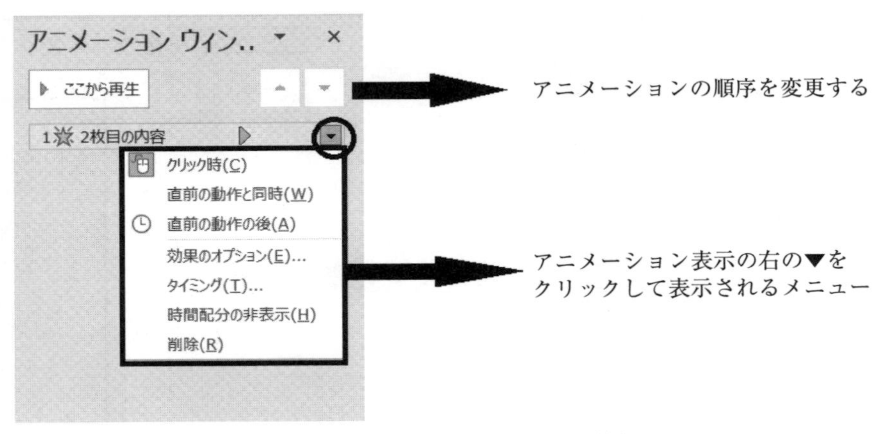

図 6.5.2　アニメーションウィンドウ

6.5.5　画面切り替えを設定する

スライドを表示するタイミングでの効果を設定するのが画面切り替えである。適度な効果設定で印象的なスライドができる。原則的に 1 スライドずつの設定になる。

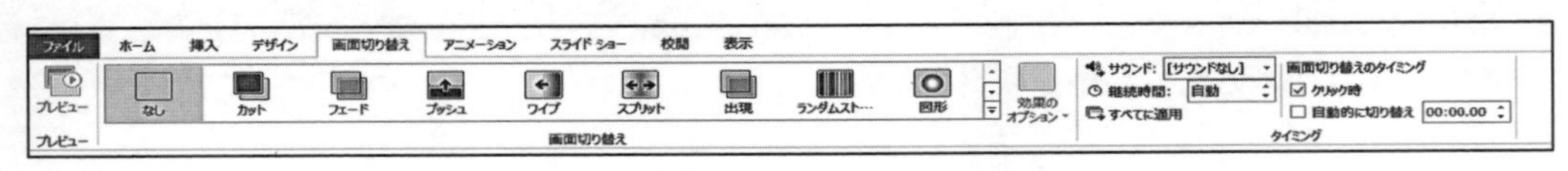

図 6.5.3　画面切り替えタブ

操作 6.5.5　画面切り替えの設定と解除

1. 画面切り替えを設定するスライドを選択する。
2. 〔画面切り替え〕タブの〔画面切り替え〕グループから効果を選びクリックする。
3. 全スライドに同じ切り替えを設定する場合は,〔タイミング〕グループの〔すべてに適用〕をクリックする。
4. 動作を確認する場合は,〔プレビュー〕グループのプレビューをクリックする。

　画面切り替え効果の解除は,〔画面切り替え〕グループで〔なし〕を選択する。

「チャイム」などのサウンド効果を使うときは,〔タイミング〕グループの〔サウンド〕でメニューを表示し,クリックで効果音を選択する。

【練習問題 6.5】　URL 参照

6.6　スライドショー

スライドが完成したら，スライドショーを実行しアニメーション効果や画面切り替え効果も合わせて確認する。

6.6.1　スライドショーの実行

操作 6.6.1　スライドショーの実行

1. 〔スライドショー〕タブの〔スライドショーの開始〕グループから開始する位置を選択してクリックする。開始位置は「現在のスライド」か「最初から」が指定できるので，途中のスライドから始めるときは，そのスライドを表示しておき「現在のスライド」をクリックすればよい。

6.6.2　スライドショーの進め方

スライドショーにおける「次」は，「次の動作」を表している。スライドの場合もあるが，アニメーションが設定されているとそれが1動作になる。

操作 6.6.2　次へ移動

1. 次のいずれかの方法で，次の動作へ移動する。

   方法1

   マウスでクリックする。

   方法2

   キーボードの[↓]キー，[→]キーまたは[Enter]キーを押す。

   [↑]キーか[←]キーで，前に戻ることができる。

6.6.3　スライドショーの終了

操作 6.6.3　スライドショーの終了

1. 次のいずれかの方法でスライドショーを終了する。

   方法1

   最後のスライドの表示した後，「次へ」の操作をする。画面上部にクリックするようメッセージが表示されるので，メッセージのとおりにクリックする。

   方法2

   画面の左下に表示されるメニュー（図 6.6.1）の〔オプション〕をクリックし，表示されるメニューから「スライドショーの終了」をクリックする。

   方法3

   キーボードで[Esc]キーを押す。

左から
前のスライドへ，次のスライドへ，ペンの利用，
スライド一覧，拡大，オプション（メニューの表示）

図 6.6.1　スライドショー実行時の画面上のメニューと意味

6.6.4　ペンの利用

スライドショーの実行中，スライドに直接書き込みをするときは，マウスをペンとして使用する。

操作 6.6.4　ペンの利用

1．次のいずれかの方法でペンを表示する。

方法1

右クリックしてメニューから「ポインターオプション」をポイントして，サブメニューからペンなど適切なものをクリックする。

方法2

画面の左下に表示されたメニュー（図 6.6.1）から「ペンの利用」をクリックする。

マウスの機能を変更して，ペンなど選択した形態（蛍光ペンやレーザーポインタなど）や色で，ドラッグした軌跡を表示することができる。マウスの機能を通常に戻すときは，「ポインターオプション」から「矢印のオプション」「自動」を選択する。ここで描いたものは，スライドショーの終了時に保存するか確認される。図形として描かれているので，保存後の削除も可能である。

6.6.5　発表者ビュー

プロジェクターの接続やモニターが 2 台使用できる環境の場合，スライドショーの実行時に発表者ビューの機能が利用できる。聞き手が見るスクリーンやモニターには通常のスライドショー画面を表示し，発表者のモニターには図 6.6.2 のような発表者ビュー画面を表示する。現在のスライドに加えて操作ボタン，次のスライドの情報，経過時間，ノートなどが表示されて便利である。モニターが 1 台のみの場合，聞き手側の表示は確認できないが発表者ビューは表示できるので確認してみよう。

操作 6.6.5　発表者ビューの表示と非表示

1．スライドショーの実行中，図 6.6.1 のメニューから〔オプション〕をクリックする。
2．表示されるメニューから〔発表者ビューを表示する〕をクリックする。
3．元の画面に戻すときは，発表者ビューで表示される，1 と同じボタンをクリックしてメニューを表示して，〔発表者ビューを非表示にする〕をクリックする。

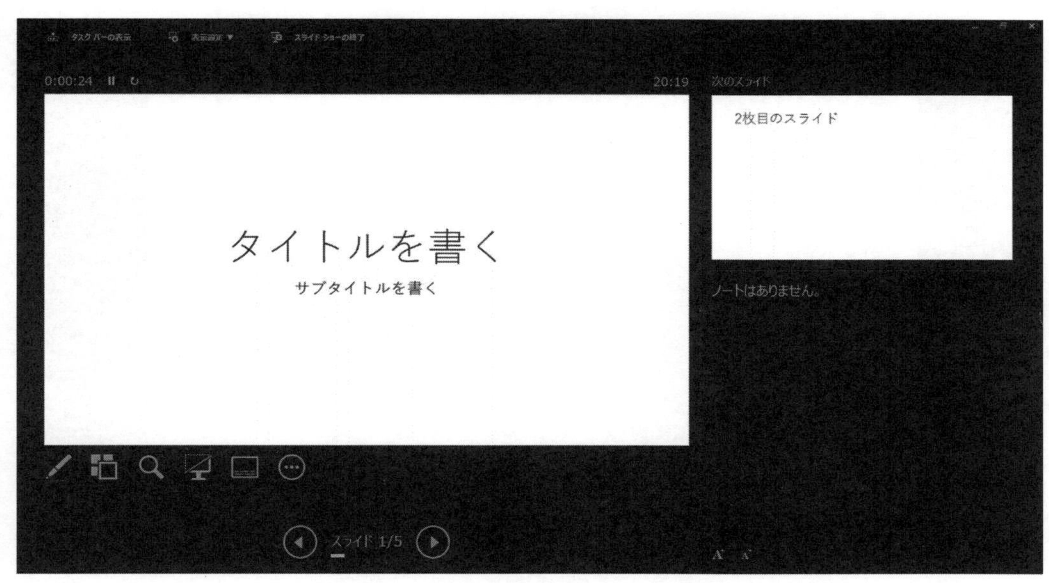

図 6.6.2 発表者ビューの表示画面

6.6.6 スライドショーの記録

操作 6.6.6 スライドショーの記録の開始と終了

開始

1. 〔スライドショー〕タブの〔設定〕グループの〔スライドショーの記録〕をクリックする。
   〔スライドショーの記録（上)〕で，現在のスライドから開始
   〔スライドショーの記録（下)〕で，開始スライドを〔最初のスライド〕か〔現在のスライド〕かの選択
2. 図 6.6.3 の画面が表示される。

終了

1. 画面右上〔×〕をクリックする。

図 6.6.3　スライドショーの記録画面

それぞれのボタンの機能は表 6.6.1 に示す。

表 6.6.1　画面記録の操作ボタンと意味

上段	記録　停止　再生	左　記録開始。記録中は〔一時停止になる〕 中　記録停止 右　再生。再生中は〔一時停止〕
	ノート	ノートを表示 記録はされない
	クリア ▼　設定 ▼	左　記録の削除 右　マイクとカメラの設定
中段		前，後のスライドに移動
下段	スライド 1/4 0:00 / 0:00	状態の表示 スライド番号 / スライド数 現スライドの記録時間 / 全体の記録時間
		蛍光ペンや消しゴム。選択後，右に並ぶ色を設定する。マウスのドラッグで画面に描画する
		クリックで，マイクとカメラをオン / オフする 左図はマイクオン，カメラオフの場合の表示

この画面記録の機能を使い実際に確認しながら線を引く，表示時間をコントロールするなど動きを自由に表現したスライドが作成できる。また，マイクを使いナレーションなどの音声を付けるも可能である。スライド単位なので，修正も容易である。

6.6.7　スライドの動画保存

作成したプレゼンテーションは PowerPoint ファイルとしてだけでなく，動画ファイルとしても保存ができる。PowerPoint の利用者以外もスライドショーの形式で再生できるので便利である。

操作 6.6.7　スライドの動画保存

1. 〔ファイル〕の〔エクスポート〕をクリックする。
2. 〔ビデオの作成〕をクリックする。
3. 画質，ナレーションの要・不要などクリックで設定する。
4. 〔ビデオの作成〕をクリックする。
5. 通常のファイル保存と同様に保存先とファイル名を設定し〔保存〕をクリックする。

動画のファイル形式は，Windows がサポートしている「MPEG-4」か「Windows Media ビデオ」から選択する。動画は画質によってはファイルサイズが大きくなり保存に時間がかかる。ステータスバー中央に保存の経過が表示されるので確認する。

6.7　印刷

一般的な印刷の操作方法は第 1 章に詳述されているので，ここでは PowerPoint に関連した印刷方法を説明する。実際に用紙に印刷する前にプレビュー画面で確認すること。

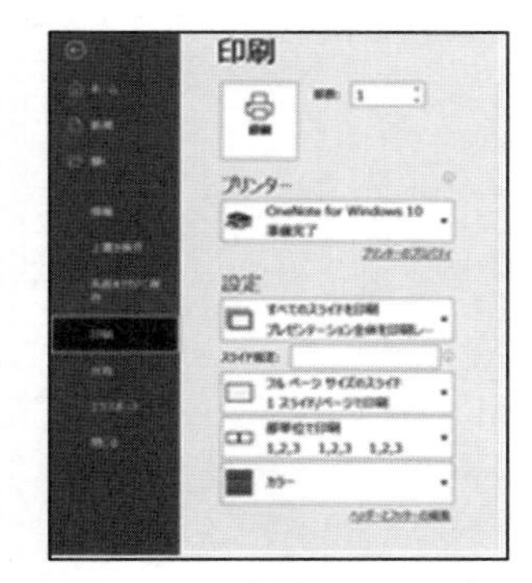

図 6.7.1　印刷画面の一部

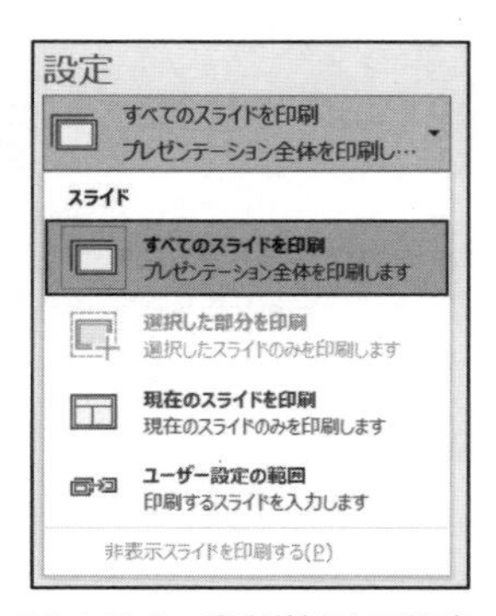

図 6.7.2　印刷範囲の設定

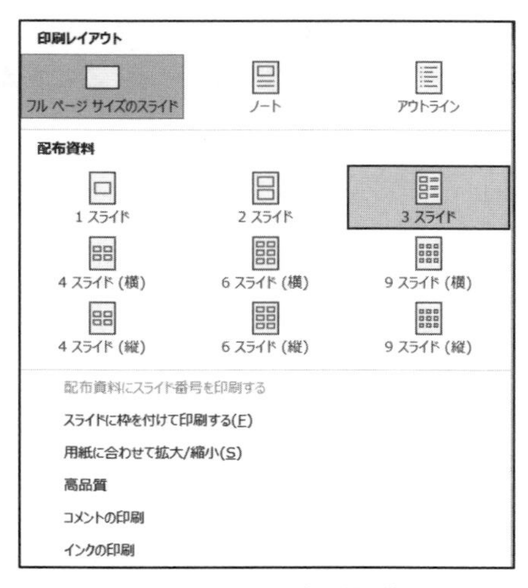

図 6.7.3　印刷設定

6.7.1　いろいろな資料の印刷

(1) スライドの印刷

図 6.7.2 は，〔すべてのスライドを印刷〕を選択した状態。ここでは印刷するスライドを指定する。一部のスライドを印刷する場合は，図 6.7.1 の〔スライド指定〕でスライド番号を指定する。

(2) 配布資料の印刷

いろいろな印刷レイアウトや配置など（図 6.7.3）が準備されているので，適当なものをクリックで選択する。聞き手に資料として配布するときは，1 ページに複数枚のスライドを配置した配布資料形式を選択することが多い。

(3) ノートおよびアウトラインの印刷

図 6.7.3 の「印刷レイアウト」で，「ノート」,「アウトライン」を選択するとそれぞれ印刷ができるので必要に応じて利用する。

【練習問題 6.7.1】 URL 参照

6.7.2 ヘッダーとフッター

スライドに番号や日付を表示，配布用資料にページ番号をつけるなどの操作は個別でも可能だが，ヘッダーとフッターを利用すると一括してできる。

操作 6.7.1　ヘッダーとフッター

1.〔挿入〕タブの〔テキスト〕グループの〔ヘッダーとフッター〕をクリックする。
　必要な情報をタイプして，〔適用〕か〔すべてに適用〕をクリックする。

図 6.7.4 のように，表示される〔ヘッダーとフッター〕画面には〔スライド〕タブと〔ノートと配布資料〕タブがある。それぞれに必要な項目を入力するかクリックしてチェックマークを入れる。プレビューで位置が確認できる。スライドの場合は〔適用〕か〔すべてに適用〕を使い分けることにより，必要なスライドだけに表示することができる。

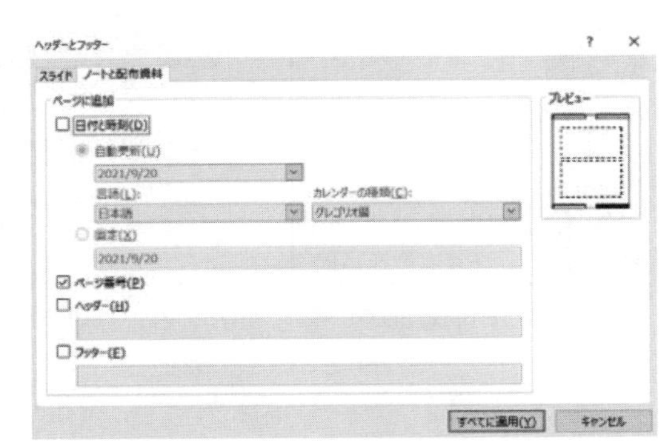

図 6.7.4　ヘッダーとフッター

【練習問題 6.7.2】 URL 参照

6.8 プレゼンテーション

6.8.1 プレゼンテーションの準備と終了後の作業

プレゼンテーションを企画するときには，実施の目的，誰が誰（聞き手の分析と発表者の立場）に対して行うのか，いつ・どのくらいの時間で，どのような場所（会場）で，何をどのように行う（パソコンなどの機材環境）といった基本的な事柄を検討しなければならない。一言にプレゼンテーションといっても，聞き手が1人の場合から数百名におよぶ大規模な場合まである。プレゼンテーションの流れをおおまかに示すと，

①初めのあいさつとプレゼンテーションの題目や目的の提示，

②本題，

③質疑応答とまとめ，

④最後のあいさつ

となる。

①はプレゼンテーションの導入部分で，初対面の聞き手だったら最低限，所属と氏名程度の簡単な自己紹介をしてから，テーマや目的を述べるなど本題へつなげる話をする。PowerPoint を利用する場合は，スライドショーでタイトルスライドを表示しておく。②は本題，プレゼンテーションの核である。③は本題が終わった後に，聞き手からの質問を受け発表者が答える形態をとる。スライドショーは終了しないでおく。発表者が「以上ですが何か質問がありますか？」など，聞き手を促す行動が必要になる。質問が出て，使用していたスライドで答えが出るようならそのスライドを再表示して回答する。準備段階で質問を想定して回答用に別のスライドを作っておくこともある。まとめの部分で，再度重点部分を簡潔に表現すると聞き手に強い印象を残すことができる。④は最後のあいさつになるので聞き手に感謝の言葉を述べる。

講演会や学会発表など，通常は持ち時間として示された時間には，①の登場時から④の退場時までと考えておく。先の基本的な事柄の確認，自分が伝えたい情報を明確化し，正しくわかりやすく伝えるためのストーリー作成，裏付け情報の収集と整理，資料の作成と見直し，必要なら資料の印刷など準備は入念に行い，リハーサルも繰り返し行っておく。実施後は，次回のさらに進化したプレゼンテーションに備え，今回の質疑応答の内容や良かった点，反省点なども含めてまとめたレポートを作成しておくことも重要である。

6.8.2 プレゼンテーションの実施時に意識すること

当日は身だしなみを整えることから始める。服装なども場に適したものを選ぶとよい。聞き手に好印象をもってもらえるよう所作や口調にも気を配る。相手を尊重しているかは態度などですぐに伝わる。本番では相手を見て，大きな声で会話よりゆっくりとメリハリをつけて話す，敬語は使わなくてよいが丁寧語を使う，聞き手を観察しわかりにくそうなときは言葉を変えていろいろな角度から話す。節度とマナーを守り，自信を持ってプレゼンテーションしよう。プレゼンテーションは，発表者だけではなく聞き手も一体になった行為である。発表者も聞き手も満足するプレゼンテーションが良いプレゼンテーションである。

7 データベースの活用

この章は，第５章「Excelの活用」で学習したExcel 2019（以降，Excel）の基礎を土台に，さらなる活用として，大量のデータを効率的に取り扱う**データベース**（Database）機能について，ExcelとAccess2019（以降，Access）を用いて学習する。

Windows環境でよく利用されるデータベース専用ソフトとしてMicrosoft Officeパッケージの中のAccess（アクセス）が挙げられる。Excelにも**データベース機能**が備えてあり，このデータベース機能を利用して，表形式（テーブル）でまとめたデータベースに対して，データの並べ替え，検索，抽出，またデータの追加，修正，削除といった処理ができ，さらに，簡単なデータ集計もできる。ここでは，まずExcelを用いてデータベースの概要やイメージを掴み，次にAccessを用いて本格的なデータベースの活用方法を学習する。

この章では，「国勢調査データベース（以降，国勢調査DB)」と「相撲力士データベース（以降，相撲力士DB)」の２つのデータベースを例として用いる。それぞれのデータベースはインターネット上で実際に公表されている**生のデータ**を加工して作成したものであり，この２つの例を通して，**数値データ**と**文字データ**の両方からデータベースの各機能について学習する。

以後，7.1節でデータベースの基礎，7.2節でExcelによるデータベースの活用，7.3節でAccessによるデータベースの活用，7.4節でフリーデータベースの活用について学習する。

7.1 データベースの基礎

情報化社会において，IT（Information Technology）技術がますます身近なものとなっている。大量のデータを保存・管理し，検索などの処理を効率良く行うシステムは非常に重要な役割を担っている。このようなシステムを「**データベース**」と呼ぶ。個人の住所録や携帯電話の電話帳のような小規模なデータから，企業の在庫管理や顧客管理などのような大規模なデータまで，様々なデータがデータベースで管理されている。

また，最近よく耳にする「クラウドコンピューティング」でも，大量のデータを扱うためにデータベースが重要な役割を果たしている。例えば，検索エンジンのGoogleでは，「Big Table」という巨大なデータベースを使うことによって，大量な検索要求を素早く処理している。

7.1.1 データベースとは

データベースとは，事前に定義された形式で集められて蓄積したデータの集合である。また，集められたデータを管理するシステムである**DBMS**（Data Base Management System）を含めて称することもある。

データベースの特徴として以下の点が挙げられる。

- データの正確性：正確なデータであること
- データの独立性：データベースの仕様変更が発生してもデータへの影響がないこと
- データの整合性：矛盾なくデータを保持できること
- データの冗長性の排除：重複なくデータを保持できること
- データの排他制御：データの改ざんが起こらず，安全性が確保できること
- データの可用性：情報を集中させ，複数の人が必要に応じて容易に利用できること

データベースにはいくつかの種類がある。例えば，階層型データベース，ネットワーク型データベース，分散型データベース，オブジェクト型データベースなどである。今，最も多く利用されているのは**リレーショナルデータベース**（RDB：Relational DataBase）であり，関係データベースと呼ぶこともある。そして，リレーショナルデータベースを管理しているDBMSは「リレーショナルデータベース管理システム（RDBMS）」と呼ぶ。オラクル社の「Oracle Database」やマイクロソフト社の「Microsoft SQL Server」，「Access」などをはじめ，様々なRDBMSが販売されている。また，「MySQL（https://www.mysql.com/jp/）」「MariaDB（https://mariadb.org）」や「PostgreSQL（https://www.postgresql.org/）」や「SQLite（https://www.sqlite.org/）」など，オープンソースで無料提供されているRDBMSもある。7.4節ではフリーデータベースとしてMariaDBを取り上げ活用方法を簡単に説明する。

リレーショナルデータベースは1970年にE.F.Codd氏により提案された。当時IBM社に所属しているCodd氏はリレーショナルモデルについての論文を発表し，関係代数によるリレーショナルデータベースの理論的な裏付けを樹立した。この点においては階層型やネットワーク型などの従来のデータベースと大きく異なる。

リレーショナルデータベースの構造は**表（テーブル）**形式で，非常にシンプルで理解しやすいものである。これがリレーショナルデータベースの最大の特徴である。テーブルは行（row）と列（column）の2次元で構成される。行は「**レコード**（record）」，列は「**フィールド**（field）」とも呼ばれる（図7.1.1）。テーブルの1行目は列見出し（項目名）と呼ぶ。各々の行を1件分のデータとする。データを構成する個々の項目を列として扱う。そして，図7.1.1で示したように，「レコード」と「フィールド」が交差する「0112」は社員番号10003番の石野さんの「内線番号」のデータとなる。

社員表(テーブル)

列(フィールド)

列見出し(項目名)

行(レコード)

社員番号	社員名	内線番号	部署番号
10001	松山	0111	101
10002	金子	0121	102
10003	石野	0112	101
10004	黒沢	0113	101
10005	黄	0122	102

図7.1.1　表（テーブル）のイメージ

社員テーブル

社員番号	社員名	内線番号	部署番号
10001	松山	0111	101
10002	金子	0121	102
10003	石野	0112	101
10004	黒沢	0113	101
10005	黄	0122	102

部署テーブル

部署コード	部署名	担当部長
101	総務課	松山
102	経理課	金子

リレーションシップ

図7.1.2　リレーションシップ

リレーショナルデータベースのもう1つの大きな特徴は，複数のテーブルを**リレーション**して利用できることである（図7.1.2）。また，データベース内にあるデータに対する定義や操作などは，「**SQL** (Structured Query Language)」という国際標準化されたデータベース言語によって行わなければならない。

7.2 Excel によるデータベースの活用

Excel はデータベース専用のソフトウェアではない。そのため，複数のテーブルで構成しているリレーショナルデータベースを扱えない。しかし，テーブル1つからなるデータベースに対応する「データベース機能」を備えている。例えば，データベース化したテーブルからデータを並べ替えたり，必要なデータを抽出したり，データの項目別に集計することができる。

さらに，1つのワークシートで最大 1,048,576 行，16,384 列のテーブルを扱うことができ，ある程度大きな規模のデータベースにも対応できる。さらに，「PowerPivot in Excel」というデータ分析に使用できるアドインを利用すれば，外部のデータベースを Excel に取り込んで，様々な分析を行うことも可能である。

Excel のデータベース機能を使うには，Excel がデータベースとして認識できるようにデータを「**リスト**」という形式の表で作成する必要がある。リストは，リレーショナルデータベースのテーブルと同様に，表の先頭行に「**列見出し**（項目名）」，列ごとに同じ項目に対するデータが入力されている表である。また，1枚のワークシートに1リストを基本とする（図7.2.1）。

	A	B	C	D	E	F	G	H	I	J	K	L
1	付録２　国勢調査データベース（国勢調査DB）											
2	都道府県コード	都道府県名	地域名	人口総数（平成22年）	人口総数（平成27年）	15歳未満人口	15～64歳人口	65歳以上人口	男性	女性	日本人	外国人
3	1	北海道	北海道・東北	5506419	5381733	608296	3190804	1558387	2537089	2844644	5348768	21676
4	2	青森県	北海道・東北	1373339	1308265	148208	757867	390940	614694	693571	1302132	3447
5	3	岩手県	北海道・東北	1330147	1279594	150992	734886	386573	615584	664010	1272745	5017
6	4	宮城県	北海道・東北	2348165	2333899	286003	1410322	588240	1140167	1193732	2291508	13989
7	5	秋田県	北海道・東北	1085997	1023119	106041	565237	343301	480336	542783	1017149	2914
8	6	山形県	北海道・東北	1168924	1123891	135760	639336	344353	540226	583665	1116752	5503
9	7	福島県	北海道・東北	2029064	1914039	228887	1120189	542384	945660	968379	1898880	8725
10	8	茨城県	関東	2969770	2916976	364351	1747312	771678	1453594	1463382	2862997	41310
11	9	栃木県	関東	2007683	1974255	252836	1203616	508392	981626	992629	1927885	26494
12	10	群馬県	関東	2008068	1973115	250884	1165780	540026	973283	999832	1930380	37126
13	11	埼玉県	関東	7194556	7266534	910805	4507174	1788735	3628418	3638116	7111168	105203
14	12	千葉県	関東	6216289	6222666	762112	3779812	1584419	3095860	3126806	6047216	90178
15	13	東京都	関東	13159417	13515271	1518130	8734155	3005516	6666690	6848581	12948463	378564
16	14	神奈川県	関東	9048302	9126214	1140748	5744383	2158157	4558978	4567236	8887304	144500
17	15	新潟県	北陸・甲信越	2374450	2304264	275945	1333453	685085	1115413	1188851	2289345	11567

図7.2.1　Excel におけるデータベースの例

図7.2.1は，例として使用するデータベース（国勢調査 DB）である。最初の行にタイトルがあり，1行空けて，データベースの先頭行は「列見出し」であり，他の行のデータと区別するため，セルの背景に色が塗られている。

リストの列見出しには，**空白のセルや項目名の重複があってはいけない**。そして，データベース機能を利用して他のデータを生成する場合は，**リスト自体から少なくとも１行１列を離す必要がある。**

7.2.1　データの並べ替え

データベース機能の「**並べ替え**」とは特定の項目，あるいは複数の項目をキーにしてレコードを一定の基準に従って並べ替えることである。並べ替えの対象キーのデータが数値データである場合，小さい順に並べ替える昇順と大きい順に並べ替える降順がある。対象キーのデータが文字データの場合は並べ替える基準が少々複雑であるが，基本的には文字データの言語系統（中国語，韓国語，ドイツ語など）における文字の順序に則って，昇順あるいは降順で並べ替える。例えば，日本語の場合は五十音順に従う。アルファベットはABCの順序を基準とする（表7.2.1）。

表7.2.1　昇順と降順

	数値	日付	英字	かな	コード
昇順	0→9	古 → 新	A→Z	あ → ん	大 → 小
降順	9→0	新 → 古	Z→A	ん → あ	小 → 大

(1)　１項目をキーとした並べ替え

(A)　数値データの場合

操作7.2.1　数値データに対する並べ替え

1. 対象キーとなるフィールドの任意のセル（列見出しを除外）をクリックする。
2. 〔データ〕タブの〔並べ替えとフィルター〕グループの〔昇順〕または〔降順〕ボタンをクリックする。

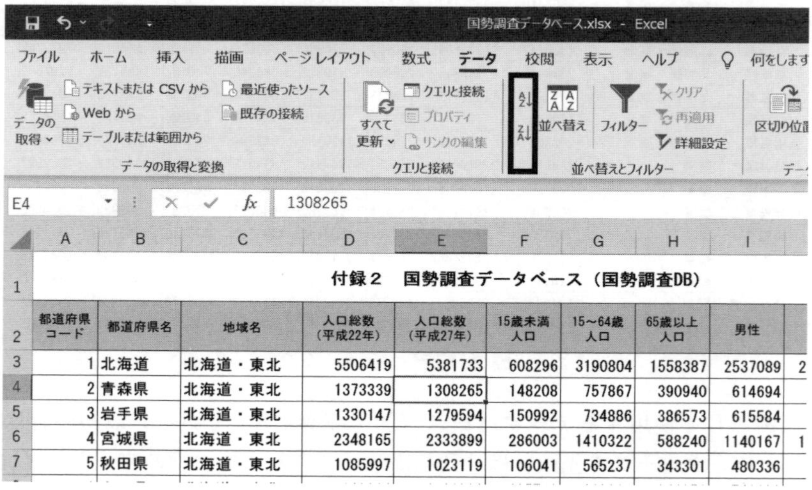

図7.2.2　１項目をキーとした並べ替え（数値データ）

並べ替えによってデータベースのレコードの順番が変わる。最初の状態に戻したい場合，様々な方法がある。
図 7.2.2 の例では，列見出し「都道府県コード」を昇順に並べ替えれば元に戻れる。

(B)　文字データの場合

Excelで文字データを入力する際に，入力される文字の情報（例えば，日本語の場合はひらがな情報）が記録される。ただし，Excel以外で入力されたデータでは**表示されないことが多い**。

操作 7.2.2　ふりがなの表示

1. ふりがなを表示したい対象データをドラッグして範囲を指定する。
2. 〔ホーム〕タブの〔フォント〕グループの〔ふりがなの表示 / 非表示〕ボタンをクリックする。

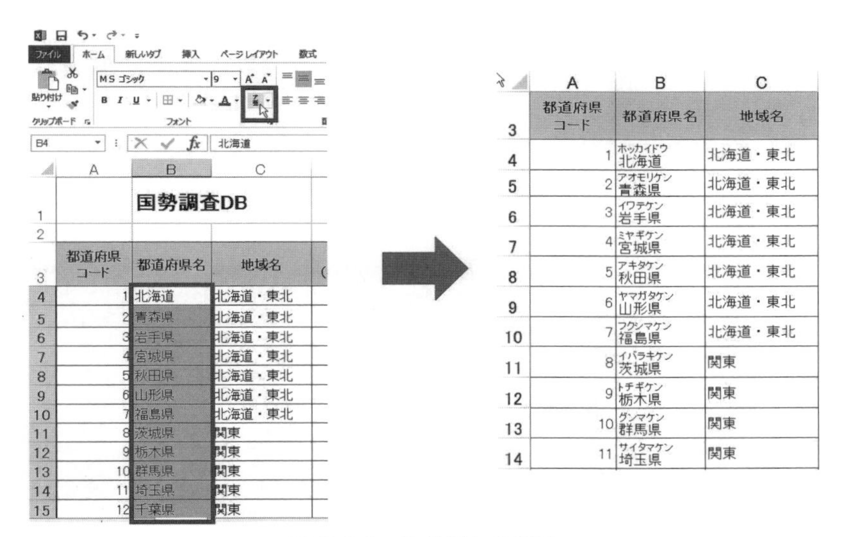

図 7.2.3　ふりがなの表示

日本語の文字データをキーとして並べ替える場合，基本的には「操作 7.2.1」と同じ操作をすればよい。しかし，日本語の漢字の読みは一通りではないため，注意する必要がある。さらに，「**ふりがなを使う**」と「**ふりがなを使わない**」並べ替えがある（図 7.2.4）。

「ふりがなを使う」は，データを入力した際にPCに記録されたひらがなに従って並べ替える。「ふりがなを使わない」は，PCの持つ対象文字の「**文字コード**」の値で並べ替える。文字コードとは，PCの内部で文字ごとに割り当てられた固有の数字である。

操作 7.2.3　「ふりがなを使う」と「ふりがなを使わない」の設定

1. データベース内の任意の1セルをクリックする。

2.〔データ〕タブの〔並べ替えとフィルター〕グループの〔並べ替え〕ボタンをクリックする（図 7.2.5）。
3.〔最優先されるキー〕に該当する列見出しを選択し，〔オプション〕をクリックする。
4.〔並べ替えオプション〕ダイアログボックスが表示され，項目〔方法〕の〔ふりがなを使う〕または〔ふりがなを使わない〕を選択し，〔OK〕をクリックする。
5.〔並べ替え〕の画面の〔OK〕をクリックする。

	A	B	C
3	都道府県コード	都道府県名	地域名
4	23	アイチケン 愛知県	東海
5	2	アオモリケン 青森県	北海道・東北
6	5	アキタケン 秋田県	北海道・東北
7	17	イシカワケン 石川県	北陸・甲信越
8	8	イバラキケン 茨城県	関東
9	3	イワテケン 岩手県	北海道・東北
10	38	エヒメケン 愛媛県	四国
11	44	オオイタケン 大分県	九州・沖縄
12	27	オオサカフ 大阪府	近畿
13	33	オカヤマケン 岡山県	中国
14	47	オキナワケン 沖縄県	九州・沖縄

	A	B	C
3	都道府県コード	都道府県名	地域名
4	23	アイチケン 愛知県	東海
5	38	エヒメケン 愛媛県	四国
6	8	イバラキケン 茨城県	関東
7	33	オカヤマケン 岡山県	中国
8	47	オキナワケン 沖縄県	九州・沖縄
9	3	イワテケン 岩手県	北海道・東北
10	21	ギフケン 岐阜県	東海
11	45	ミヤザキケン 宮崎県	九州・沖縄
12	4	ミヤギケン 宮城県	北海道・東北
13	26	キョウトフ 京都府	近畿
14	43	クマモトケン 熊本県	九州・沖縄

図 7.2.4 「ふりがなを使う」（左）と「ふりがなを使わない」（右）並べ替えの結果

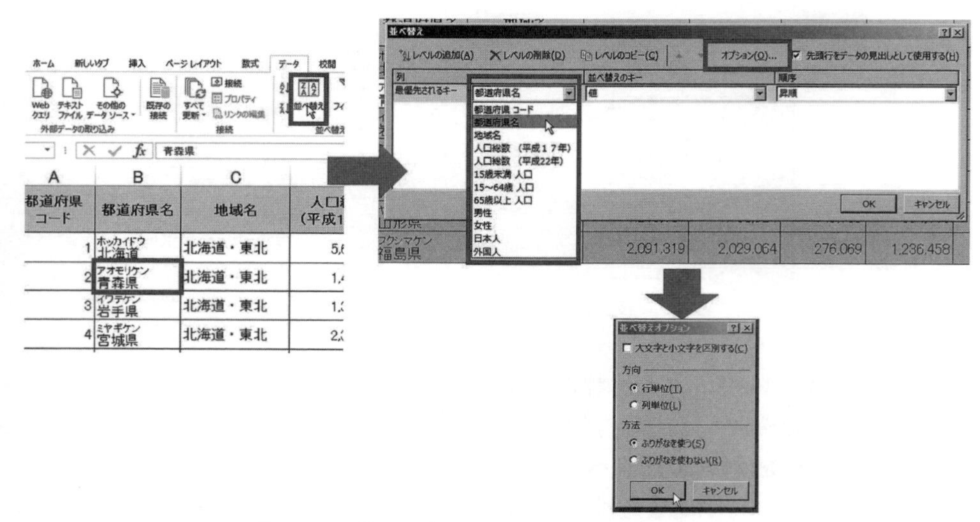

図 7.2.5 「ふりがなを使う or 使わない」の設定

(2)　2 項目以上をキーとした並べ替え

1 項目の並べ替えと同様に，2 項目以上をキーとしてレコードを並べ替えるには，〔データ〕タブの〔並べ替えとフィルター〕グループを使用する。

操作 7.2.4　2 項目以上をキーとした並べ替え

1. データベース内の任意の1セルをクリックする（図7.2.6）。
2. 〔データ〕タブの〔並べ替えとフィルター〕グループの〔並べ替え〕ボタンをクリックする。
3. 〔最優先されるキー〕に該当する列見出しを選択し，右側の〔順序〕で〔昇順〕または〔降順〕を選ぶ。
4. 〔並べ替え〕画面の左上に〔レベルの追加〕をクリックし，〔最優先されるキー〕の下に〔次に優先されるキー〕が現れ，上記3を繰り返す。
5. 設定したいすべてのキーの指定が終了したら〔OK〕をクリックする。

図 7.2.6　2 項目以上をキーとした並べ替えの設定

(3)　ユーザー設定を利用した並べ替え

ユーザーは自らデータの順序リストを設けることによって，対象データを意図した順番に並べ替えることができる。

操作 7.2.5　ユーザー設定リストの準備

1. データベース内の任意の1セルをクリックする（図7.2.7）。
2. 〔データ〕タブの〔並べ替えとフィルター〕グループの〔並べ替え〕ボタンをクリックする。
3. 〔最優先されるキー〕に該当する列見出しを選択し，右側の〔順序〕で〔ユーザー設定リスト〕を選ぶ。
4. 〔ユーザー設定リスト〕ダイアログボックスが表示され，右側の〔リストの項目〕欄にリストを追加する。区切る場合は，Enter キーを押す。
5. リストを入力終えたら右上の〔追加〕をクリックする。

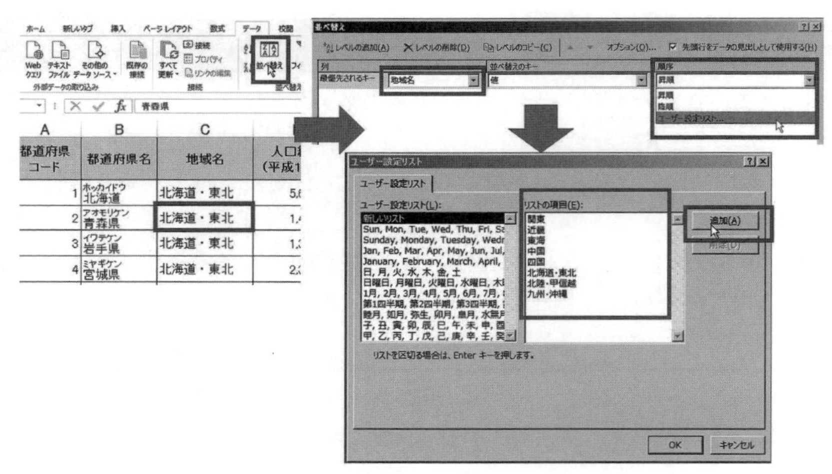

図 7.2.7　ユーザーリストの追加

操作 7.2.6　ユーザー設定リストを利用した並べ替え

1．操作 7.2.5 の 1 ～ 3 を行う。
2．〔ユーザー設定リスト〕ダイアログボックスが表示され，左側の〔ユーザー設定リスト〕欄から利用したいリストをクリックする。
3．右側の〔リストの項目〕欄に選択したリストが入り，〔OK〕をクリックすると，該当するデータが選択したユーザーリストに従って並べ替えられる。

7.2.2　データの抽出

データベース機能を利用して，データベースの中から指定した条件に合うレコードだけを表示（抽出）することができる。指定する条件は 1 つでも，複数でも可能である。また，指定した条件と「**完全一致**」するデータの抽出だけではなく，「**部分一致**」といった曖昧な条件での抽出も可能である。ただし，指定する条件の数や条件の対象は数値データと文字データによって操作が異なる。特に，2 つ以上の条件で抽出を行う際には「**論理演算**」の知識が必要となる。

(1)　フィルター機能

フィルター機能（オートフィルター）を利用することによって，1 つ以上の列のデータの内容（値）を検索し，レコードを抽出することができる。そして，指定する条件に一致する値がない場合は，すべてのデータが非表示になる。

操作 7.2.7　オートフィルターによるレコードの抽出

1．データベース内の任意の 1 セルをクリックする。
2．〔データ〕タブの〔並べ替えとフィルター〕グループの〔フィルター〕ボタンをクリックすると，すべての列見出しの右側に「下向き矢印▼」が現れる（図 7.2.8）。

3. 指定する条件対象の列見出しの▼をクリックすると，プルダウンメニュー（図 7.2.9）が表示される。
4. 値を選択する場合は，抽出したい値のチェックボックス（複数可）を「オン」にし，それ以外は「オフ」にする。
5. 値を探したい場合は，「検索」ボックスに探す値（文字列または数字）を入力する。
6. 〔OK〕をクリックすると，該当するデータを含むレコードが表示される。

データを追加したり，計算させたりするのに便利なのが「オートフィル」機能である。データを連続値として入力できたり，書式もコピーできたりといくつかの種類が用意されている。Excel を利用する前に，5.2.4（1）項の「オートフィル」，5.2.4（2）項の「フラッシュフィル」を再確認するとよい。

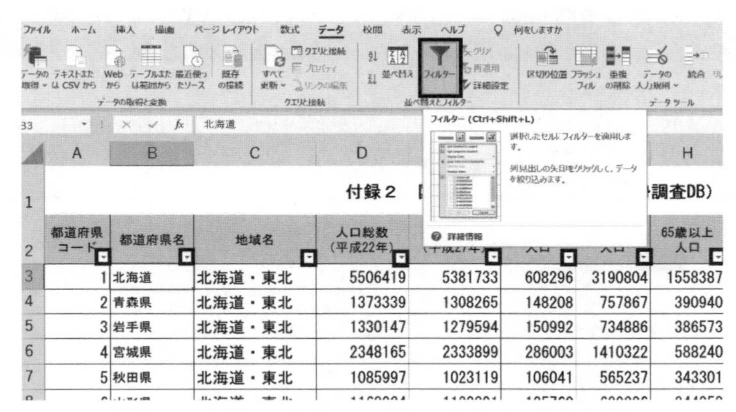

図 7.2.8 「フィルター」ボタンをクリックした例

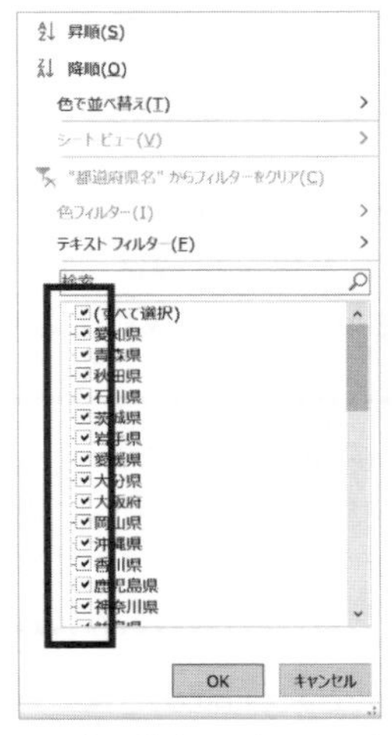

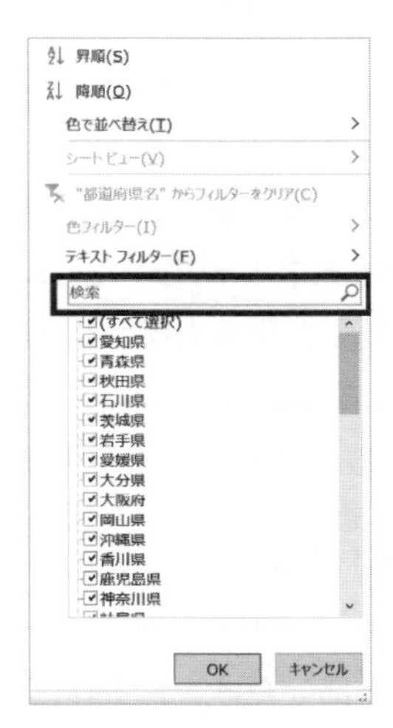

図 7.2.9 プルダウンメニューにおける値の選択（左）と検索（右）

フィルターを行うと，図 7.2.10 のように，条件対象となる列見出しの右側の ▼ が「フィルター」のマーク に代わる。そして，データベースに対して，順番にいくつかのフィルターを行い，抽出範囲を限定していくことを，条件による「**絞り込み**」という。

2	都道府県コード	都道府県名	地域名	人口総数（平成22年）	人口総数（平成27年）	15歳未満人口
10	8	茨城県	関東	2969770	2916976	364351
11	9	栃木県	関東	2007683	1974255	252836
12	10	群馬県	関東	2008068	1973115	250884
13	11	埼玉県	関東	7194556	7266534	910805

図 7.2.10　列見出しに付いた「フィルター」マーク

フィルターを解除して，元のデータベースに戻るには，操作 7.2.8 を行う。

操作 7.2.8　フィルターの解除

1. データベース内の任意の 1 セルをクリックする。
2. 〔データ〕タブの〔並べ替えとフィルター〕グループの〔クリア〕ボタンをクリックすると，すべてのフィルターを解除することになる（図 7.2.11）。

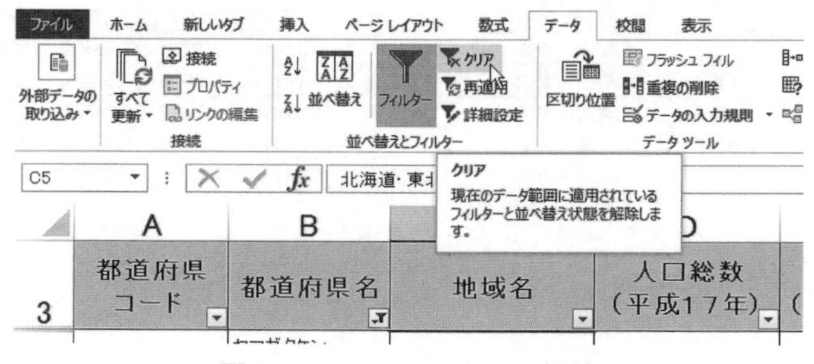

図 7.2.11　フィルターの解除

指定する条件と完全に一致する値だけ抽出する場合は，「**完全一致**」抽出である。例えば，国勢調査 DB の列見出し「都道府県名」の中から「山梨県」を探す場合は，操作 7.2.7 の手順 5 のところで，検索ボックスに「山梨県」を入力すればよい。これは完全一致による抽出である。

> 操作 7.2.7 の手順 4 のところで「すべて選択」のチェックを外し，リストの中から「山梨県」だけをチェックすると，検索ボックスと同様に，「完全一致」による「山梨県」を含むレコードの抽出ができる。

一方，指定する条件と一部分だけ一致すればよい場合は，「**部分一致**」抽出である。例えば，「山梨県」と「山形県」と「山口県」のような**文字データ**を同時に探す場合には，部分一致による抽出を利用する。その際には,「?（任意の一文字を表す）」や「*（任意の文字列を表す）」のような「**ワイルドカード**」を使う。ワイルドカードは**半角英数**である。従って,「山梨県」と「山形県」と「山口県」を同時に探す場合では，操作7.2.7の検索ボックスに「山？県」と入力すればよい（図7.2.12)。

図 7.2.12　文字データの部分一致による抽出

また，数値データの場合は，完全一致による抽出より「1000 以上」や「10000 未満」といった条件で抽出することが多く，Excel の「**比較演算子**」を利用すると便利である（表 7.2.2)。

表 7.2.2　Excel の比較演算子一覧表

比較演算子	フィルターの表現	一般表現
=	等しい	一致，同じ，同様
<>	等しくない	不一致，異なる，以外
>	より大きい	超過
>=	以上	以上
<	より小さい	未満
<=	以下	以下

操作 7.2.9　数値フィルターによるレコードの抽出

1．操作 7.2.7 の 1~3 まで行う。
2．プルダウンメニューの〔数値フィルター〕にマウスポインタを当てると，サブメニューが表示される（図 7.2.13)。
3．サブメニューから指定する条件に合う方法を選択する（表 7.2.2)。
4．〔OK〕をクリックすると，該当するデータを含むレコードが抽出される。

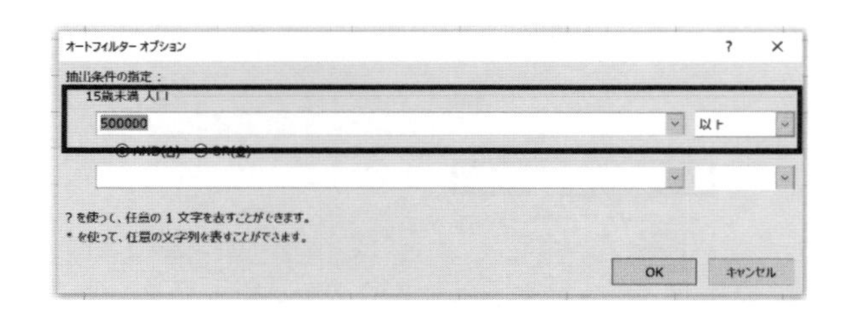

図 7.2.13　数値フィルターによるレコードの抽出

図 7.2.13 は国勢調査 DB から「15 歳未満人口」が 50 万人以上の都道府県を抽出したい場合の操作画面である。図 7.2.14 は抽出結果の一部を示している。

2	都道府県コード	都道府県名	地域名	人口総数（平成22年）	人口総数（平成27年）	15歳未満人口	15～64歳人口	65歳以上人口	男性	女性	日本人	外国人
3	1	北海道	北海道・東北	5506419	5381733	608296	3190804	1558387	2537089	2844644	5348768	21676
13	11	埼玉県	関東	7194556	7266534	910805	4507174	1788735	3628418	3638116	7111168	105203
14	12	千葉県	関東	6216289	6222666	762112	3779812	1584419	3095860	3126806	6047216	90178
15	13	東京都	関東	13159417	13515271	1518130	8734155	3005516	6666690	6848581	12948463	378564
16	14	神奈川県	関東	9048302	9126214	1140748	5744383	2158157	4558978	4567236	8887304	144500
25	23	愛知県	東海	7410719	7483128	1022532	4618657	1760763	3740844	3742284	7260847	166150
29	27	大阪府	近畿	8865245	8839469	1093111	5341654	2278324	4256049	4583420	8524530	150890
30	28	兵庫県	近畿	5588133	5534800	706871	3280212	1481646	2641561	2893239	5398880	77518
42	40	福岡県	九州・沖縄	5071968	5101556	676045	3057855	1304764	2410418	2691138	4995297	47097

図 7.2.14　数値フィルターによる抽出結果（一部）

2つの条件によるレコードの抽出は「**論理演算**」を利用する。2つの条件がともに成立しなければならない場合は，「AND（論理積）」演算を行う。2つの条件のどちらかが成立すればよい場合は，「OR（論理和）」演算を行う。

操作 7.2.10　2つの条件によるレコードの抽出

1．操作 7.2.7 の 1 ～ 3 まで行う。
2．プルダウンメニューの〔数値フィルター〕（文字データの場合は，〔テキスト フィルター〕になる）にマウスポインタを当てると，サブメニューが表示され，〔ユーザー設定フィルター〕をクリックする（図 7.2.15）。
3．〔オートフィルター オプション〕画面で2つの条件を設定し，〔OK〕をクリックする。

4．該当するデータを含むレコードが抽出される。

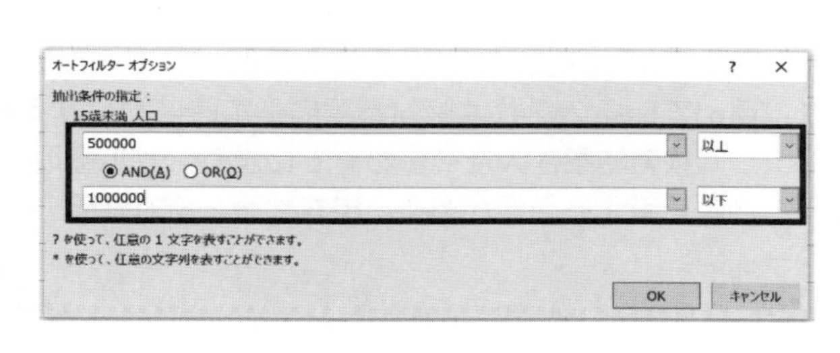

図 7.2.15　2 つの条件によるレコードの抽出

図 7.2.15 は国勢調査 DB から「15 歳未満人口」が 50 万人以上（条件 1）かつ 100 万以下（条件 2）の都道府県を抽出する場合の操作画面である。図 7.2.16 は抽出結果の一部を示している。

2	都道府県コード	都道府県名	地域名	人口総数（平成22年）	人口総数（平成27年）	15歳未満人口	15～64歳人口	65歳以上人口	男性	女性	日本人	外国人
3	1	北海道	北海道・東北	5506419	5381733	608296	3190804	1558387	2537089	2844644	5348768	21676
13	11	埼玉県	関東	7194556	7266534	910805	4507174	1788735	3628418	3638116	7111168	105203
14	12	千葉県	関東	6216289	6222666	762112	3779812	1584419	3095860	3126806	6047216	90178
30	28	兵庫県	近畿	5588133	5534800	706871	3280212	1481646	2641561	2893239	5398880	77518
42	40	福岡県	九州・沖縄	5071968	5101556	676045	3057855	1304764	2410418	2691138	4995297	47097

図 7.2.16　2 つの条件による抽出の結果（一部）

(2)　複雑な条件での抽出

ここまで説明した抽出方法では 1 列見出しに対して，2 つの条件までという制限があった。しかし，フィルター機能の〔**詳細設定**〕を使うと，複数の列見出しの値についてより複雑な条件での抽出ができる。さらに，抽出結果の表示項目についても指定できる。

図 7.2.17 のように，フィルター機能の「詳細設定」をクリックすると，「フィルター オプションの設定」画面が現れ，状況に応じて，〔**リスト範囲**〕，〔**検索条件範囲**〕，〔**抽出範囲**〕の 3 つの設定が必要である。リスト範囲は抽出対象となるデータベースを選択すればよいが，検索条件範囲と抽出範囲は事前に用意する必要がある。

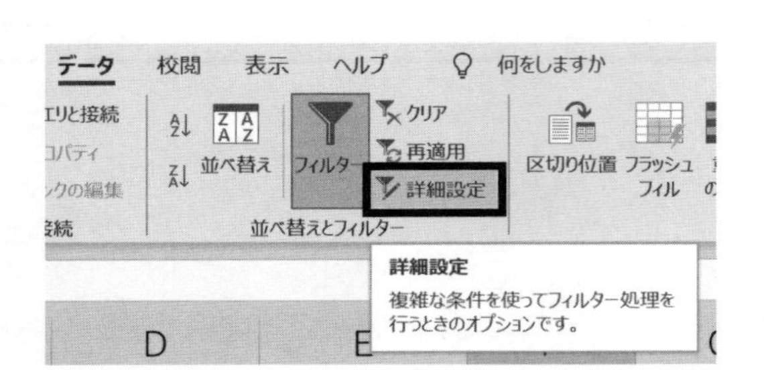

図 7. 2. 17　フィルター機能の「詳細設定」画面

図 7.2.17 や図 7.2.21 のリスト範囲，検索条件範囲，抽出範囲などに「$（ドルマーク）」を用いている。これは絶対参照の指定時に利用するものである。範囲の指定時は $ の有無によって検索結果が大きく変わってしまう。セル番地の固定が必要なのか，位置関係を指定するのかよく考える必要がある。相対参照・絶対参照の詳しい説明については 5.3.3 項を参照するとよい。

A．検索条件範囲

データベースの領域から **1 行 1 列以上離れた場所**で検索条件を設定する必要がある。検索条件の列見出しは，**検索対象の列見出しとまったく同じものを利用しなければならないため，コピーするとよい**。コピーした列見出しの下に検索条件を設定するが，条件が複数ある場合には，5.6.6 項で説明した「論理演算」を利用する。AND 条件の場合は同じ行に並べ，OR 条件の場合は異なる行に入力する（図 7.2.18）。

B	C	D	E	F	G	H
同じ列見出しの複数条件の設定		AND条件の設定			OR条件の設定	
列見出し		列見出しA	列見出しB		列見出しA	列見出しB
検索条件1		検索条件1	検索条件2		検索条件1	
検索条件2						検索条件2
検索条件3						

図 7. 2. 18　条件範囲における検索条件の指定

AND と OR はコンピュータの基本事項であり，検索でもよく利用される。AND と OR を間違うと，出てくるはずの検索結果が出てこなかったり，反対に，すべてのデータが出力されたりする。検索結果がおかしい場合は，AND と OR を間違っていないか確認するとよい。

操作 7.2.11　検索条件範囲と検索条件の設定

1．データベースから1行1列以上離れたセルをクリックし，「検索条件範囲」を決める。
2．「検索条件範囲」の1行目に検索対象となる列見出しをデータベースからコピーする。
3．コピーされた列見出しの下に，図7.2.19のように検索条件を入力する。なお，検索条件は，必要に応じて「ワイルドカード」や「比較演算子」を使用できる（図7.2.19）。

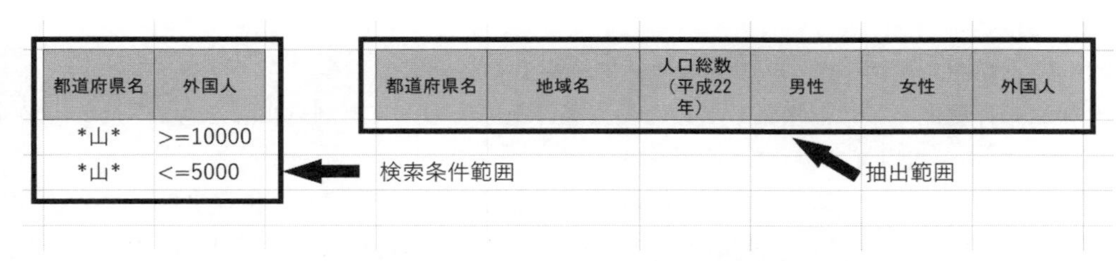

図7.2.19　検索条件範囲（左側）と抽出範囲（右側）の例

図7.2.19は，国勢調査DBから「都道府県名」に「山」という文字を含み，なおかつ，「外国人」の人口が「10000人以上，あるいは5000人以下」の条件を満たすデータを抽出したい場合の検索条件範囲の設定例である。なお，抽出範囲は「都道府県名」「地域名」「人口総数（平成22年）」「男性」「女性」「外国人」である。図7.2.20は抽出結果である。

	N	O	P	Q	R	S	T	U	V
1	都道府県名	外国人		都道府県名	地域名	人口総数（平成22年）	男性	女性	外国人
2	*山*	>=10000		富山県	北陸・甲信越	1093247	515147	551181	10768
3	*山*	<=5000		山梨県	北陸・甲信越	863075	408327	426603	11115
4				和歌山県	近畿	1002198	453216	510363	4667
5				岡山県	中国	1945276	922226	999299	17309
6				山口県	中国	1451338	665008	739721	11512

図7.2.20　図7.2.19と図7.2.21の設定における抽出結果

B．抽出範囲

他のデータにかぶらないデータベースの領域から1行1列以上離れた場所で，抽出結果として表示したい列見出しを元のデータベースからコピーして，抽出範囲として用意する。なお，抽出範囲を指定しなかった場合は全フィールドが表示される。

操作 7.2.12　抽出範囲の設定

1．データベースから1行1列以上離れたセルをクリックし，「抽出範囲」を決める。
2．「抽出範囲」に抽出したい列見出しをデータベースからコピーする（図7.2.19）。

C．検索の実行

「検索条件範囲」と「抽出範囲」の用意ができたら，実際の検索を行える。

操作 7.2.13　フィルターの「詳細設定」を利用した検索

1. データベース内の任意の1セルをクリックする。
2. 〔データ〕タブの〔並べ替えとフィルター〕グループの〔詳細設定〕をクリックする。
3. 「フィルター オプションの設定」画面で〔抽出先〕の〔指定した範囲〕を選択する（図7.2.21）。
4. 〔リスト範囲〕がデータベースのセル範囲であることを確認する。
5. 〔検索条件範囲〕には，準備していた検索条件範囲をすべて（列見出しを含む）ドラッグして指定する（空白行は含めないように）。
6. 〔抽出範囲〕には，準備していた抽出範囲の列見出しをドラッグして指定する。
7. 〔OK〕をクリックすると，抽出範囲の列見出しの下に検索結果が表示される（図7.2.20）。

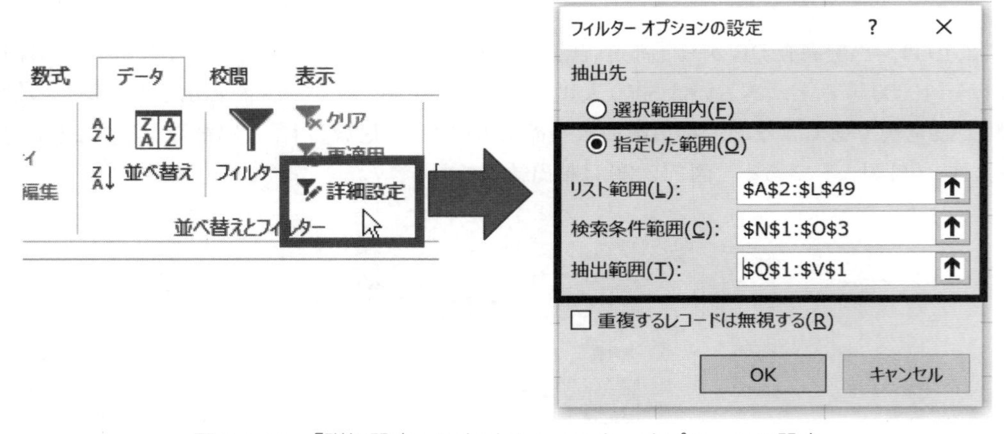

図 7.2.21　「詳細設定」におけるフィルターオプションの設定

表計算ソフトに入力されているデータに対し，簡単に集計や分析ができるような機能が準備されている。データリボンに準備されている「小計ボタン」では，グループの基準や集計方法を指定することにより，近畿地方の人口の平均などが計算できる。しかし，データがすでに適した順番に並べ替えられていることが前提にあるため，使用には注意が必要である。また，テーブル機能にも便利な機能が準備されている。テーブル機能については，5.7 節を参照するとよい。

7.2.3　ピボットテーブルによるデータのクロス集計

Excel のデータベース機能はデータの並べ替えや検索・抽出だけではない。「**ピボットテーブル**」を利用してデータのクロス集計やグラフの作成もできる。ピボットテーブルとはデータベースから列見出しを選択して新たな表を作成する機能である。大量のデータを様々な角度から効果的に集計，分析することができる。また，ピボットテーブルの「行」と「列」は簡単に入れ替えることができ，作成した表のレイアウトを自由に変更することができる。この節では，目的に合わせて2項目あるいは3項目の「クロス集計」について学習する。

(1) 2項目のクロス集計

データベースから2つの列見出しを選択し，クロス集計表を作成する。

操作 7.2.14 2項目のクロス集計

1. データベース内の任意の1セルをクリックする。
2. 〔挿入〕タブの〔テーブル〕グループの〔ピボットテーブル〕をクリックし，「ピボットテーブルの作成」画面が表示される（図7.2.22）。
3. 〔分析するデータを選択してください。〕で〔テーブルまたは範囲の選択〕のチェックとテーブルの範囲を確認し，〔ピボットテーブル　レポートを配置する場所を選択してください。〕で〔新規ワークシート〕のチェックを確認し〔OK〕をクリックする。
4. 新規ワークシートが作成され，リボンの上に〔ピボットテーブル ツール〕が表示される。ワークシートの左側にピボットテーブルを作成する領域，右側にピボットテーブルのフィールドリストが表示される（図7.2.23）。
5. 〔ピボットテーブルのフィールド〕のリストから，行に設定する項目を選択し，下の〔行〕のボックスまでドラッグする。同様に，列に設定する項目を選択し，〔列〕のボックスまでドラッグする。最後に，集計する項目を選び，〔値〕のボックスまでドラッグすると左側のピボットテーブルの領域に新たに作成した集計表が表示される（図7.2.24）。

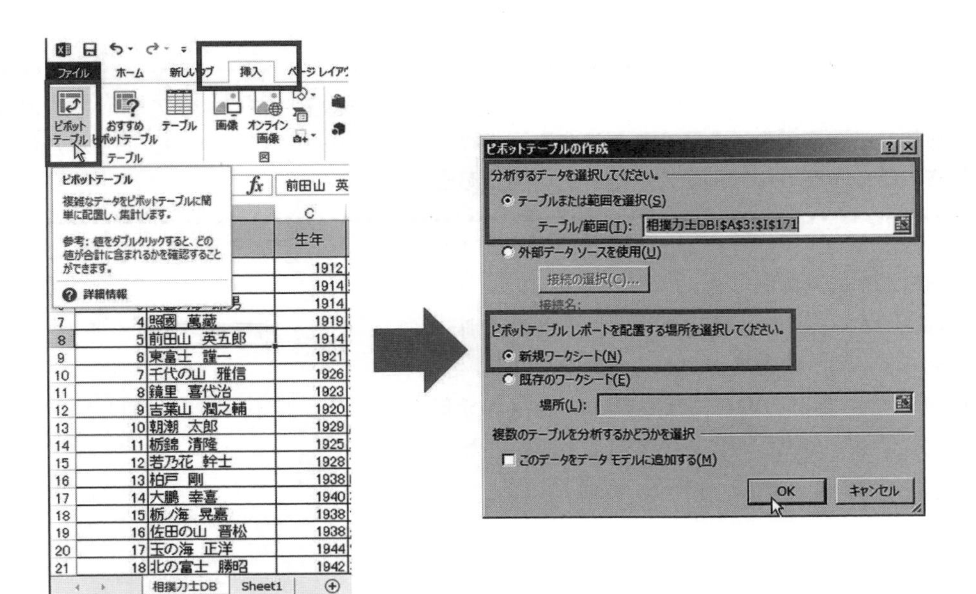

図7.2.22 ピボットテーブルの作成

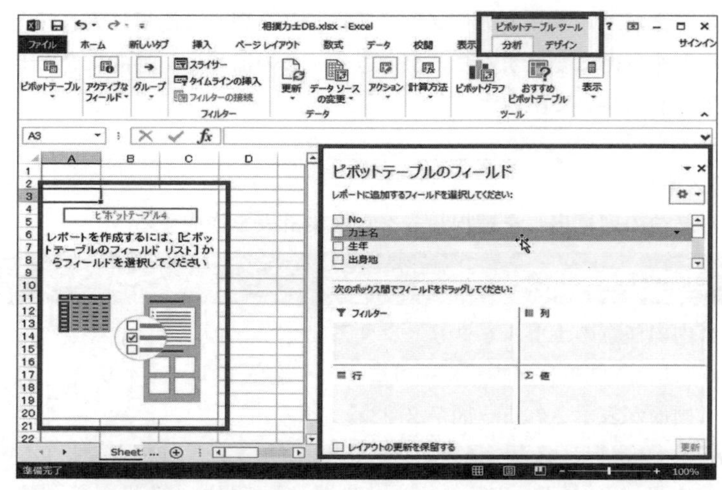

図 7.2.23　ピボットテーブルの領域とピボットテーブルのフィールド

データの個数 / 力士名	列ラベル									
行ラベル	海外	関東	近畿	九州・沖縄	四国	中国	東海	北海道・東北	北陸・甲信越	総計
横綱	6	4		3	1	2	3	14	2	35
関脇	3	13	3	7	5	2	3	12	3	51
小結	8	9	4	8		2	1	9	3	44
前頭									1	1
大関	3	8	4	8	2	1	1	8	2	37
総計	20	34	11	26	8	7	8	43	11	168

図 7.2.24　相撲力士 DB の項目「最高位」と「出身地域」の度数分布表

図 7.2.24 は操作 7.2.14 に従って作成した相撲力士 DB の項目「最高位」「出身地域」に関するクロス集計表である。

ピボットテーブル作成する際に，「値」のところで指定するデータによって集計方法が異なる。数値データの場合は合計された値が表示され，文字データの場合はカウントされた個数が表示される。もちろん，集計方法は変更可能である。

(2)　3 項目のクロス集計

3 項目のクロス集計と 2 項目のクロス集計の区別は〔ピボットテーブルのフィールド〕における「フィルター」を使うかどうかである（図 7.2.25）。

2 項目のクロス集計の場合には，操作 7.2.14 の手順 5 で「行」,「列」と集計項目として「値」を設定したが,「フィルター」について何もしなかった。

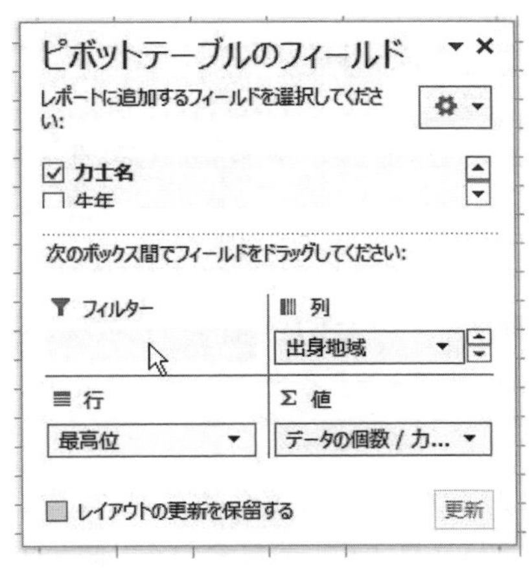

図 7.2.25　2 項目のクロス集計におけるピボットテーブルのフィールド設定（例）

「フィルター」を設定することによって，第 3 項目による詳細なデータの絞り込みができる。

操作 7.2.15　3 項目のクロス集計

1. 操作 7.2.14 の 1 〜 5 まで行う。
2. 〔ピボットテーブルのフィールド〕のリストから，〔フィルター〕に設定する項目を選択し，ボックスまでドラッグする（図 7.2.26）と左側のピボットテーブルの領域に新たに作成した集計表が表示される（図 7.2.27）。

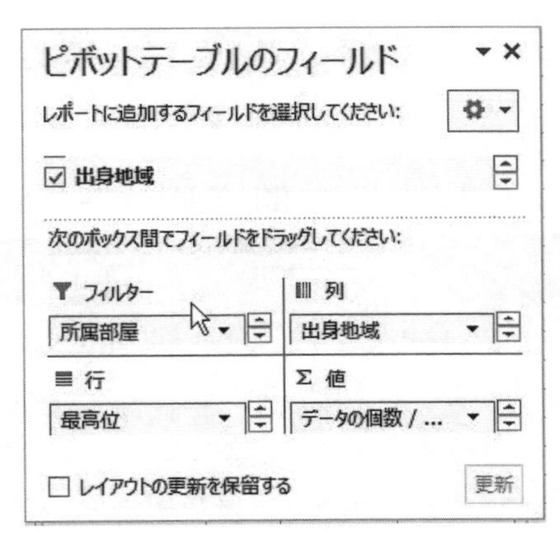

図 7.2.26　3 項目のクロス集計におけるピボットテーブルのフィールド設定（例）

	A	B	C	D	E	F	G	H
1	所属部屋	(すべて)						
2								
3	データの個数 / 力士名	列ラベル						
4	行ラベル	海外	関東	近畿	九州・沖縄	四国	中国	東海
5	横綱	6	4		3	1	2	3
6	関脇	3	13	3	7	5	2	3
7	小結	8	9	4	8		2	1
8	前頭							
9	大関	3	8	4	8	2	1	1
10	総計	20	34	11	26	8	7	8

図 7.2.27　相撲力士 DB の項目「所属部屋」を大分類で,「最高位」「出身地域」によるクロス集計

図 7.2.26 の「所属部屋」のセル「(すべて)」をクリックすると，下の表は各相撲部屋に所属する力士の「最高位」「出身地域」によるクロス集計表に変わる（図 7.2.28)。

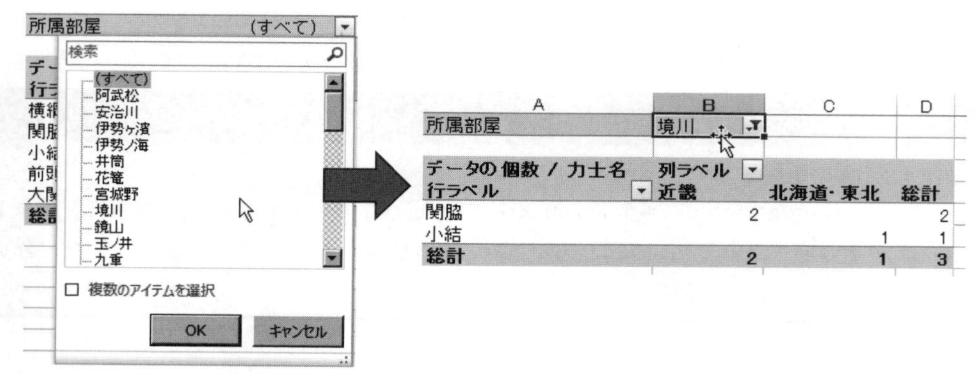

図 7.2.28 「所属部屋」を大分類で,「最高位」「出身地域」によるクロス集計

(3)　クロス集計表のグラフ化

ピボットテーブルによるクロス集計表のグラフ化は簡単に実現できる。

操作 7.2.16　クロス集計表のグラフ化

1. 操作 7.2.14 を行う。
2. グラフ化したい集計表を表示し,〔ピボットテーブルツール〕下の〔分析〕タブの〔ツール〕グループを見つけ,〔ピボットグラフ〕をクリックする（図 7.2.29)。
3. 「グラフの挿入」画面が表示され，適切なグラフを選択し,〔OK〕をクリックすればグラフが作成される（図 7.2.30)。

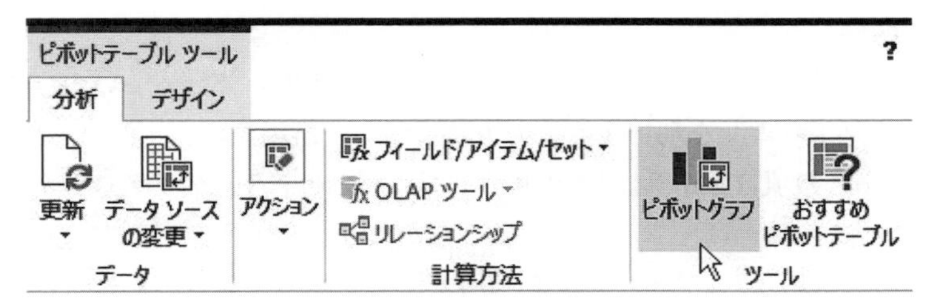

図 7.2.29 「ピボットグラフ」の呼出し

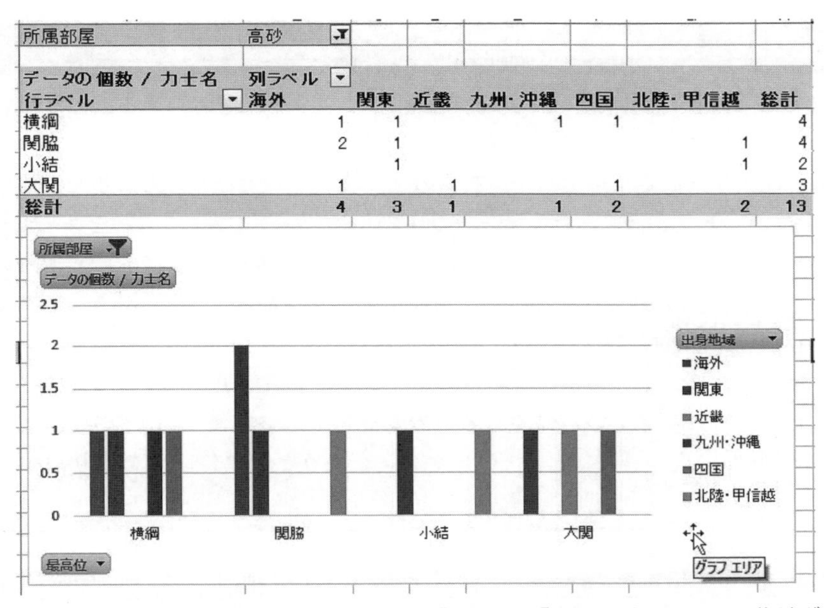

所属部屋	高砂						
データの 個数 / 力士名	列ラベル						
行ラベル	海外	関東	近畿	九州・沖縄	四国	北陸・甲信越	総計
横綱	1	1		1	1		4
関脇	2	1				1	4
小結		1				1	2
大関	1		1		1		3
総計	4	3	1	1	2	2	13

図 7.2.30　高砂部屋に所属する力士に関する「最高位」「出身地域」のクロス集計グラフ

7.2.4　フォームを利用したデータベースの作成

前節までは，すでに構築されているデータベースに関する操作について解説を進めてきた。この節ではエクセルでのデータベースの作成について学習する。

データベースの作成には主に２つの方法がある。１つは Excel のワークシート上に直接入力する方法である。もう１つはインターネット上に公開されているファイル，あるいは，他のソフトウェアで作ったファイルを利用する方法である。前者の場合は，入力作業が必要である。大きなデータベースを作成するには時間と費用がかかる。一方，後者の場合は，ファイル形式によって扱いが異なる。また，利用できるファイルの形式を注意しなければならない。一般的には，Excel 形式のファイル，あるいは，テキストファイルがよく利用される。

この章の解説で使用してきた「相撲力士 DB」は，直接 Excel のワークシートに入力して作成している。また，「国勢調査 DB」は，総務省統計局がすでに Excel 形式で公開している国勢調査の結果をダウンロードし，必要な項目を編集して作成している。

ここでは，Excel のワークシート上に直接データを入力する方法について学ぶ。

(1)　データ入力の準備

Excel におけるデータ入力はすでに第 5 章「Excel 2019 の活用」で行っている。この項では，データベースを想定し，「フォーム」を利用する入力方法について解説する。

作成するデータベースの項目数が 32 以下の場合には，「フォーム」ダイアログボックスを利用してデータ入力ができる。この場合は，フィールド名を確かめながらデータを入力することができる。項目数が 32 を超過する場合には，「フォーム」を利用することができない。直接ワークシート画面を使ってすべてのデータを入力するしかない。

Excel 2007 以後，「フォーム」の利用にはユーザー設定を行う必要がある。

操作 7.2.17　「フォーム」に関するユーザー設定

1. Excel を起動した後に，〔ファイル〕をクリックし，〔オプション〕を選択すると，「Excel のオプション」ダイアログボックスが表示される（図 7.2.31）。
2. 〔リボンのユーザー設定〕を選択し，右側の〔コマンドの選択〕のところで〔すべてのコマンド〕を選び，下で表示されたコマンドのリストの中から〔フォーム〕をクリックする。
3. 設定画面の右下の〔新しいタブ〕をクリックすると，その上のリストに〔新しいタブ〕と〔新しいグループ〕が加えられるので，画面中央の〔追加（A)>>〕ボタンをクリックすると〔フォーム〕が〔新しいグループ〕に追加される。
   なお，〔新しいタブ〕や〔新しいグループ〕には改めて名前を付けることができる。その際に，〔新しいタブ〕ボタンの右側の〔名前の変更〕ボタンを使う。また，〔リセット（E)〕ボタンや，画面中央の〔<< 削除（R)〕ボタンを使うと簡単に設定を取り消すことができる。

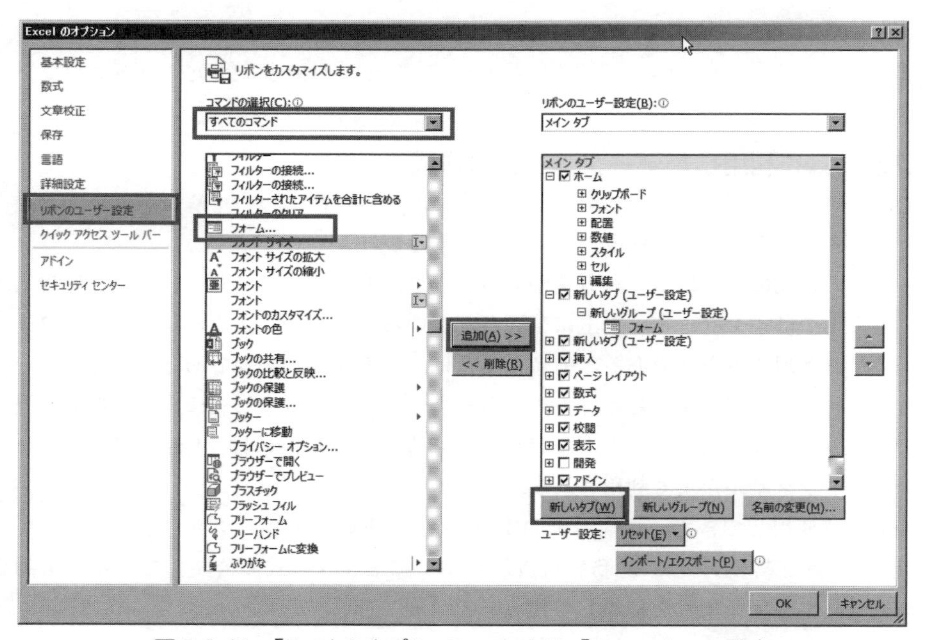

図 7.2.31　「Excel のオプション」による「フォーム」の設定

(2) フォームを利用したデータ入力

「フォーム」をリボンに追加できたら，操作 7.2.18 に従って，データの入力を開始できる。

操作 7.2.18　フォームを利用したデータ入力

1. ワークシートの適当なセルから同じ行に入力する項目のフィールド名を記入する。
2. フィールド名のセルの1つをクリックし，操作 7.2.17 で設定した〔新しいタブ〕中の〔新しいグループ〕の〔フォーム〕をクリックする。
3. フィールド名のみが入力されている状態では，「Microsoft Excel」ダイアログボックスが表示され（図 7.2.32），〔OK〕をクリックすると，「フォーム」ダイアログボックスが表示される（図 7.2.33）。
4. データを入力する場合には，右側の上部に〔新しいレコード〕の表記を確かめてから，順に各項目を入力していく。
5. 1レコードの入力が終了したら，〔新規〕ボタンをクリックすると次の〔新しいレコード〕の入力画面になる。

   なお，入力作業を停止する場合には，〔閉じる〕ボタンをクリックすると，入力「フォーム」ダイアログボックスが消え，ワークシートの画面に戻る。

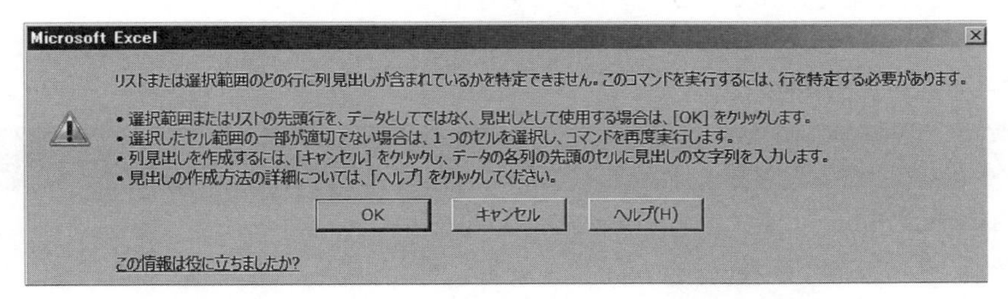

図 7.2.32 「Microsoft Excel」ダイアログボックス

図 7.2.33 「フォーム」ダイアログボックス

練習問題 7.2　URL 参照

7.3　Access によるデータベースの活用

この節では，Windows パソコンでよく利用されているデータベースソフト Microsoft Office Access（以下，Access と記す）の操作方法を学習する。Access は，Word や Excel と大きく異なり，1つのファイルに1つのデータベースが対応し，構成するすべての部品が格納されている。これからデータベースやテーブル，スキーマなど複数の項目を扱うが，1つのファイルの中にテーブルのデータやスキーマなどすべての情報が入っており，テーブルが複数あってもファイルは1つであることに注意が必要である。Access のファイル形式（拡張子）は accdb（Access2007 以降），mdb（Access2003 以前）などがある。

7.3.1　Access について

ここでは Access の基礎知識や基本操作を学習する。

(1)　Access の起動と終了

起動，保存や終了は他の Office アプリケーションと共通している。基礎的な操作は，第1章「Windows の基礎」で記述されている。あらかじめ学習しておくことが望ましい。

(2)　新規データベースの作成

操作 7.3.1　新規データベースの作成

1．Access を起動する。
2．〔空のデータベース〕を選択し，ファイル名をつけ，作成をクリックする。

(3)　Access の画面構成

データベースを開いた際の基本画面は，3つの画面からなる（図 7.3.1）。

1）**ナビゲーションウィンドウ**：テーブルやクエリ，レポートなどの一覧が表示される。
2）**ドキュメントウィンドウ**：テーブルのデータやデザインや検索などが操作できる。操作している内容によってデータシートビューやデザインビューなど複数のビューが存在する。
3）**ステータスバー**：作業中のデータベースや操作に関する情報が表示される。

7.3.2　データベースの作成

Access を起動し，作成したデータベースファイルにテーブルを作成する。1つのデータベースファイルの中に，複数のテーブルを作成することができる。

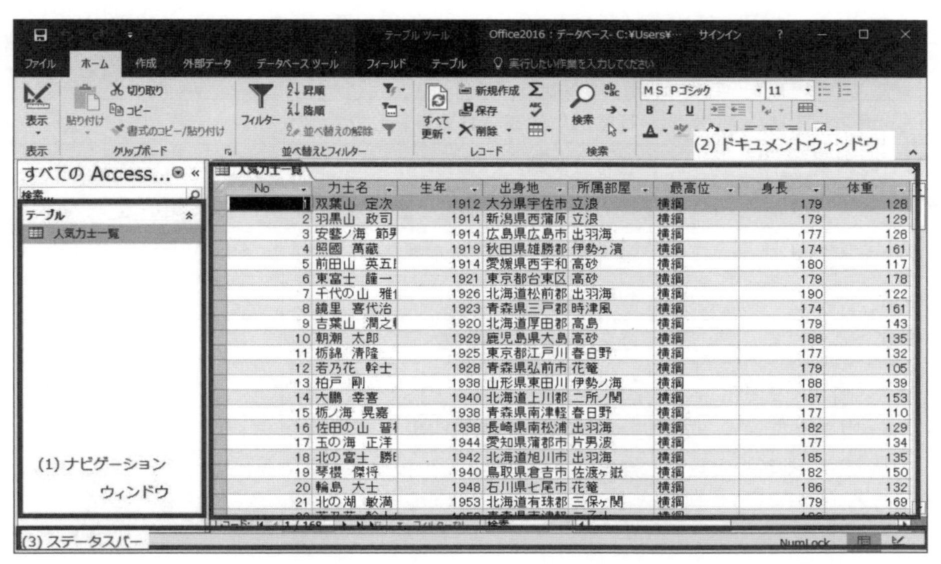

図 7.3.1　Access の画面構成

(1)　テーブルの作成

データを格納するためのテーブルを作成する。テーブルの作成には，データに矛盾が生じないように，データの他に列見出しやデータの型，キーなどスキーマを宣言する必要がある。

A. スキーマについて

Access は，Excel と大きく異なり，データだけでなくデータの構造も同時に管理し，矛盾のない状態を保っている。このデータと一緒に管理されるデータベースの構造，枠組みが**スキーマ**であり，Access では**デザイン**と呼ばれる。スキーマには，データベースにはどのようなテーブルがあるのか，誰がどのようなアクセスができるのか，テーブルにはどのようなデータが入り，そのデータは最大何文字か，数値計算はできるのかなどを詳しく記述する。記述には次で説明する，データ型，キー，制約などが用いられ，テーブルの作成と同時に設定される。スキーマは非常に重要であり，通常，データベースの作成の前に時間をかけて設計される。

B．データ型について

データベースで取り扱うデータには，文字列や数値列，時刻，画像など種類があり，これをデータ型と呼ぶ。目的や使用する操作なども考え適したデータ型を選ぶ必要がある。視覚的には同じように見える場合でも，文字で表された数字と数値ではできる操作なども異なる。Access で取り扱えるデータ型はたくさんあるが，よく使われるデータ型が表 7.3.1 である。

表 7.3.1　Access で扱えるデータ型

名前	意味
オートナンバー型	自動的に生成される連続した数字か乱数
日付 / 時刻型	日付と時刻。8 バイト
短いテキスト型	最大 255 文字。名前，住所など文字データに用いる
長いテキスト型	最大 1GB の長い文字や数字に用いる
数値型	1,2,4,8,16 バイト*
通貨型	通貨データに用いる
OLE オブジェクト型	Word，Excel ファイルや画像，音声などのデータに用いる
ハイパーリンク型	ハイパーリンクの URL など

＊　数値型には整数や実数など複数の種類が存在し，扱うデータに合わせて細かく設定することもできる。

C．キー

関係モデルはデータの位置情報を持たないため，ひとつひとつのレコードを区別するための基準が必要となる。そこで，テーブル中の特定のフィールドを「**主キー（primary key）**」として，レコードの識別のために利用する。主キーとなるフィールドの値は重複せず，また空白の状態であってはいけないなどの条件がある。そのため，人工的に主キーを作ることも多い。主キーを宣言しなくてもテーブルは作成できるが，更新や検索の際に不便が生じる可能性がある。

また，他のフィールドが管理しているデータを利用しているフィールドは「**外部キー**」と呼ぶ。管理している方のフィールドは，必ずそのテーブルの主キーにならなければならない。図 7.3.2 の例では，社員テーブルと部署テーブルの主キーはそれぞれ「社員番号」と「部署コード」である。また，社員テーブルの「部署コード」は部署テーブルの「部署コード」と関連づけられた外部キーである。Access では**リレーションシップ機能**を用いて関連づけを行う。

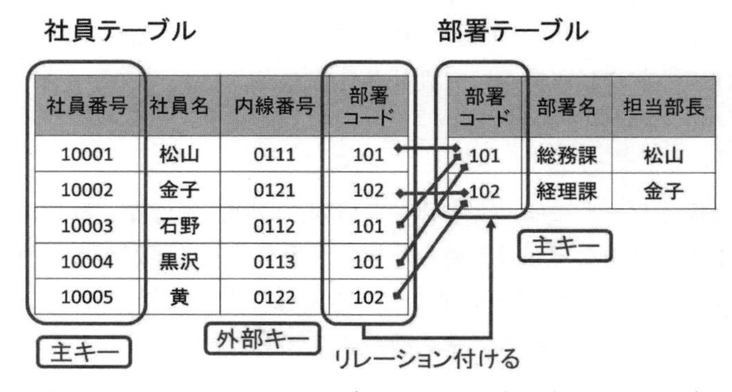

図 7.3.2　リレーショナルデータベース（RDB）のイメージ

D．制約について

登録されたデータを常に正しい状態を保つために満たす条件のことを**整合性制約**といい，テーブルの作成時に設定する。整合性制約には，非NULL制約（Not Null Constraint），一意性制約（Unique Constraint），参照整合性（referential constraint）の3種類が存在する。

NULL（ヌル）とは値が未設定の状態をいい，**非NULL制約**とはNULL値の入力を許可しない，つまり，その列に必ず意味のある値が設定されることを要求する。**一意性制約**とは，フィールドあるいは複合したフィールドに含まれるデータが，テーブル内のすべての行で**一意**（「他に同じデータがない」という意味）であることを要求する。つまり，重複を禁止している。**参照整合性**は，外部キーとして入力される値が，外部キーとして指し示す他のテーブルの列内に必ず存在する値でなければならないという制約である。主キーは非NULL制約と一意性制約と満たしている。

E．正規化について

正規化とは，冗長なデータを削除し，1つのテーブルに1つの事象のみを扱えるようにテーブルを分割する手順である。正規化を行ったデータは効率よく格納，検索できる。正規化を行わないデータもデータベースで扱うことができるが，更新時に**異常**（update anomaly）が出たり，効率のよい検索ができなくなる可能性があるため，データの入力前に正規化を行ったほうがよい。**正規形**には第一正規形，第二正規形，第三正規形や，ボイス＝コッド正規形などがあり，通常，第三正規形まで正規化されることが多い。本書ではデータの正規化手法は扱わず，すでに正規化されたデータを利用する。しかし，データベースにはとても重要な概念であるため，正規化を学習し自分でできるようにしておくことをお勧めする。

F．テーブルへのデータの入力方法

データの入力方法はテーブルデザインを実施したのちキーボードから直接入力したり，ファイルから一括で入力したりと複数の方法が存在する。どの方法でも同じようにデータを追加することができるが，多くのデータがある場合はExcelでデータを作りインポートした方が正確に早く入力することができる。ここではキーボードから直接入力する方法と，次に（2）ですでにExcelで作成されたデータをインポートする方法を学習する。

操作7.3.2　テーブルの作成とデータの入力

1．［作成］をクリックした後，［テーブル］を選択すると，ドキュメントウインドウに新しく作成されたテーブルのデータシートビューが表示される。
2．［テーブルツール］の［フィールド］を選択し［表示］から［デザインビュー］を選択する（図7.3.3）。
3．テーブルの名前を入力し，［OK］ボタンを押す。
4．フィールドのIDを社員番号に変更する。オートナンバー型をテキスト型に変更する。
5．フィールド名に「社員名」「内線番号」「部署コード」を入力する。データ型はすべて短いテキストでよい（図7.3.4）。
6．テーブルを保存して，データシートビューに変更し，データを入力する（図7.3.5）。

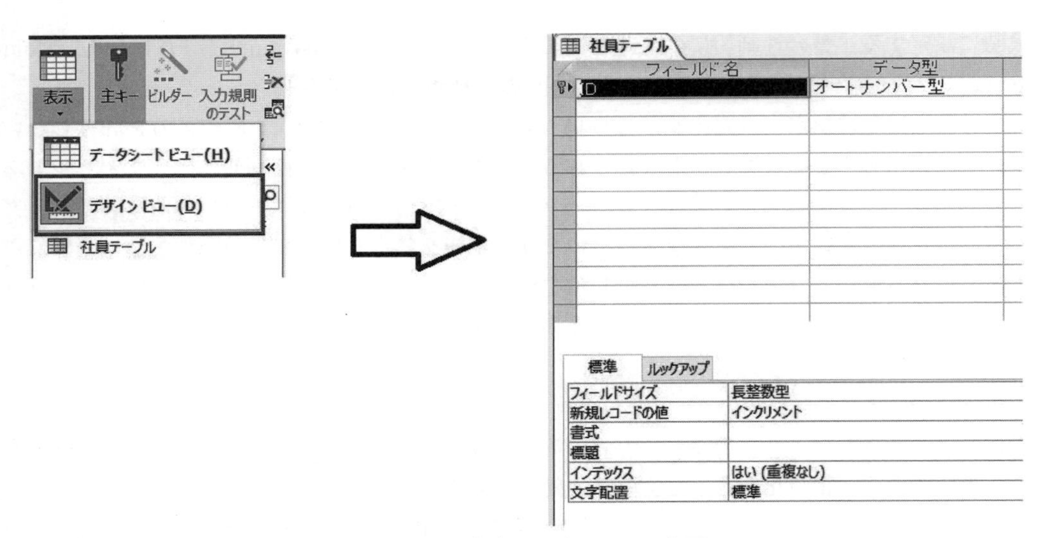

図 7.3.3　デザインビューへの変更

社員テーブル

フィールド名	データ型
社員番号	短いテキスト
社員名	短いテキスト
内線番号	短いテキスト
部署コード	短いテキスト

図 7.3.4　デザインビューの表示

主キーはフィールド名の横のキーマークが目印となる。新規にテーブルを作る際はフィールド「ID」が自動的に作成され，主キーに設定されているが，データに合わせて変更するとよい。また，外部キーはマークが表示されず，リレーションシップを表示させることによって確認できる。

社員テーブル

社員番号	社員名	内線番号	部署コード
10001	松山	0111	101
10002	金子	0121	102
10003	石野	0112	101
10004	黒沢	0113	101
10005	黄	0122	102

図 7.3.5　データシートビューの表示

(2)　データのインポート

すでに Access で作成されたデータや，Access 以外のアプリケーションを用いて作成されたデータを Access にインポートすることができる。拡張子が csv（カンマ区切り），txt（テキスト），xlmx（Excel），doc, docx（Word）で作成されたデータを Access にインポートし，利用することができる。拡張子によってデータの性質が変わるため注意が必要である。ここでは，エクセルのデータをインポートするが，インポート前に以下３点の準備をしておくと便利である。

1．一番上の列には，フィールド名が来るようにする。
2．１ワークシートに１テーブルずつ準備する。
　テーブルを複数作る場合は，ワークシートごとにテーブルを用意しておくと便利である。
3．Excel の段階で正規形もしておくとよい。

ここからは，国勢調査 DB ファイルと相撲力士 DB ファイルの各ワークシート「ACCESS 用」を用いる。

操作 7.3.3　データのインポート

1．〔外部データ〕を選択した後，〔ファイルから〕より〔Excel〕を選択する。
2．ウィザードが出てくるので，ファイルを選択し，〔OK〕をクリックする（図 7.3.6）。
3．スプレッドシートウィザードのワークシート名を選択し，〔次へ〕をクリックする。サンプルデータを見ながら確認できる（図 7.3.7）。
4．〔先頭行をフィールド名として使う〕にチェックを入れ，〔次へ〕をクリックする（図 7.3.8）。
5．〔次のフィールドに主キーを設定する〕にチェックを入れ，〔次へ〕をクリックし，DB の名前を「相撲力士 DB」などわかりやすいものに変え，〔完了〕をクリックする（図 7.3.9）。

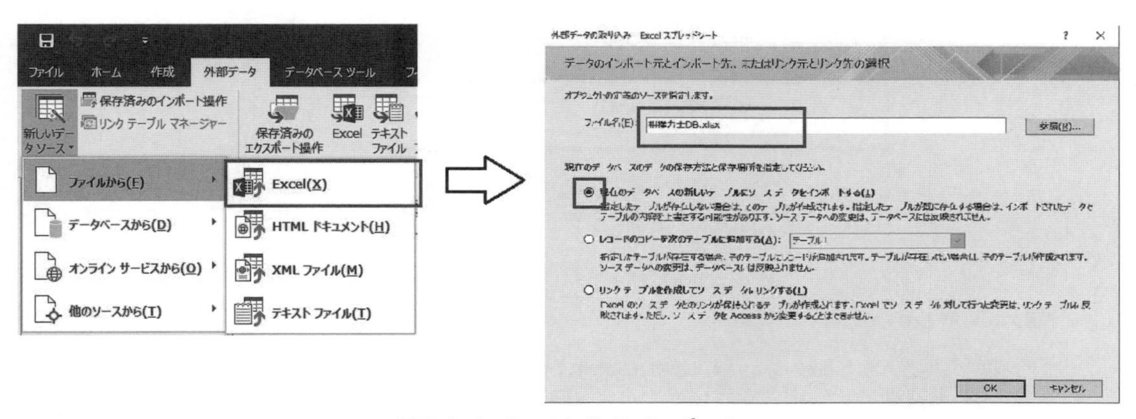

図 7.3.6　Excel からのインポート

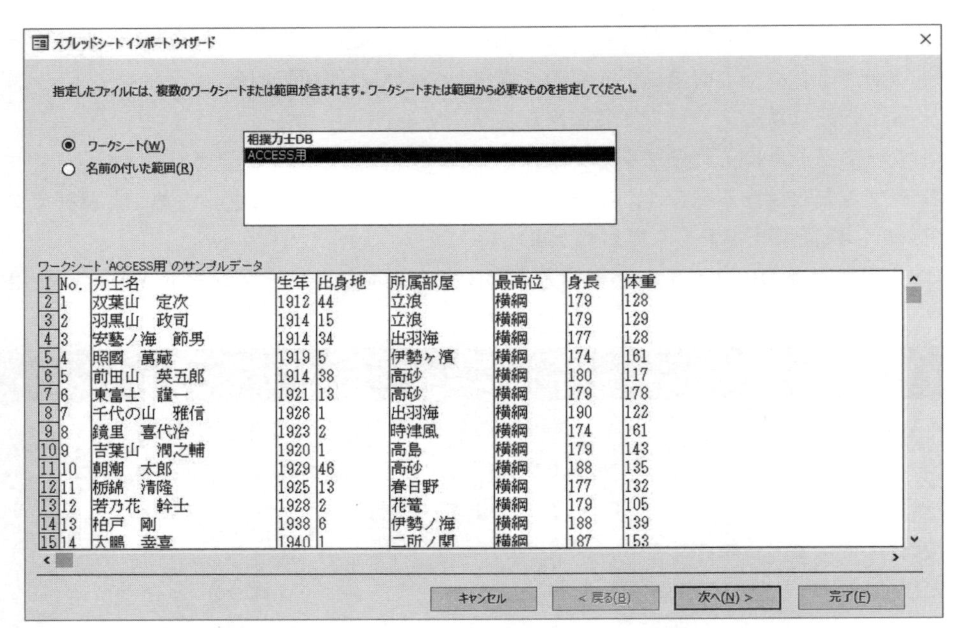

図 7.3.7　ワークシートの選択とサンプルデータ

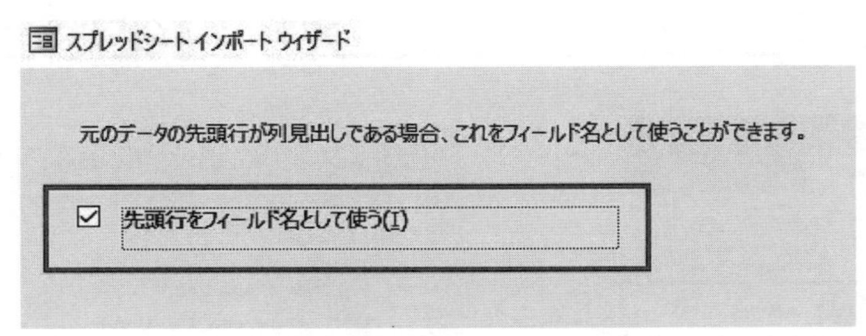

図 7.3.8　インポート時のフィールド名の設定

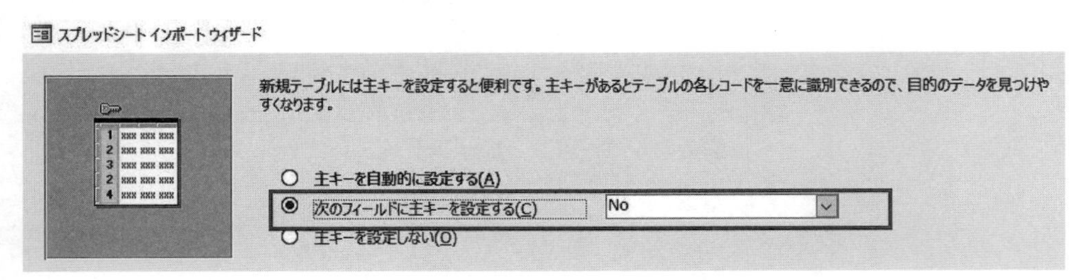

図 7.3.9　インポート時の主キーの設定

相撲力士DB

No	力士名	生年	出身地	所属部屋	最高位	身長	体重
1	双葉山　定次	1912	44	立浪	横綱	179	128
2	羽黒山　政司	1914	15	立浪	横綱	179	129
3	安藝ノ海　節	1914	34	出羽海	横綱	177	128
4	照國　萬藏	1919	5	伊勢ヶ濱	横綱	174	161
5	前田山　英五	1914	38	高砂	横綱	180	117
6	東富士　謹一	1921	13	高砂	横綱	179	178
7	千代の山　雅	1926	1	出羽海	横綱	190	122
8	鏡里　喜代治	1923	2	時津風	横綱	174	161
9	吉葉山　潤之	1920	1	高島	横綱	179	143
10	朝潮　太郎	1929	46	高砂	横綱	188	135
11	栃錦　清隆	1925	13	春日野	横綱	177	132
12	若乃花　幹士	1928	2	花籠	横綱	179	105
13	柏戸　剛	1938	6	伊勢ノ海	横綱	188	139
14	大鵬　幸喜	1940	1	二所ノ関	横綱	187	153
15	栃ノ海　晃嘉	1938	2	春日野	横綱	177	110
16	佐田の山　晋	1938	42	出羽海	横綱	182	129
17	玉の海　正洋	1944	23	片男波	横綱	177	134
18	北の富士　勝	1942	1	出羽海	横綱	185	135
19	琴櫻　傑将	1940	31	佐渡ヶ嶽	横綱	182	150
20	輪島　大士	1948	17	花籠	横綱	186	132
21	北の湖　敏満	1953	1	三保ヶ関	横綱	179	169

図 7.3.10　インポートされたデータの表示（一部）

テーブル名の変更なども簡単にできる。

操作 7.3.4　テーブルの名前の変更

1．開いているテーブルをすべて閉じる。
2．ナビゲーションウインドウの該当ファイルを選択し右クリックする（図 7.3.11）。
3．古い名前を削除し，新しい名前を入力する。

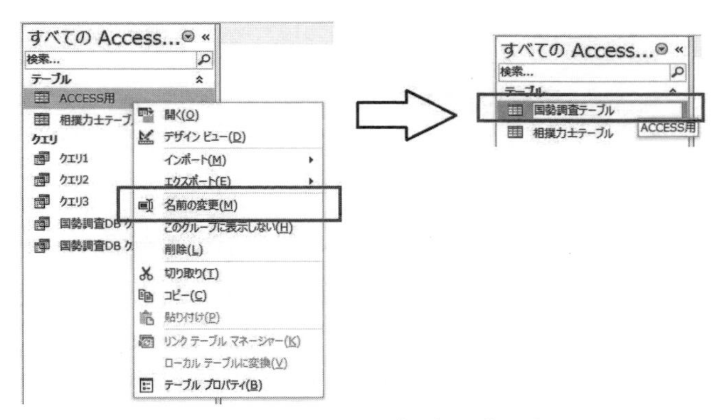

図 7.3.11　テーブル名の変更

(3)　リレーションシップの作成

関連しているフィールドがあれば，リレーションシップを作成すると，テーブルの結合や操作が容易になる。ここでは，Access 用の相撲力士テーブルと国勢調査テーブルがインポート済みであり，相撲力士テーブルの「出身地」が国勢調査テーブルの「都道府県コード」の外部キーの関係にあるとする。リレーションシップ作成や名前の変更などスキーマに関連する操作は，関係するテーブルを閉じる必要があるので，注意が必要である。

操作 7.3.5　リレーションシップの作成

1.〔データベースツール〕の〔リレーションシップ〕をクリックする。
2. テーブルの表示ウィンドウが表示されるので，すべてのテーブルを選択し，表示する。
3. 国勢調査テーブルの「都道府県コード」を選択し，相撲力士テーブルの「出身地」までドラッグする。
4. リレーションシップウィンドウが現れるので，参照整合性にチェックを入れ作成ボタンを押す（図 7.3.12）。
5. データベースツールを閉じ，リレーションシップを保存する。

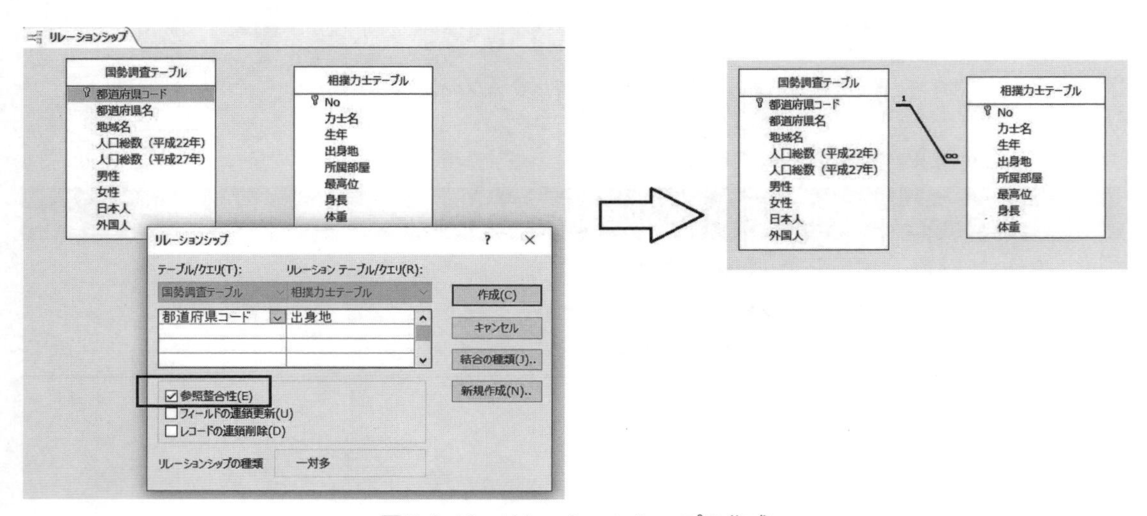

図 7.3.12　リレーションシップの作成

7.3.3　データの操作

データベースを操作するためのデータベース言語として，**データ定義言語**（DDL; Data Definition Language）と**データ操作言語**（Data Manipulation Language, DML）が用意されている。データベースのモデルごとに言語が存在し，関係データベースのデータベース言語としては **SQL**（Structured Query Language）がある。SQL は標準 SQL 規格が存在するが，各ソフトやシステムによって少しずつ異なるので注意が必要である。ここでは Access で利用できる SQL を紹介する。また，昨今では **QBE**（Query by Example）として，マウス操作で例を用いて操作ができるようになっている。Access も QBE を採用しており，クエリウィザード，クエリデザインという 2 つの操作方法を用意している。QBE で操作した場合も，SQL と無関係なわけではなく SQL ビューに変更することで，実際に動いている SQL を確認することができる。

また，関係データベースはそれまでのデータベースと異なり，関係代数で表現できる。表 7.3.2 のように，4 つの集合演算と 4 つの関係演算をベースにし，テーブルの中のデータを集合とみなしデータを操作することができる。数値と同じように，テーブルに対して加減乗除ができるようになっている。

表 7.3.2　リレーショナルデータベースの 8 つの演算

集合演算	関係演算
和演算	選択演算
差演算	射影演算
共通演算（積）	結合演算
直積演算	商演算

以下，クエリウィザード，クエリデザイン，SQL の 3 通りの手法で問い合わせを行う。

(1)　クエリウィザード

Access が準備してくれている問い合わせであり，マウス操作のみで簡単に検索や操作を行うことができる。簡単な検索や，一致しないものを探したり，集計を行ったりすることができる。次の操作では，マウスで選択するだけで，2 つの表を結合し検索したり，集計したりすることができる。

相撲力士テーブルの力士名と出身地域を表示させたいときはクエリウィザードが便利である。

操作 7.3.6　クエリウィザードを用いた検索

1. 〔作成〕から〔クエリウィザード〕をクリックする。
2. 「選択クエリ ウィザード」を選択して OK ボタンをクリックする（図 7.3.13）。
3. 「テーブル / クエリ」から DB を選択し，フィールドを選択したのち，「>」記号をクリックする。表示したいフィールドがすべて「右の選択したフィールド」に表示されたら次へ進む。
4. 「各レコードのすべてのフィールドを表示する」にチェックを入れ完了する。

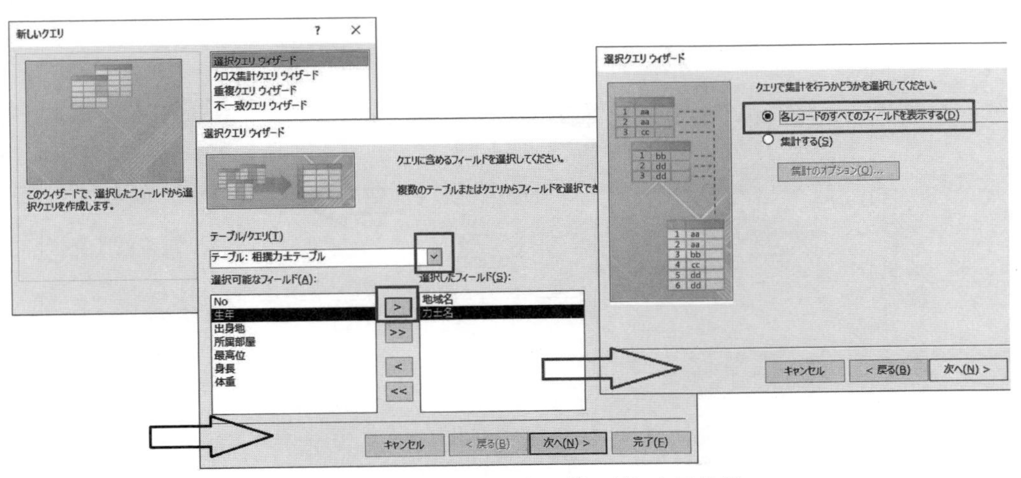

図 7.3.13　選択クエリウィザードによる検索

国勢調査テーブル クエリ

地域名	力士名
北海道・東北	千代の山　雅信
北海道・東北	吉葉山　潤之輔
北海道・東北	大鵬　幸喜
北海道・東北	北の富士　勝昭
北海道・東北	北の湖　敏満
北海道・東北	千代の富士　貢
北海道・東北	北勝海　信芳
北海道・東北	名寄岩　静男
北海道・東北	北葉山　英俊
北海道・東北	旭國　斗雄
北海道・東北	大受　久晃
北海道・東北	北天佑　勝彦
北海道・東北	北の洋　昇
北海道・東北	羽黒山　礎丞
北海道・東北	金剛　正裕

図 7.3.14　選択クエリウィザードによる検索結果（一部）

図 7.3.13 の選択クエリウィザードでは,「>」は 1 つずつフィールドの追加を行い,「>>」はそのテーブルにあるすべてのフィールドを一度に追加する。反対に「<」は 1 つずつフィールドを戻し,「<<」で選択したフィールドをすべて一度に戻す。

相撲力士テーブルの力士が出身地域ごとに何人いるか集計して表示させたいときは次の操作を行う。フィールド名の選択する順番によって，集計結果が異なることに注意が必要である。

操作 7.3.7　クエリウィザードを用いた集計

1. 操作 7.3.6 の操作 1 ～ 3 を行う。
2. 「集計する」にチェックを入れ，集計のオプションをクリックする。
3. 集計のオプションの,「相撲力士テーブルのレコードをカウントする」にチェックを入れ，OK をクリックし，完了する（図 7.3.15)。

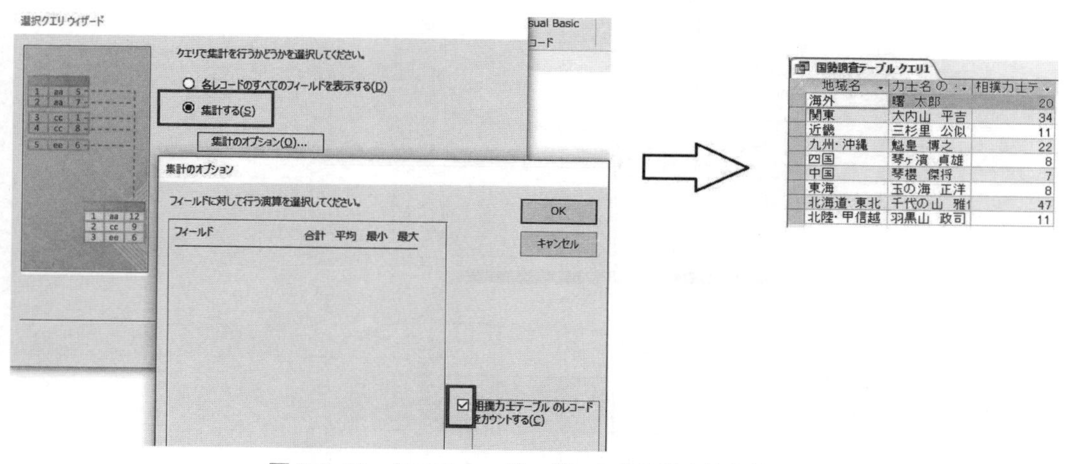

地域名	力士名の :	相撲力士テ
海外	曙　太郎	20
関東	大内山　平吉	34
近畿	三杉里　公似	11
九州・沖縄	魁皇　博之	22
四国	琴ヶ濱　貞雄	8
中国	琴櫻　傑将	7
東海	玉の海　正洋	8
北海道・東北	千代の山　雅1	47
北陸・甲信越	羽黒山　政司	11

図 7.3.15　クエリウィザードによる集計方法と結果

(2)　クエリデザイン

クエリデザインを用いると，クエリウィザードよりも柔軟に検索をすることができる。

クエリデザインを用いて，「北海道・東北」地域出身の力士名と出身都道府県，出身地域を表示させる。抽出条件には，エクセルのデータベース機能で学んだ方法で検索式を書くことができる。文字列の検索の際は「文字列を" "（ダブルクォーテーション）」で囲むことに注意する。

操作 7.3.8　クエリデザインを用いた検索

1. 〔作成〕から，〔クエリデザイン〕を選択する。
2. テーブルの表示ウィンドウが出てくるので，テーブルをすべて選択し，追加をクリックする。
3. テーブルとフィールドに，表示したいものを選択し，表示欄のチェックボックスにチェックが入っているか確認する。
4. フィールド「地域名」の抽出条件に「北海道・東北」と記入する。
5. 〔クエリツール〕の〔！（実行）〕をクリックする（図 7.3.16）。

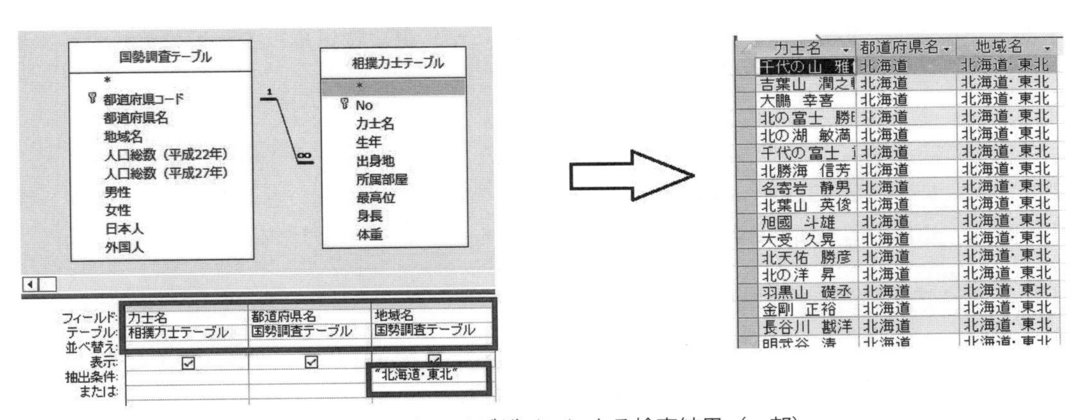

図 7.3.16　クエリデザインによる検索結果（一部）

(3)　SQL ビュー

SQL ビューは SQL を用いて操作をするためのビューである。標準では，一度クエリデザインを開き，クエリツールの中から SQL ビューを表示するようになる。

操作 7.3.9　SQL ビューの表示

1. 〔作成〕を選択した後，〔クエリ〕より〔クエリデザイン〕を選択する。
2. 〔テーブルの表示〕ウィンドウが出てくるので，〔閉じる〕を選択し閉じる。
3. 一番左端にある〔SQL〕をクリックすると SQL ビューが表示される（図 7.3.17）。
   「SELECT;」という文字が自動に入るが，これは削除しても，このまま利用してもよい。

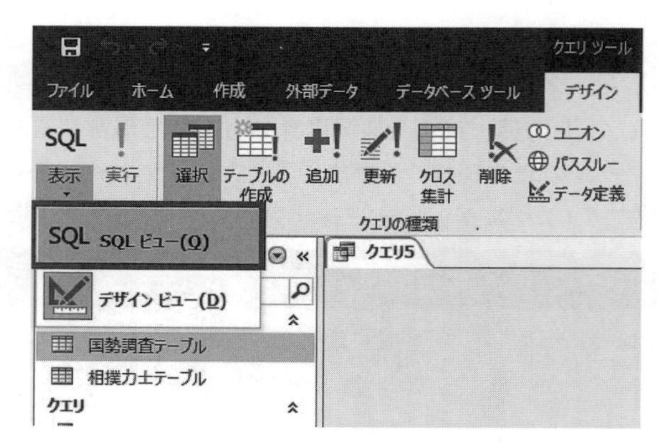

図 7.3.17　SQL ビューの表示

7.3.4　SQL の構文

ここでは，SQL ビューを用いて，検索を行う操作方法を学習する。一度作成した「クエリ」は保存することも，SQL 文を削除し使いまわすこともできるが，複数の SQL 文を一度に実行することはできない。

(1)　基本構文

以下は最も基本的な SQL 文の構文である。意味は，FROM 以下で指定されたテーブルの各レコードの中から，SELECT で指定されたフィールド名の値を表示することである。

SELECT フィールド名 FROM テーブル；

相撲力士テーブルから，力士の名前と所属部屋，最高位を表示させたいときは以下を SQL ビューに記入し，実行ボタンをクリックすると結果が表示される。

操作 7.3.10　指定されたテーブルの中の，フィールド名の値を表示する。

1．操作 7.3.9 の方法で，SQL ビューを表示する。
2．「SELECT 力士名，所属部屋，最高位 FROM 相撲力士テーブル；」を入力する。
3．実行ボタンをクリックする（図 7.3.18）。

SQL ビューを使用する際は，以下の点に注意する。
・フィールド名，テーブル名以外は半角英数字のみが利用できる。
・フィールド名，テーブル名は複数書くことができ，「, (半角カンマ)」で区切る。
・SELECT や FROM などの SQL で定義されている語句の前後は半角スペースを入れる。
・最後は「；(半角セミコロン)」で終了の合図となる。

クエリ1

SELECT 力士名, 所属部屋, 最高位 FROM 相撲力士テーブル;

図 7.3.18　基本的な SQL 文

力士名	所属部屋	最高位
双葉山　定次	立浪	横綱
羽黒山　政司	立浪	横綱
安藝ノ海　節	出羽海	横綱
照國　萬藏	伊勢ヶ濱	横綱
前田山　英五	高砂	横綱
東富士　謹一	高砂	横綱
千代の山　雅	出羽海	横綱
鏡里　喜代治	時津風	横綱
吉葉山　潤之	高島	横綱
朝潮　太郎	高砂	横綱
栃錦　清隆	春日野	横綱
若乃花　幹士	花篭	横綱
柏戸　剛	伊勢ノ海	横綱
大鵬　幸喜	二所ノ関	横綱
栃ノ海　晃嘉	春日野	横綱

図 7.3.19　操作 7.3.10 の SQL 文の抽出結果（一部）

(2)　条件付き検索

指定した項目をただ表示するだけでなく，指定した条件に合致するものだけを表示することもできる。先の基本構文に WHERE 句が追加されたものであり，WHERE 以降に比較演算子を用いて条件を記述する。Access で利用できる比較演算子は，Excel と同じもので，表 7.2.2 を参考にするとよい。

SELECT フィールド名 FROM テーブル WHERE 条件 ;

二子山に所属している力士のみを表示させたい，190cm 以上の力士名のみを表示させたいなどの条件付きの問い合わせが可能となる。以下は，二子山に所属している力士のみを表示させる。

操作 7.3.11　条件を指定した問い合わせ（文字列）

1. 操作 7.3.9 の方法で SQL ビューを表示する。
2. 「SELECT 力士名 , 所属部屋 , 最高位 FROM 相撲力士テーブル WHERE 所属部屋 = "二子山";」を入力する。
3. 実行ボタンをクリックする。

力士名	所属部屋	最高位
若乃花　幹士(	二子山	横綱
隆の里　俊英	二子山	横綱
貴乃花　光司	二子山	横綱
若乃花　勝	二子山	横綱
貴ノ花　利彰	二子山	大関
若嶋津　六夫	二子山	大関
貴ノ浪　貞博	二子山	大関
安芸ノ島　勝E	二子山	関脇
若翔洋　俊一	二子山	関脇
隆三杉　太一	二子山	小結
浪乃花　教天	二子山	小結
三杉里　公似	二子山	小結
*		

図 7. 3. 20　条件付き（文字列）SQL 文の結果

以下は，身長が 190cm 以上の力士の全フィールドを表示させる。

操作 7.3.12　条件を指定した問い合わせ（数値）

1．SQL ビューを表示する。
2．「SELECT * FROM 相撲力士テーブル WHERE 身長 >= 190;」を入力する。
3．実行ボタンをクリックする。

No	力士名	生年	出身地	所属部屋	最高位	身長	体重
7	千代の山　雅信	1926	1	出羽海	横綱	190	122
27	曙　太郎	1969	48	東関	横綱	204	233
28	双羽黒　光司	1963	24	立浪	横綱	199	157
30	武蔵丸　光洋	1971	48	武蔵川	横綱	192	237
36	大内山　平吉	1926	8	時津風	大関	202	152
59	貴ノ浪　貞博	1971	2	二子山	大関	197	173
78	高見山　大五郎	1944	48	高砂	関脇	192	205
96	旭天鵬　勝	1974	48	友綱	関脇	191	157
98	琴乃若　將勝	1968	6	佐渡ヶ嶽	関脇	192	176
99	琴富士　孝也	1964	12	佐渡ヶ嶽	関脇	192	150
109	水戸泉　政人	1962	8	高砂	関脇	194	192
112	旭豊　勝照	1968	23	大島	小結	191	146
120	陣岳　隆	1959	46	井筒	小結	191	148
123	大徹　忠晃	1956	18	二所ノ関	小結	193	125
124	孝乃富士　忠雄	1963	13	九重	小結	192	138
127	玉龍　大蔵	1954	42	片男波	小結	191	120
129	闘牙　進	1974	12	高砂	小結	190	177
131	巴富士　俊英	1971	5	九重	小結	192	153
139	琴欧洲　勝紀	1983	48	佐渡ヶ嶽	大関	203	153
141	白鵬　翔	1985	48	宮城野	横綱	192	158
143	露鵬　幸生	1980	48	大嶽	小結	195	146
148	黒海　太	1981	48	追手風	小結	190	154
151	把瑠都　凱斗	1984	48	尾上	大関	198	187
153	栃ノ心　剛	1987	48	春日野	小結	192	162
160	碧山　亘右	1986	48	春日野	小結	192	195
*							

図 7. 3. 21　条件付き（数値）SQL 文の結果

上記２つの条件式はよく見ると違いがある。値が文字列の場合は「所属部屋 ＝ “二子山”」と文字列を「”(ダブルクォーテーション)」で囲むが，数値の場合は「身長 >= 190」とそのまま記述する。以上や以下を意味する演算子は左側に不等号，右側に等号がつくので注意が必要となる。また，ここではselectの次にフィールド名でなく「*」が記述されているが，これは「テーブルにあるすべてのフィールド名」を意味する。つまり，レコード単位で結果を表示する。

(3)　論理演算 （AND，OR，NOT）を用いた検索

(2)では１つの条件式を記述したが，ここでは複数の条件からなる複雑な条件式を論理演算子を用いて記述する方法を学習する。論理演算については5.6.8項を参考にするとよい。

二子山部屋に所属する力士のうち，身長が185cmより大きい力士の全フィールドを表示するには条件式の中でANDを用いる。

操作 7.3.13　論理演算（AND）

1．SQLビューを表示する。
2．「SELECT * FROM 相撲力士テーブル WHERE 所属部屋 =" 二子山 " AND 身長 > 185;」を入力する。
3．実行ボタンをクリックする。

No	力士名	生年	出身地	所属部屋	最高位	身長	体重
22	若乃花　幹士(二	1953	2	二子山	横綱	186	129
26	貴乃花　光司	1972	13	二子山	横綱	187	159
53	若嶋津　六夫	1957	46	二子山	大関	188	122
59	貴ノ浪　貞博	1971	2	二子山	大関	197	173
*							

図 7.3.22　論理演算（AND）SQL文の結果

条件に合った４人の力士のみが表示される。

二子山部屋か高砂部屋に所属する力士の全フィールドを表示するには，条件式の中でORを用いる。

操作 7.3.14　論理演算（OR）

1．SQLビューを表示する。
2．「SELECT * FROM 相撲力士テーブル WHERE 所属部屋 =" 二子山 " OR 所属部屋 =" 高砂 ";」を入力する。
3．実行ボタンをクリックする。

25人の力士が表示される。

No	力士名	生年	出身地	所属部屋	最高位	身長	体重
5	前田山　英五郎	1914	38	高砂	横綱	180	117
6	東富士　謹一	1921	13	高砂	横綱	179	178
10	朝潮　太郎	1929	46	高砂	横綱	188	135
22	若乃花　幹士(二	1953	2	二子山	横綱	186	129
24	隆の里　俊英	1952	2	二子山	横綱	182	159
26	貴乃花　光司	1972	13	二子山	横綱	187	159
31	若乃花　勝	1971	13	二子山	横綱	180	134
32	朝青龍　明徳	1980	48	高砂	横綱	185	153
47	貴ノ花　利彰	1950	2	二子山	大関	182	106
51	前の山　和一	1945	27	高砂	大関	187	130
53	若嶋津　六夫	1957	46	二子山	大関	188	122
55	朝潮　太郎(二代	1955	39	高砂	大関	183	186
58	小錦　八十吉	1963	48	高砂	大関	183	284
59	貴ノ浪　貞博	1971	2	二子山	大関	197	173

図 7. 3. 23　論理演算（OR）の SQL 文の結果（一部）

二子山部屋以外に所属している力士の全フィールドを表示するには，NOT を用いる。

操作 7.3.15　論理演算（NOT）

1．テーブルビューを表示する。
2．「SELECT * FROM 相撲力士テーブル WHERE NOT 所属部屋 =" 二子山 ";」を入力する。
3．実行ボタンをクリックする。

No	力士名	生年	出身地	所属部屋	最高位	身長	体重
1	双葉山　定次	1912	44	立浪	横綱	179	128
2	羽黒山　政司	1914	15	立浪	横綱	179	129
3	安藝ノ海　節男	1914	34	出羽海	横綱	177	128
4	照國　萬藏	1919	5	伊勢ヶ濱	横綱	174	161
5	前田山　英五郎	1914	38	高砂	横綱	180	117
6	東富士　謹一	1921	13	高砂	横綱	179	178
7	千代の山　雅信	1926	1	出羽海	横綱	190	122
8	鏡里　喜代治	1923	2	時津風	横綱	174	161
9	吉葉山　潤之輔	1920	1	高島	横綱	179	143
10	朝潮　太郎	1929	46	高砂	横綱	188	135
11	栃錦　清隆	1925	13	春日野	横綱	177	132
12	若乃花　幹士	1928	2	花篭	横綱	179	105
13	柏戸　剛	1938	6	伊勢ノ海	横綱	188	139
14	大鵬　幸喜	1940	1	二所ノ関	横綱	187	153
15	栃ノ海　晃嘉	1938	2	春日野	横綱	177	110

図 7. 3. 24　論理演算（NOT）の SQL 文の結果（一部）

相撲力士 168 人中，二子山部屋所属の 12 人を抜いた 156 人の力士が表示される。この問い合わせでは NOT でなく演算子「<>」を用いても同じ結果が得られる。

(4) 便利な演算 1（IN，BETWEEN）

ここでは，使わなくても記述できるが，知っていると便利な演算を学習する。二子山部屋か高砂部屋の力士を検索したい場合，OR演算を用いて記述することができた。しかし，立浪部屋も春日野部屋もと条件を増やすと，ORでは表現が複雑になる。そこで，INを用いる。

操作 7.3.16 論理演算（IN）

1. SQLビューを表示する。
2. 「SELECT * FROM 相撲力士テーブル WHERE 所属部屋 IN ("二子山","高砂","立浪","春日野");」を入力する。
3. 実行ボタンをクリックする。

身長が180cm以上190cm以下の力士を検索したい場合も，ANDを用いることによって条件式が作成できる。しかし，BETWEEN ANDを用いると簡単に式が作成できる。ただし，条件は「以上」，「以下」と等号が含まれる条件式になることに注意が必要となる。

操作 7.3.17 論理演算（BETWEEN）

1. SQLビューを表示する。
2. 「SELECT * FROM 相撲力士テーブル WHERE 身長 BETWEEN 180 AND 190;」を入力する。
3. 実行ボタンをクリックする。

(5) 便利な演算 2（NULL値の検出，あいまい検索）

次に便利な演算として，NULL値の検出とあいまい検索が挙げられる。値の入っていないものを探したり，ある特定の文字を含むものなどの検索したりできる。

都道府県テーブルから，人口総数（平成22年）のフィールドに値が入っていないものを検出する。

操作 7.3.18 NULL値の検出（IS NULL）

1. SQLビューを表示する。
2. 「SELECT * FROM 国勢調査テーブル WHERE 人口総数（平成22年）IS NULL;」を入力する。
3. 実行ボタンをクリックする。

	都道府県コ	都道府県名	地域名	人口総数(³	人口総数(³	男性	女性	日本人	外国人
	48	海外	海外						
*									

図7.3.25 人口総数（平成22年）のフィールドに値の入っていないレコード

名前に「花」という文字が含まれる力士を検出する。

操作 7.3.19　あいまい検索（LIKE）

1. SQL ビューを表示する。
2. 「SELECT * FROM 相撲力士テーブル WHERE 力士名 LIKE "* 花 *";」を入力する。
3. 実行ボタンをクリックする。

条件式内で「*（ワイルドカード）」を利用し，あいまい検索をする際の演算子は「=」ではなく，「LIKE」であることに注意が必要である。

No	力士名	生年	出身地	所属部屋	最高位	身長	体重
12	若乃花　幹士	1928	2	花篭	横綱	179	105
22	若乃花　幹士(二	1953	2	二子山	横綱	186	129
26	貴乃花　光司	1972	13	二子山	横綱	187	159
31	若乃花　勝	1971	13	二子山	横綱	180	134
40	佐賀ノ花　巳	1917	41	二所ノ関	大関	170	128
47	貴ノ花　利彰	1950	2	二子山	大関	182	106
80	福の花　孝一	1940	43	出羽海	関脇	183	135

図 7.3.26　あいまい検索の結果（一部）

(6)　集計関数

SELECT の次の項目に集計関数を用いることができる。これによって，力士の身長の最大値や最小値，所属部屋の力士の数などが計算できる。次は，相撲力士テーブルにある力士数と最大身長を計算して表示する問い合わせである。COUNT 以外はどのフィールドを計算するかの指定が必要となる COUNT のみ * で指定できる。

操作 7.3.20　集計関数

1. SQL ビューにし，「SELECT COUNT(*) FROM 相撲力士テーブル ;」を入力する。
2. 実行ボタンをクリックする（図 7.3.27）。
3. SQL ビューに戻し，「SELECT MAX(身長) FROM 相撲力士テーブル ;」を入力する。
4. 実行ボタンをクリックする。

表 7.3.2　集計関数

集計関数	意味
COUNT	件数
MAX	最大値
MIN	最小値
AVG	平均値

図 7.3.27　COUNT 関数の結果

(7) ソート（ORDER BY），グループ化（GROUP BY）

検索結果の表示される順番を指定したり，グループ化したりすることもできる。身長の降順に力士を表示したい場合，ORDER BY 身長 DESC（descending）と指定する。昇順の場合はASC（ascending）である。

操作 7.3.21 ソート（ORDER BY）

1. SQLビューを表示する。
2. 「SELECT * FROM 相撲力士テーブル ORDER BY 身長 DESC;」を入力する。
3. 実行ボタンをクリックする。

次は，所属部屋ごとにグループ化し，所属している力士の人数を表示する。しかし，結果の項目が「Expr1001」などと表示されるため，この表示を変更するため「AS」を用いる。

操作 7.3.22 グループ化（GROUP BY）

1. SQLビューを表示する。
2. 「SELECT 所属部屋 , COUNT(*) FROM 相撲力士テーブル GROUP BY 所属部屋 ;」を入力する。
3. 実行ボタンをクリックする（図7.3.28(左)）。
4. SQLビューに戻し，「SELECT 所属部屋 , COUNT(*) AS 人数 FROM 相撲力士テーブル GROUP BY 所属部屋 ;」と入力する。
5. 実行ボタンをクリックする（図7.3.28(右)）。

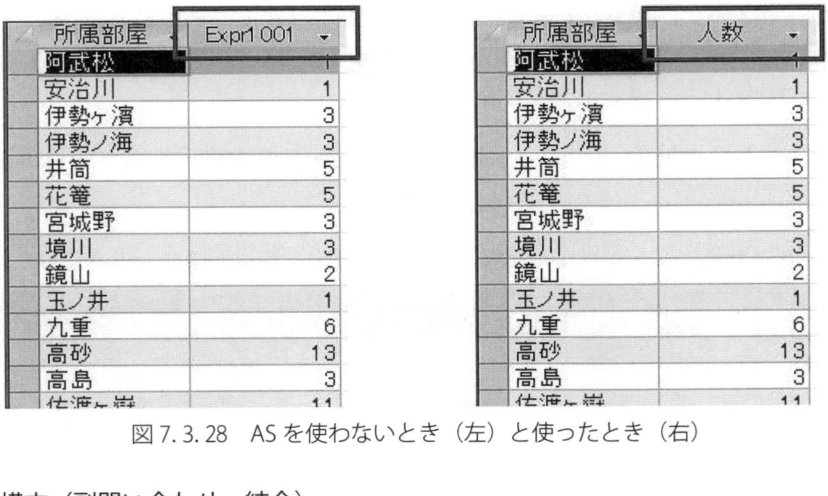

所属部屋	Expr1001
阿武松	1
安治川	1
伊勢ヶ濱	3
伊勢ノ海	3
井筒	5
花篭	5
宮城野	3
境川	3
鏡山	2
玉ノ井	1
九重	6
高砂	13
高島	3
佐渡ヶ嶽	11

所属部屋	人数
阿武松	1
安治川	1
伊勢ヶ濱	3
伊勢ノ海	3
井筒	5
花篭	5
宮城野	3
境川	3
鏡山	2
玉ノ井	1
九重	6
高砂	13
高島	3
佐渡ヶ嶽	11

図7.3.28 ASを使わないとき（左）と使ったとき（右）

(8) 複雑な構文（副問い合わせ，結合）

条件式の中に文を入れ，複雑な問い合わせをしたり，複数のテーブルを結合したりすることもできる。

例えば，相撲力士テーブルの体重が一番軽い力士の名前と体重を表示したい場合である。この問い合わせでは，次のような2段階の問い合わせが必要となる。

1）相撲力士テーブルの中で最低体重を求める。

SELECT MIN（体重）FROM 相撲力士テーブル；

2）1）で求めた最低体重を持つ力士名と体重を表示させる。

SELECT 力士名，体重 FROM 相撲力士テーブル WHERE 体重 = （1）で得られた値 ；

しかし，副問い合わせを用いることにより，一度の問い合わせで実行することができる。2番目の条件式の中に1番目の式を入れる。

相撲力士テーブルの体重が一番軽い力士の名前と体重を，副問い合わせを用いて検索する。

操作 7.3.23　副問い合わせ

1．SQL ビューを表示する。
2．「SELECT 力士名，体重 FROM 相撲力士テーブル WHERE 体重 = (SELECT MIN(体重) FROM 相撲力士 DB);」を入力する。
3．実行ボタンをクリックする。

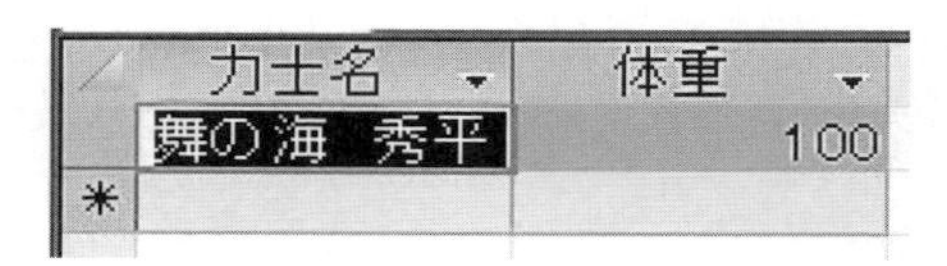

力士名	体重
舞の海 秀平	100
*	

図 7.3.29　副問い合わせの結果

これまでは FROM の次に1つのテーブルが来る検索を取り扱ってきた。ここでは，複数のテーブルを利用した検索を実施する。関係データベースでは1テーブル1事実ということで，データを分割し管理し，必要なときにデータを結合する。

SELECT フィールド名 FROM テーブル1 {INNER | RIGHT | LEFT} JOIN テーブル2　ON　結合条件

相撲力士テーブルと都道府県テーブルを結合し，力士名と出身都道府県名，出身地域名を表示する。

操作 7.3.24　結合（INNER JOIN）

1．SQL ビューを表示する。
2．「SELECT 力士名，所属部屋，身長，体重，出身地，地域名 FROM 国勢調査テーブル INNER JOIN 相撲力士テーブル ON 国勢調査テーブル．都道府県コード = 相撲力士テーブル．出身地;」を入力する。
3．実行ボタンをクリックする。

SQL文中の「相撲力士テーブル．力士名」は，「相撲力士テーブル」のフィールド「力士名」を意味し，「.（半角ピリオド）」でテーブルとフィールドを接続している。

力士名	所属部屋	身長	体重	出身地	地域名
千代の山　雅	出羽海	190	122	1	北海道・東北
吉葉山　潤之	高島	179	143	1	北海道・東北
大鵬　幸喜	二所ノ関	187	153	1	北海道・東北
北の富士　勝	出羽海	185	135	1	北海道・東北
北の湖　敏満	三保ヶ関	179	169	1	北海道・東北
千代の富士	九重	183	127	1	北海道・東北
北勝海　信芳	九重	181	151	1	北海道・東北
名寄岩　静男	立浪	173	128	1	北海道・東北
北葉山　英俊	時津風	173	119	1	北海道・東北
旭國　斗雄	立浪屋	174	121	1	北海道・東北
大受　久晃	高島	177	150	1	北海道・東北
北天佑　勝彦	三保ヶ関	183	139	1	北海道・東北

図7.3.30　結合の結果（一部）

結合には，INNER JOIN（内部結合），RIGHT JOIN（右外部結合），LEFT JOIN（左外部結合）の3種類が存在する。内部結合は，2つのテーブルの該当部分のみを表示する。右外部結合は，SQL文中の「RIGHT JOIN」の左側に書いてあるテーブルが優先され，そのテーブルの内容はすべて表示される。左外部結合は「LEFT JOIN」の左側にあるテーブルが優先され，右側にあるテーブルに該当する値がない場合も表示される。

SQL文ではJOINの文字の右にあるか左にあるかで優先が決まるが，Accessでは手法が異なる。テーブルデザインで結合を行う場合，テーブルをマウスで簡単に移動可能なためか，テーブルの位置は関係ない。常に，1側（管理する側のテーブル）のテーブルが左にあるとみなされ，結合のプロパティで結合の種類を選択する。得られる結果は，SQL文でもテーブルデザインでも同じである。

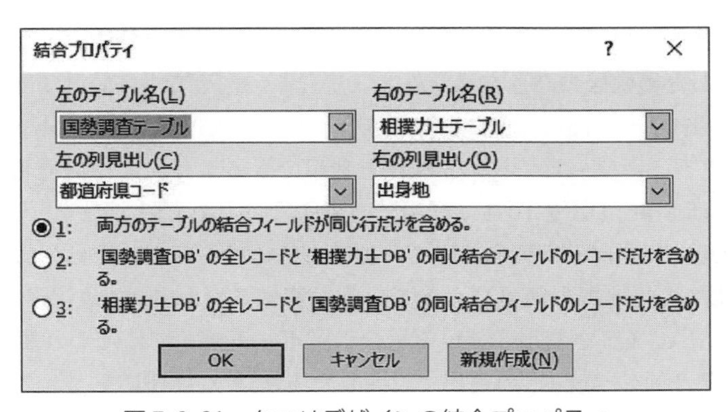

図7.3.31　クエリデザインの結合プロパティ

FROMにテーブルを複数書く場合，書き方によっては，直積とみなされ想定した答えと異なるので，注意が必要である。

練習問題7.3　URL参照

7.4　フリーデータベースの活用

今まで説明した Access や Excel は簡単にデータを保存し，分析したり検索したりできるため，とても便利である。しかし，膨大なデータを保存したり，サーバ上に置きアプリやブログなどから利用するのには向いていない。本格的にデータベースを利用する際は，現在は，PostgreSQL，MySQL，MariaDB などフリーデータベースが多く利用されている。実際，企業の Web サイトの裏で RDB が動いていることも多く，有料のブログだけでなく，無料のブログでも RDB の選択肢があることが多い。

フリーデータベースを利用するには，まず，データベースを選択し，さらにデータベースに接続するためのクライアントソフトをインストールすることが多い。これは，データベースだけをインストールした場合，すべてをコマンドラインから入力する必要があるからである。慣れないうちは GUI（グラフィカルユーザインターフェース）で直感的にマウスを用いデータベースを操作できるようにするために，クライアントソフトをインストールするとよい。

最近では多くのフリーデータベースが，Windows OS でも，Linux でもインストール可能である。ただし，インターフェースが異なることが多いため注意が必要である。今までは，フリーのデータベースとしては，オブジェクト関係データベースの PostgreSQL と関係データベースの MySQL がよく利用されてきた。現在，MySQL の管理が Oracle 社に移ったこともあり，関係データベースの MariaDB が利用されることが多くなってきている。

クライアントソフトとしては，選択したデータベースに対応しているものなら何を使ってもよいが，PostgreSQL 用には phpPgAdmin，MariaDB や MySQL 用には phpMyAdmin などがよく利用されている。これらは，Web ベースのクライアントソフトだが，ブログで用いるデータベースで利用されていることもあり，根強い人気がある。しかし，実際に自分でインストールするとなると，データベース，クライアントソフト，だけでなく必要なソフトを多数自分のコンピュータにインストールする必要が出てくるため敷居の高さを感じるユーザも多い。そこで，最近では XAMPP（ザンプ，https://www.apachefriends.org/）も多く利用されている。XAMPP は Web サーバとなる apache と MariaDB とプログラミング言語 PHP と Perl を利用できるようにした開発環境である。XAMPP をインストールすれば MariaDB を GUI で利用できるようになるだけでなく，慣れれば Web サーバ上に PHP や Perl を用いてアプリも作成できる。XAMPP のインストールは，すべてを 1 つずつインストールするのに比べて，とても簡単になっている。特にこだわりのない場合は，XAMPP のインストールを勧める。MAC OS を使用している場合は，ポートがすでに使われていることが多いため注意が必要である。7.3 節の Access の活用で説明した方法は XAMPP をインストールすればよく似た方法でそのまま利用できる。付録で XAMPP のインストール方法と簡単な利用方法を具体的に紹介する。

8 データサイエンスの基礎

この章は，データサイエンスの基礎を学び，データ分析するための基本的な概念や手法を身に付けることを目的とする。データサイエンスは統計学をはじめ，コンピュータサイエンスや機械学習や人工知能などと深く関連している。近年，取得可能なビッグデータやコンピューターの技術進歩に支えられ，社会の至る所で求められている。本章では，データサイエンスを理解する上で必要な基礎知識を言及したあと，分析のための統計基礎，分析で使用するデータの収集，データの前処理，分析の活用法と可視化の順番で学習する。

8.1 データサイエンスとは

データサイエンスという言葉は新しいものではない。ただし，インターネットの普及や科学技術の発達により，ビッグデータも取り扱えるようになった今では，その注目度や関心度がますます高まっている。本書において，データサイエンスとは，統計学をはじめ，コンピュータサイエンス，機械学習，人工知能など，多くの領域にわたる科学的手法で，様々なデータから有益な情報を引き出すための研究分野を指す。

情報通信技術やコンピュータサイエンスの発展とともに，様々なデータが大量に集められるようになってきた。これらのビッグデータを利用して，我々の意思決定を支援することがデータサイエンスの目的の１つである。そして，数学や統計学が理論的な支えとなっている。その成果が我々の日常生活から仕事にまで浸透している。

例えば，我々が普段から利用している Amazon や楽天などの EC サイトでは，膨大な顧客の購買履歴を分析し，嗜好に応じて別の商品を推薦するような仕組みとなっている。また，携帯電話の利用状況から人々の行動履歴を蓄積し，人々の流れからコロナ感染症のリスクマネジメントに反映させ，政策策定の根拠にもなっている。

注意すべきなのは，対象のデータはインターネットデータだけではない。金融，経済，医療，生物，社会福祉，政府関連，教育関連など，ほぼすべての業界に及ぶ。したがって，データサイエンスの基礎を学び，データ分析のスキルを身に付けることが重要である。そして，データサイエンスの仕事をこなす専門家としてデータサイエンティストという職種が出現した。

8.1.1 データサイエンスのプロセス

データサイエンスは多岐な領域の知識の集合体として成り立っている。一般的には，データサイエンティストは以下のようなステップで分析を行う。

問題（課題）と分析目的の明確化

1．分析の計画

2．データの収集
3．データの前処理
4．分析手法の選定と実装
5．可視化と効果の検証
6．運用

例えば，ビジネス問題の場合では，そのビジネスを理解し，分析の目的，必要なデータおよび分析プランを先に明確にする必要がある。そして，実際に必要なデータを収集し，分析のための加工や処理を行う。適切なモデリングでデータを適用させ，検証や可視化などで効果を確認できたら意思決定や運用に応用していく流れになる。これは経済データ分析の PPDAC フレームワークとも呼ぶ。

PPDAC は問題（Problem），計画（Plan），データ（Data），データ分析（Analysis），結論・意思決定（Conclusion）の頭文字である。図 8.1.1 は PPDAC の流れを示している。注意すべきなのは，このサイクルは必ずしも 1 回で終わるとは限らない。分析の結論により，新たな問題点や改良点がわかった場合では何度も繰り返される。これらの仕事をこなすために，データサイエンティストには，対象ビジネス分野の知識，コンピュータサイエンスの知識，統計学の知識，およびビジネス課題解決のための応用力などが必要である。本書では，事例を通じ，Excel を利用して関連する知識の基礎を学ぶ。

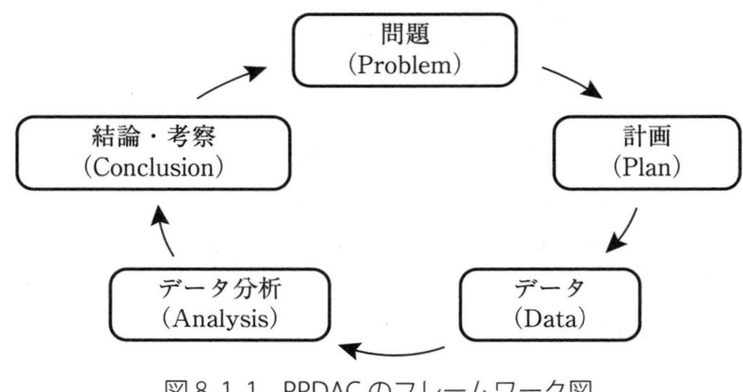

図 8.1.1　PPDAC のフレームワーク図

【練習問題 8.1】　URL 参照

8.2　分析のための統計基礎

「嘘には 3 種類あり，嘘と大嘘と統計だ」という言葉がある。これは統計が嘘の部類に入るという意味ではなく，データの見方，取り扱い方がよくわからないと間違った結論になることを指している。特にビッグデータの時代では，データに裏打ちされた主張ができるように，正しいデータの見方や取り扱い方を知ることが大事だと考えられる。本節では，統計学の基礎であるデータの種類，データの代表値，およびデータの相関関係について概説する。ただし，データ分析するための最低限の内容にとどまる。詳しい解説は統計学の専門書に任せる。

8.2.1 データの種類

データとは，何かの目的に沿って集められたもので，様々な種類がある。それぞれの種類ごとにデータの見方，分析手法が異なってくるので，どのような特徴があるのかを知っておくのは非常に重要である。

代表的な分類として，データの形態から「**数値データ**」と「**文字データ**」に分けることができる。数値データは**量的データ**とも呼ばれている。例えば，身長データ，売上データ，人口データ，株価データ，気温データなどである。文字データは**質的データ**とも呼ばれている。例えば，天候データ，性別データ，アンケートデータなどである。文字データでは，直接互いに足したり，引いたり，平均を求めたりするような計算ができない。

分析するために，文字データを数字に置き換えるときがある。例えば，アンケート調査の中で，性別を示すデータに対して，「男性」⇒0に，「女性」⇒1に置き換えて分析する。この時，数値の大小関係は何の意味も持たない。単純にデータの違いを表す。

また，統計学では，表8.2.1のように，データを性質に応じて4つの尺度に分けて考える。

表8.2.1 データの「ものさし」

	分類	意味	例
質的データ	名義尺度	データを区別するためのものさし	男女，血液型，所属学部，学籍番号
	順序尺度	区別されたデータに順序があるものさし	アンケート調査，天候
量的データ	間隔尺度	順序付きデータに等間隔の差があるものさし	気温，テストの点数
	比尺度	原点（0）があり，間隔の差にも比率にも意味があるものさし	身長，速度

8.2.2 統計的代表値

データは数値の集合であるため，その性質を直観的に理解することは非常に難しい。データの全体の特徴を表現するために用いられるのが代表値である。ここでは，いくつかの重要な代表値について説明する。

最も用いられる代表値は「**平均値**」である。そして，データの中心を示すために「**中央値**」，データの多数派を示すために「**最頻値**」が用いられる。図8.2.1で示したように，平均値はデータをすべて足した合計値をデータ数で割った値である。この平均値は算術平均とも呼ばれている。それ以外にも何種類かある。例えば，加重平均，幾何平均，調和平均などである。中央値はデータを大小の順番に並べたときの「真ん中」の値である。最頻値はデータの中で最も頻繁に表れた値である。場合によっては最頻値が1つとは限らない。

一般的には，データの中心を表すには平均値が最も良く用いられる。しかし，データの中に異常に大きな値や小さな値一「**外れ値**」がある場合では平均値は不安定である。外れ値とは，値の中で他の値からの残差が異常に大きいあるいは小さい値のことである。外れ値のうち，測定ミス・記入ミス等原因がわかっているものを「異常値」と呼ぶ場合がある。外れ値が見つかった場合，目的に応じて除外したり，変換を行ったりすることがある。また，分析対象自体になることもある。外れ値の探索には様々な方法がある。簡易的な判断方法として，平均値と中央値と最頻値を利用することである。例えば，「平均値≒中央値≒最頻値」の場合では外れ値がない。「平均値＞中央値＞最頻値」の場合では大きな外れ値が存在するかもしれない。「平均値＜中央値＜最頻値」の場合では小さな外れ値が存在するかもしれない。より正確に探索するなら箱ひげ図や外れ値検定を利用する。

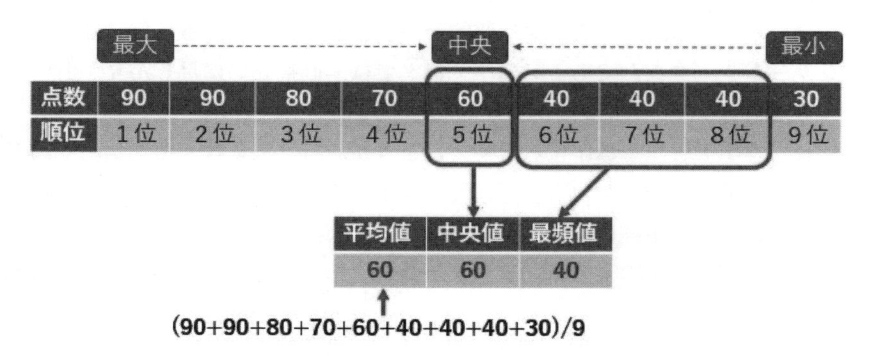

図 8.2.1　平均値・中央値・最頻値イメージ図

図 8.2.2 の顧客販売データを使用して，中央値と最頻値を計算する関数について学習する。なお，平均値の AVERAGE 関数に関しては 5.3.5 項「基本の関数」を参照する。顧客販売データでは，「顧客 ID」，「来店回数」，「購入金額」，「経過日数（前回来店日から経過する日数）」を示している。

	A	B	C	D	E	F	G	H	I
1	顧客ID	来店回数	購入金額	経過日数					
2	P00001	11	147,020	48			来店回数	購入金額	経過日数
3	P00002	6	68,300	26		平均値			
4	P00003	11	55,500	48		中央値			
5	P00004	5	53,570	203		最頻値			
6	P00005	11	134,280	48					
7	P00006	11	115,390	48					

図 8.2.2　顧客販売データ

ここでは，「来店回数」について，中央値（MEDIAN），最頻値（MODE）を計算する。平均値の計算操作を省略する。「購入金額」と「経過日数」については練習問題として各自実習する。

操作 8.2.1　中央値 MEDIAN 関数の設定方法

1．計算結果を入れるセルを選定する。
2．〔関数の挿入〕また〔数式〕タブの〔関数の挿入〕をクリックする。
3．関数の検索窓に「median」と入力し検索する。
4．関数名一覧から「MEDIAN」を選び，〔OK〕をクリックする。
5．〔数値１〕のところで対象データ範囲を選択し，〔OK〕をクリックする（図 8.2.3）。

図 8.2.3 の例では，セル G4 を選択し，= MEDIAN(B2:B101) と式を設定する。

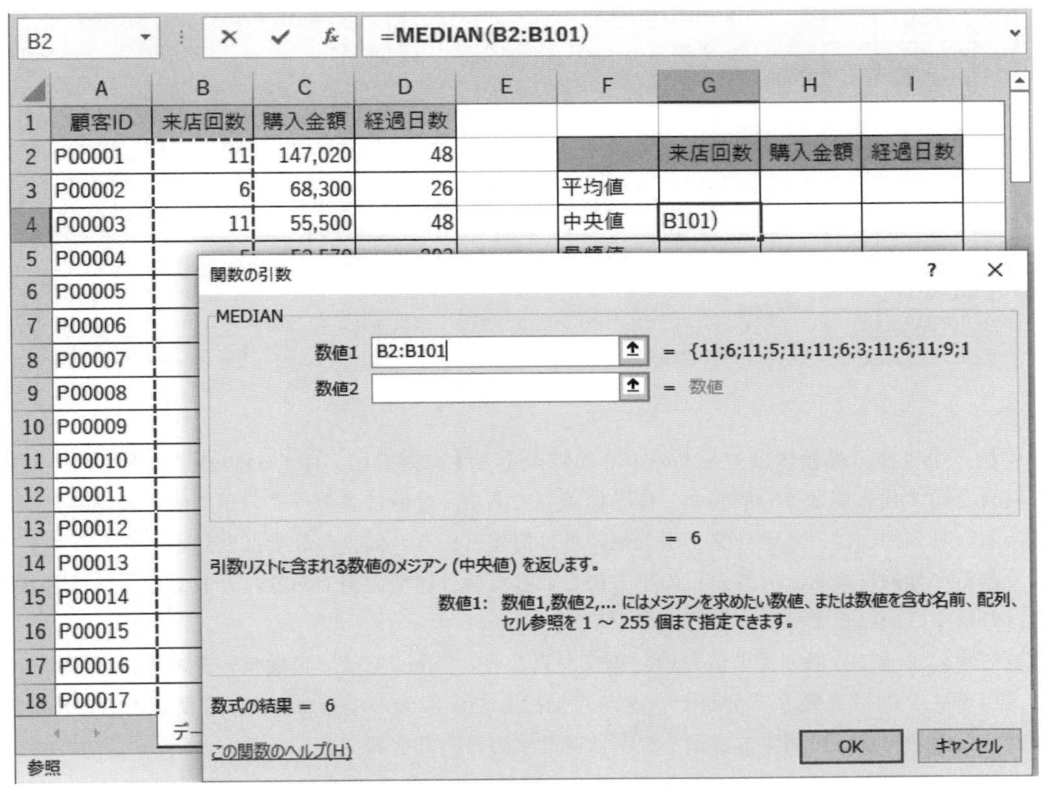

図 8.2.3　MEDIAN 関数の設定

操作 8.2.2　最頻値 MODE 関数の設定方法

1．計算結果を入れるセルを選定する。
2．〔関数の挿入〕また〔数式〕タブの〔関数の挿入〕をクリックする。
3．関数の検索窓に「mode」と入力し検索する。
4．関数名一覧から「MODE」を選び，〔OK〕をクリックする。
5．〔数値１〕のところで対象データ範囲を選択し，〔OK〕をクリックする（図 8.2.4）。

図 8.2.4 の例では，セル G5 を選択し，= MODE(B2:B101) と式を設定する。

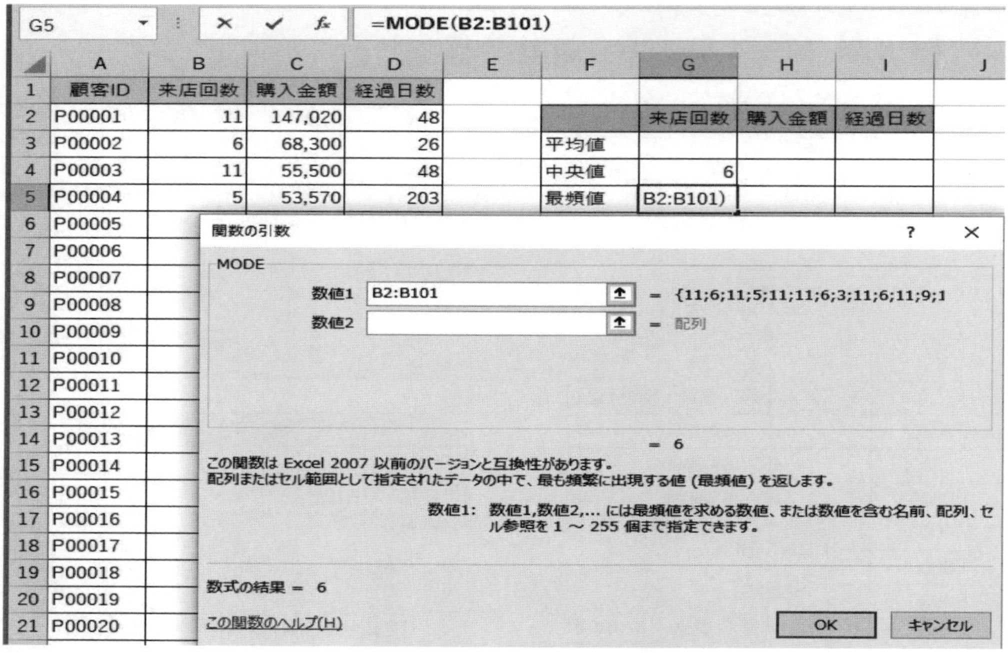

図 8.2.4　MODE 関数の設定

平均値，中央値，最頻値はデータの中心の特徴を表すに対して，中心の周りでの散らばり（広がり）具合を示す代表値は「分散」と「標準偏差」である。分散は各データの平均値との差の 2 乗の平均である。具体的には，各データと平均値の差は偏差という。偏差の 2 乗は変動という。変動をデータ数で割ると分散になる。分散の正の平方根を取った値は標準偏差である。分散あるいは標準偏差が小さければ小さいほどデータが中心に集中している。

計算対象によって分散と標準偏差の計算式が異なる。Excel では，全数データの場合は VAR.P 関数と STDEV.P 関数を使う。全数データから抽出した一部分の場合は VAR.S 関数と STDEV.S 関数を使う。両者の違いに関する詳細な説明は統計学の専門書を調べよう。

図 8.2.2 の顧客販売データを使用して，「来店回数」の分散と標準偏差を計算する関数について学習する。仮に今回使用しているのは顧客全員に対するデータである。

操作 8.2.3　分散 VAR.P 関数の設定方法

1. 計算結果を入れるセルを選定する。
2. 〔関数の挿入〕また〔数式〕タブの〔関数の挿入〕をクリックする。
3. 関数の検索窓に「var.p」と入力し検索する。
4. 関数名一覧から「VAR.P」を選び，〔OK〕をクリックする。
5. 〔数値 1〕のところで対象データ範囲を選択し，〔OK〕をクリックする（図 8.2.5）。

図 8.2.5 の例では，セル G6 を選択し，= VAR.P(B2:B101) と式を設定する。

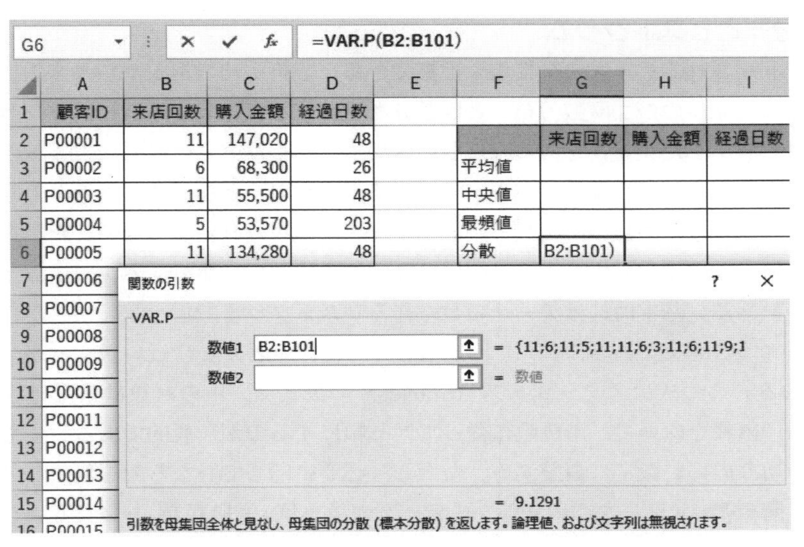

図 8.2.5　VAR.P 関数の設定

操作 8.2.4　標準偏差 STDEV.P 関数の設定方法

1．計算結果を入れるセルを選定する。
2．〔関数の挿入〕また〔数式〕タブの〔関数の挿入〕をクリックする。
3．関数の検索窓に「stdev.p」と入力し検索する。
4．関数名一覧から「STDEV.P」を選び，〔OK〕をクリックする。
5．〔数値 1〕のところで対象データ範囲を選択し，〔OK〕をクリックする（図 8.2.6）。

図 8.2.6 の例では，セル G7 を選択し，＝STDEV.P(B2:B101) と式を設定する。

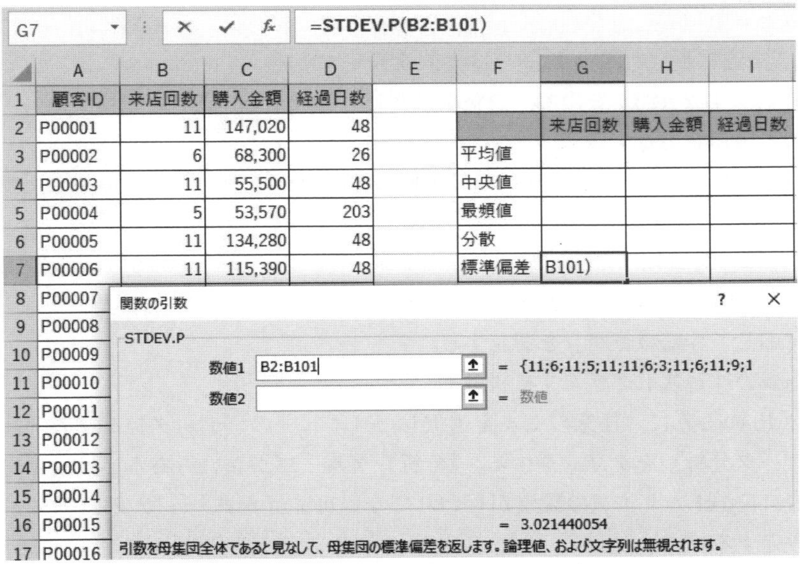

図 8.2.6　STDEV.P 関数の設定

8.2.3　度数分布とヒストグラム

データ分析に利用されるデータの全体像を把握できると分析手法の選定や結果を類推できる可能性がある。この際に役立つのが「**度数分布**」と度数分布表に従って作成する「**ヒストグラム**」である。度数分布表とは，収集したデータをある幅ごとに区切って，それぞれの区間に含まれるデータの個数をまとめた表である。そして，度数分布表を図で表すグラフのことをヒストグラムと呼ぶ。

度数分布表を作成するために，階級数と階級幅を先に決めなければならない。階級数はデータをいくつかの区間に区分けする数である。階級幅は区分けする値領域の幅である。階級数と階級幅の決め方については複数ある。基本的にはデータの数や作るヒストグラムで何を示したいかによる。

例えば，データの数が n である時に，「 階級数＝ 1+3.3 × log n 」に近い数で，かつデータの性質を加味して決める。この式はスタージェス（Starjes）の公式で，中の対数は常用対数である。階級幅は最初と最後の階級を除いて，階級数に従って同じ幅にするのが一般的である。また，各階級の端点はできるだけ切りのいい数字に調整する。ただし，必要に応じて異なる幅を取ることもある。計算式としては，「 階級幅＝ (データの最大値 － データの最小値) ÷階級数 」となる。そして，階級の表現は，例えば，階級「50〜60」の場合では，50 以上 60 未満の意味となる。

図 8.2.2 の顧客販売データを使用して度数分布とヒストグラムの作成手順について説明する。なお，対象データは「経過日数」を使用する。分析の目的は全顧客の来店間隔の状況を把握することである。Excel の「分析ツール」を利用する。

1．階級数を決める
- 図 8.2.7 のように，セル G2 を選択し，=1+3.3 × LOG10(100) と式を設定する。
- LOG10(100) は常用対数の関数で，100 はデータ数（全顧客の数）である。
- 計算結果は「7.6」なので，調整結果として階級数を「8」とする。

2．階級幅を決める
- 図 8.2.8 のように，セル H2 と I2 で「経過日数」の最大値と最小値を計算する（4.3.6 基本の関数を参照)。
- セル J2 を選択し，=(H2 – I2) ÷ G3 と式を設定する。
- 計算結果は「22.125」なので，調整結果として階級幅を「25」とする。

3．各階級の上限値を用意する
- 図 8.2.9 のように，「経過日数」の最小値は 26 のため，セル G6 に最初の上限値を「30」に設定する。
- 2 番目以降の階級幅は全部同じなので，セル G7 を選択し，=G6+$J$3 と式を設定する。
- セル G7 をコピーし，全 8 階級の階級区間が得られる。
- 必要に応じて「階級範囲」を明記する。

4．分析ツールの「ヒストグラム」を利用する
- 図 8.2.10 のように，任意のセルを選択し，メニューの〔データ〕タブの〔分析〕グループの〔データ分析〕をクリックする。〔分析〕グループがない，あるいは〔データ分析〕がない場合，Excel アドインの設定が行われてない可能性があり，「2.2.2 アドイン設定」を参考に設定する。
- データ分析の中から「ヒストグラム」を選び，ヒストグラムの設定画面になる。

- 「入力範囲」に「経過日数」のデータを選択する。項目名は含めない。
- 「データ空間」に「上限値」のデータを選択する。項目名は含めない。
- 「出力オプション」の「新規ワークシート」のままで，「グラフ作成」をチェックする。
- 「OK」をクリックすれば，新しいワークシートが開き，度数分布表とヒストグラムが完成する。

上記「経過日数」の例の結果を見ると，経過日数は30日以内と55日以内の顧客は全顧客の約60%を占めている。130日以内と155日以内の顧客は約20%を占めている。つまり，現状としては，約60%の顧客は2カ月以内で再来店して，約20%の顧客は4～5カ月以内で再来店している。さらに，ヒストグラムの形を見ると，データが両側に分布して，ばらつきが大きい。

以上の説明より，度数分布とヒストグラムの作成には，階級数と階級幅が重要なポイントである。しかし，階級数と階級幅には一意の決め方がなく，分析目的に応じて決めるべきである。

G2　=1+3.3*LOG10(100)

	A	B	C	D	E	F	G
1	顧客ID	来店回数	購入金額	経過日数			階級数
2	P00001	11	147,020	48		計算結果	7.60
3	P00002	6	68,300	26		調整結果	8

図8.2.7　階級数の計算

J2　=(H2-I2)/G3

	A	B	C	D	E	F	G	H	I	J
1	顧客ID	来店回数	購入金額	経過日数			階級数	最大値	最小値	階級幅
2	P00001	11	147,020	48		計算結果	7.60	203	26	22.125
3	P00002	6	68,300	26		調整結果	8			25

図8.2.8　階級幅の計算

=G6+$J$3

D	E	F	G	H	I	J
経過日数			階級数	最大値	最小値	階級幅
48		計算結果	7.60	203	26	22.125
26		調整結果	8			25
48						
203		階級範囲	上限値			
48			30			
48			=G6+$J$3			

	階級数	最大値	最小値	階級幅
計算結果	7.60	203	26	22.125
調整結果	8			25
階級範囲	上限値			
	30			
	55			
	80			
	105			
	130			
	155			
	180			
	205			

階級範囲	上限値
0～30	30
30～55	55
55～80	80
80～105	105
105～130	130
130～155	155
155～180	180
180～205	205

図8.2.9　階級区間の決定

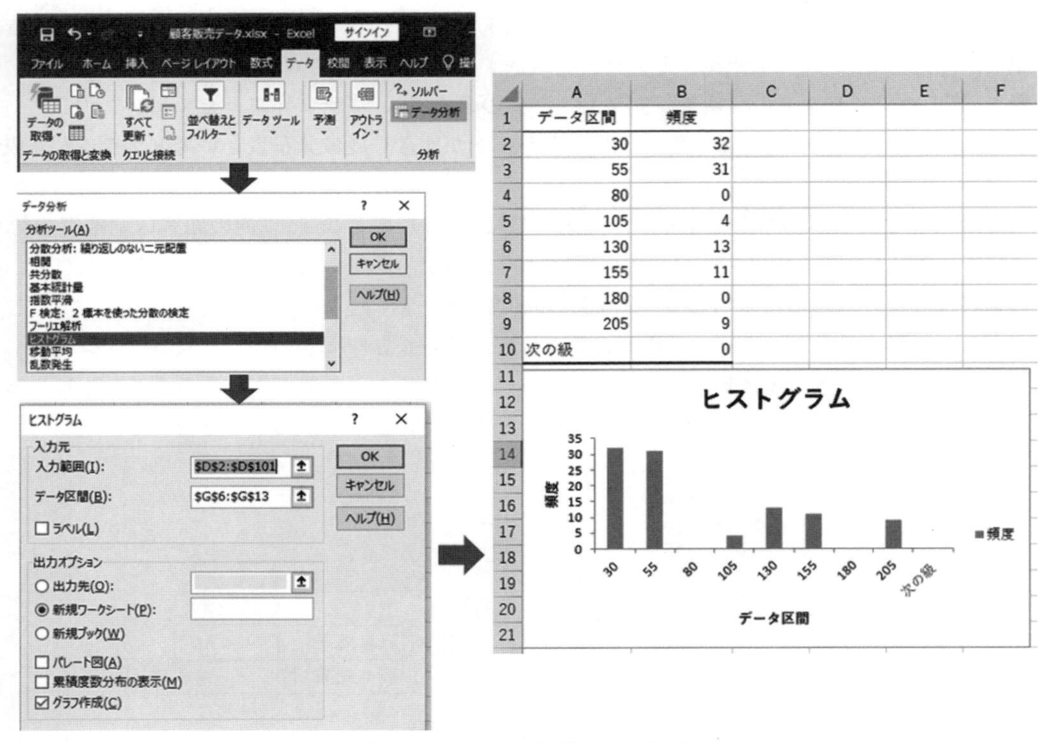

図 8.2.10　ヒストグラムの作成

8.2.4　相関関係

「風が吹けば桶屋が儲かる」ということわざがあるように，一見して何の関わりもないことの間で関連性を持っていることがある。統計学ではこの関連性を「相関」と呼ぶ。これは 2 つの変量（データ）間の統計的関連度度合を表す「**相関係数**」で測る。相関係数 R は -1～1 までの値をとる。-1 あるいは 1 に近いときは相関が強く，0 に近いときは相関なし（無相関）である。また，図 8.2.11 のように，散布図を描けば，相関関係を視覚的に確認することができる。

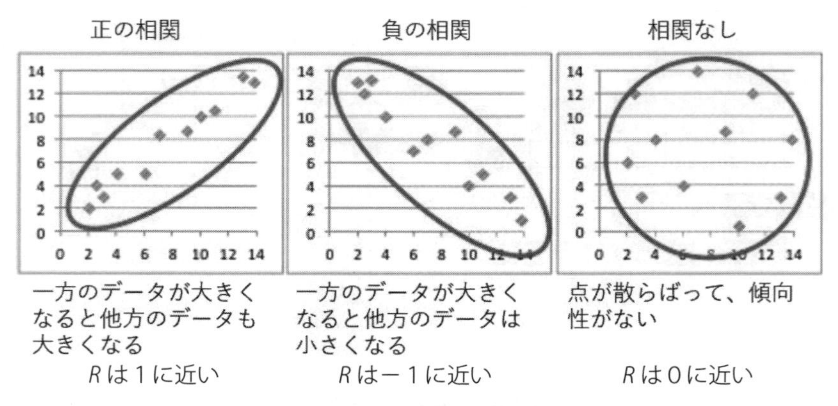

図 8.2.11　相関関係と散布図

ここで注意すべきことは，相関関係の結果はあくまでもデータ間の統計的見方であり，「風が吹けば桶屋が儲かる」的な因果関係の保証はまったくない。したがって，相関関係を利用して分析を行う場合は，散布図を作成して，2つの変量の散らばりを目で確認するとともに，相関係数などの裏に隠された背景がどのようなものなのかを注意深く吟味して行うべきである。

相関関係と後述する回帰分析に関する詳しい説明は統計専門書で確認しよう。以下では，図8.2.2の顧客販売データを例として，顧客の「来店回数」と「購入金額」間の散布図と相関係数の計算について学ぶ。

散布図を作成する前に，2つの変量の中で，原因になりうる変量と結果になりうる変量を明確にする。一般的にグラフの横軸に原因，縦軸に結果をとる。顧客販売データにおいては，「購入金額」は顧客の「来店回数」に従ってどのような変化をするかを測りたいため，「来店回数」が原因で，「購入金額」が結果となる。

図8.2.12のように，「来店回数」と「購入金額」のデータ範囲「B1:C101」を範囲選択し，メニューの〔挿入〕タブの〔グラフ〕グループの〔散布図またはバブルチャートの挿入〕から〔散布図〕をクリックする。これで散布図が作成される。なお，図中の楕円は説明のために追加した。グラフタイトルや軸ラベルの作成については，2.9節「グラフの設定と編集」を参照する。

8
データサイエンスの基礎

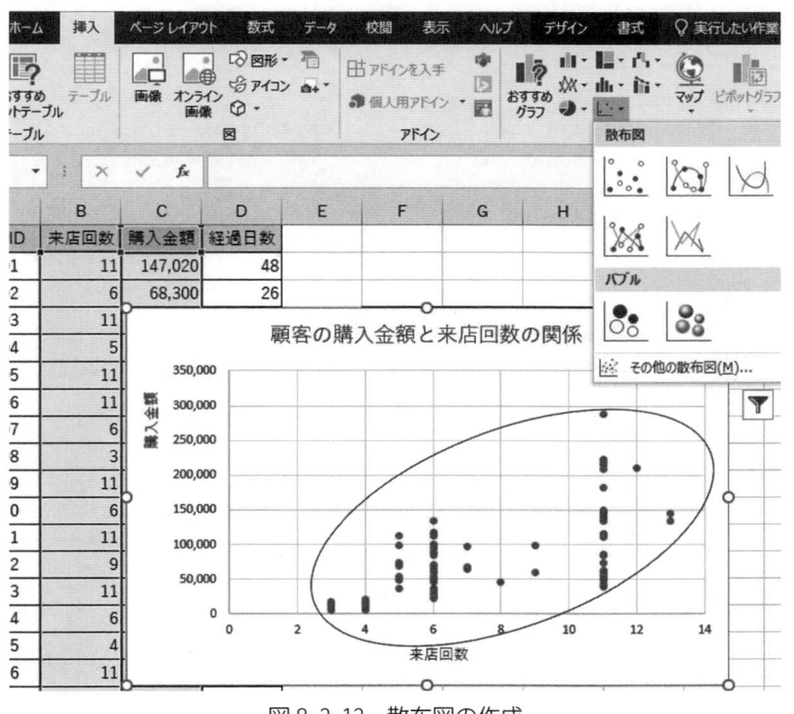

図8.2.12　散布図の作成

図8.2.12中の楕円の傾きからわかるように，顧客の「購入金額」と「来店回数」の間には正の相関関係が存在する。しかし，相関関係の強さについては測れない。ここでは，関連度度合を表す「相関係数」を使用する。

相関係数の計算式は統計専門書を参考に，ここでは，Excel の CORREL 関数機能を使って計算する。図 8.2.13 の例では，セル G2 を選択し，= CORREL(B2:B101, C2:C101) と式を設定する。また，〔データ分析〕の〔相関〕を使用することで，複数の変量の相関を一度に計算することができる。

計算結果により，相関係数 R は約「0.673」であるため，「来店回数」と「購買金額」の間では，やや強い正の相関があると結論できる。つまり，顧客の来店回数が多い場合，購買金額も大きい。図 8.2.14 は相関係数と相関の強さの目安を示している。なお，境界値に関しては諸説がある。本書では図の目安に従って分析を行う。

操作 8.2.5　相関係数 CORREL 関数の設定方法

1. 計算結果を入れるセルを選定する。
2. 〔関数の挿入〕また〔数式〕タブの〔関数の挿入〕をクリックする。
3. 関数の検索窓に「correl」と入力し検索する。
4. 関数名一覧から「CORREL」を選び，〔OK〕をクリックする。
5. 〔配列 1〕と〔配列 2〕のところで対象データ範囲を選択し，〔OK〕をクリックする（図 8.2.13）。

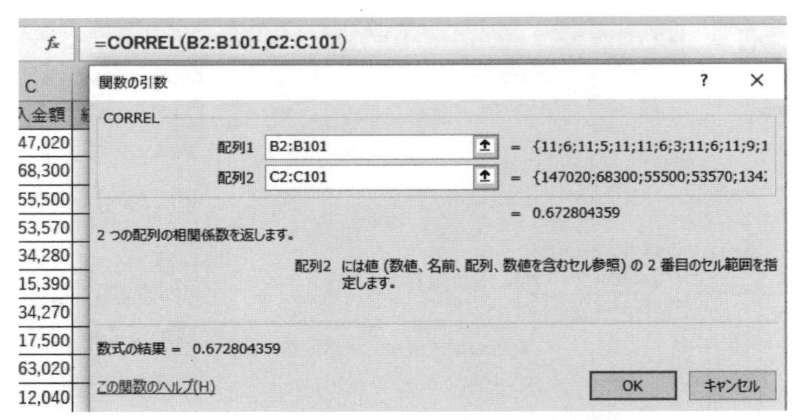

図 8. 2. 13　CORREL による相関係数の計算

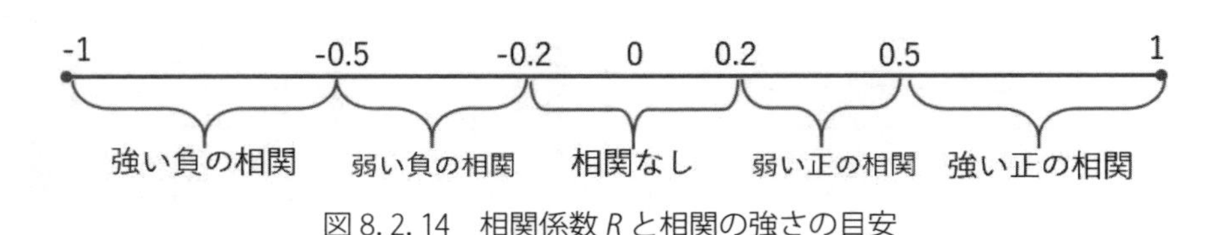

図 8. 2. 14　相関係数 R と相関の強さの目安

8.2.5　回帰分析

大学受験の際に，過去問を繰り返し解いた経験があると思う。これは過去問から出題の傾向を予測し，次のテストに備えることである。つまり，過去の経験から未来を予測することである。データの世界でも同じである。予測したいデータ（目的変数）に対して，手持ちにある説明データ（説明変数）を使って予測を行う。そして，予測をするために，各変数の関係を数式化する。このように，データ間の関係性を数式で表し，予測値を求める分析手法は「**回帰分析**」である。

回帰分析では，目的変数と説明変数に線形関係があることを前提とする。線形関係を示す数式は回帰方程式，作成される線を回帰線あるいは回帰直線と呼ぶ。

図 8.2.2 の顧客販売データを使用して回帰分析について説明する。前節で作成した散布図と相関係数から，「購買金額」（目的変数）と「来店回数」（説明変数）の間には強い正の相関が存在することがわかる。この関係性を利用して，購買金額の予測値に顧客の来店回数を利用することができる。このように，目的を説明する変数が 1 つの場合は単回帰分析と呼び，回帰方程式は次のようになる。

単回帰分析の回帰方程式：

$y = \mathrm{a}x + \mathrm{b}$

y は目的変数，x は説明変数，a，b は常数である。

回帰方程式の求め方は統計専門書を参考に，ここでは，図 8.2.12 の散布図を利用し，回帰直線を引きながら回帰方程式を得る方法について説明する。

操作 8.2.6　回帰直線と回帰方程式の設定方法

1. 散布図上にプロットされているデータを右クリックし，〔近似曲線の追加〕をクリックする（図 8.2.15（左図））。
2. 〔近似曲線の書式設定〕の画面が開き，〔近似曲線のオプション〕で〔線形近似〕をチェックし，最下部の〔グラフに数式を表示する〕と〔グラフに R-2 乗値を表示する〕にもチェックする（図 8.2.15（右図））。
3. 設定画面を閉じると，散布図に回帰直線が引かれ，回帰方程式が得られる（図 8.2.16）。

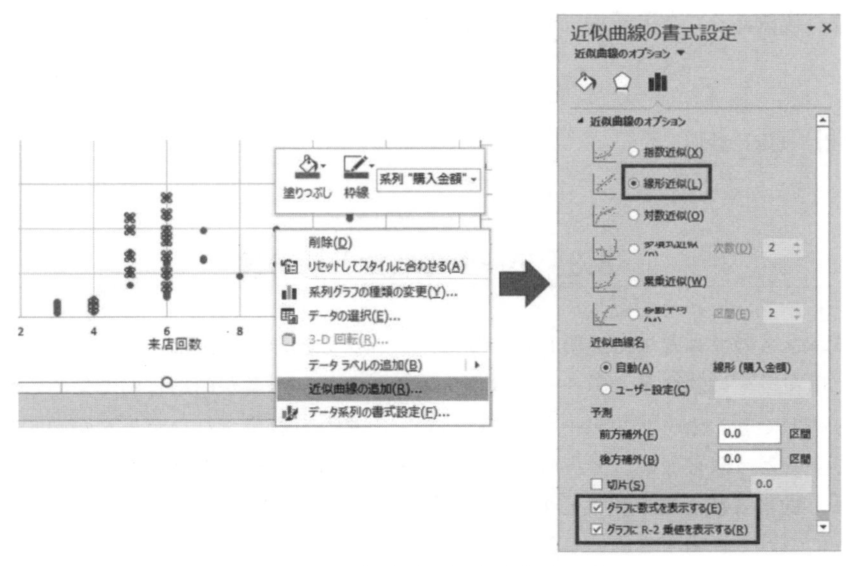

図 8.2.15　回帰直線と回帰方程式の設定

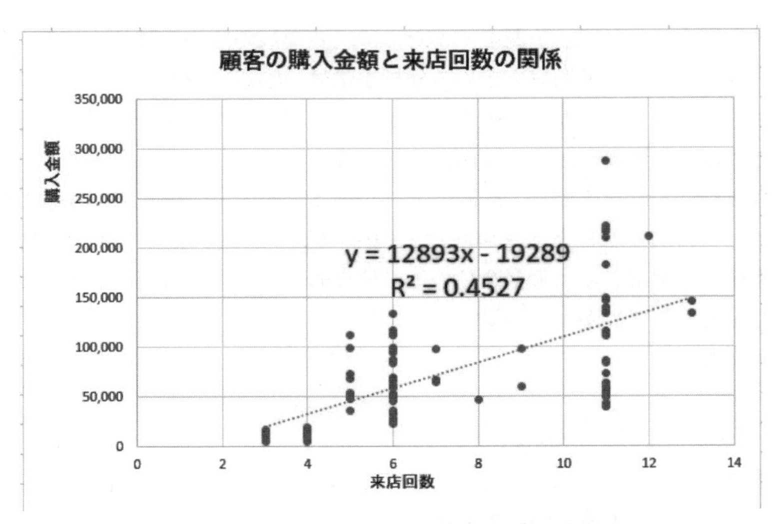

図 8. 2. 16　回帰直線と回帰方程式の結果

図 8.2.16 から回帰方程式：

y（購買金額） = 12893 × x（来店回数） − 19289

が得られた。この式に従い，来店回数がわかれば，その顧客の購買金額を予測できる。しかし，本当にこの回帰方程式が予測に使えるだろうか。この問いに答える値は決定係数（R^2）である。決定係数の範囲は 0〜1 になる。一般的には，0.5 以上で回帰方程式は予測に使えると判定する。つまり，回帰方程式でデータの 50％を説明できるという意味である。今回の場合では，R^2 は 0.5 未満のため，予測に使うのは危険である。

また，この例では，購買金額を説明する変数を来店回数のみにした。現実では，目的変数に対して，説明変数が複数あるので，重回帰分析と呼ばれている方法で分析を行う。8.4 節で例を用いて説明する。

【練習問題 8.2】　URL 参照

8.3　データの収集と前処理

データサイエンスのプロセスで説明したように，データ分析のためにはデータの収集と前処理が不可欠である。現在，一般的に多くのデータはウェブ上にある。企業が商用目的で集められたデータと一般の人でも利用できるオープンデータに分けられる。また，収集されたデータが必ずしもそのまま分析に使用できるとは限らない。分析の内容によって，前処理（データクレンジング）する必要がある。本節では，総務省統計局が提供しているデータ（e-Stat）を例に，オープンデータの収集と前処理のポイントについて説明する。

8.3.1　データの収集

オープンデータとは，誰でも許可されたルールの範囲内で自由に複製・加工や頒布などができるデータである。商用としても利用可能である。また，機械判読に適したデータ形式で，人手を多くかけてないデータである。ウェブ上には，政府機関，研究者，各種団体が公開する無料で使えるデータが沢山ある。特に政府機関の中に，総務省統計局（https://www.stat.go.jp/）（図 8.3.1）が日本社会に関する様々な統計データを提供している。

オープンデータの収集には主に 3 つの方法がある。1）直接サイトに行き，必要なデータを見つけたら，手動でダウロードする。2）データ提供者が利用者にデータを有効活用してもらうために公開したサービス（Web API）を利用する。3）ウェブスクレイピングのように，ウェブページ自体から直接プログラムによるデータを抽出する。ただし，この場合ではサイトの許可がいる。

e-Stat の場合でも API が提供している。第 7 章で利用する「国勢調査データベース」は e-Stat より，「国勢調査」の項目からデータをダウンロードし作成したデータベースである。このデータベースの作成を例として，手動でデータ収集の方法について説明する。

1．図 8.3.1 のように，総務省統計局のサイトを開く。「統計調査・統計データを探す，調べる」の中から，「1　国勢調査」をクリックする。
2．新しいページが開き，図 8.3.2 左図のように，「平成 27 年国勢調査（調査の概要や結果はこちら）」をクリックし，平成 27 年国勢調査のページが開き，「調査の結果」をクリックする。

図 8.3.1　総務省統計局（e-Stat）のサイト

3．新しいページが開き，図 8.3.2 右図のように，「調査の結果」のところの「e-Stat」，あるいは下にある表の「基本集計」中の「人口等基本集計結果」の「e-Stat」をクリックする。

4．新しいページが開き，図 8.3.3 のように，「平成 27 年国勢調査」の「全国結果」をクリックし，「データセット一覧」のページが開き，「表番号」1 番の「表示・ダウンロード」の「CSV」をクリックすれば，対象のデータがダウンロードされる。なお，ダウンロードしたデータだけでは，「国勢調査データベース」のすべての項目をカバーできない。表番号 2，3-1，38 のデータも同じくダウンロードする必要がある。

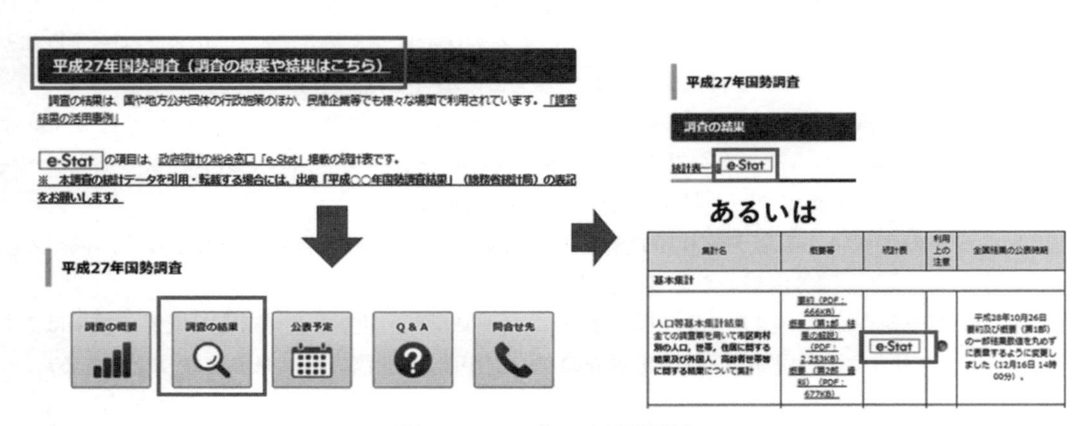

図 8.3.2　平成 27 年国勢調査

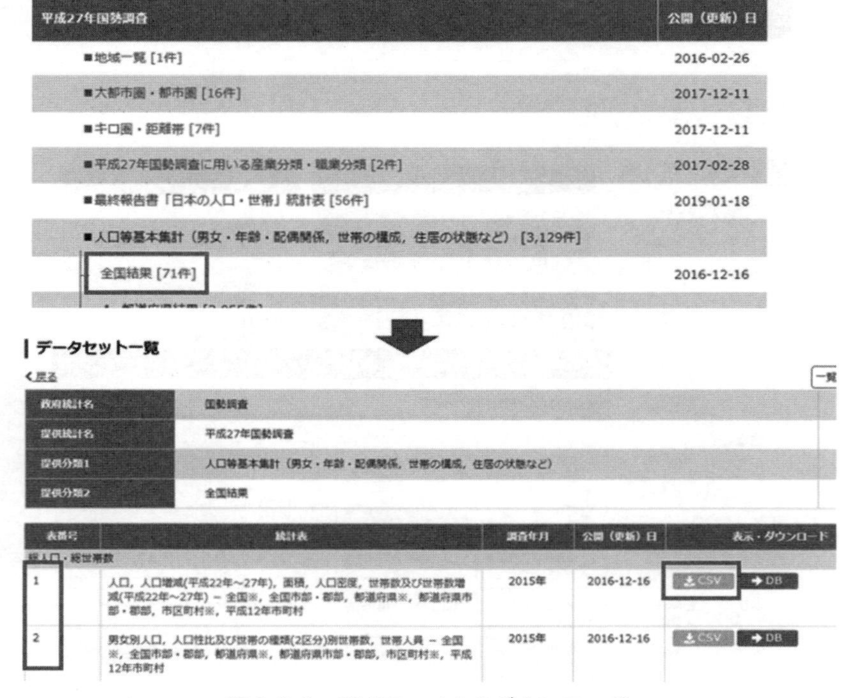

図 8.3.3　CSV ファイルのダウンロード

オープンデータからデータを収集できる一方で，分析目的に合うデータが用意されてない場合も多い。例えば，企業が発売した新商品に対する顧客の反応を知りたいときに，そのようなデータはどこにもない。解決方法の１つとしては，自力でアンケート調査を行うことである。まず，データサイエンスのプロセスに従い，分析目的のためにどんなデータが必要なのかを計画し，アンケート設問に反映する。そして，紙媒体かウェブを利用して顧客に回答してもらう。手軽にウェブで利用できるサービスとして「Google Forms」が挙げられる。

8.3.2 前処理

データ分析において，前処理は重要なステップである。オープンデータからダウンロードしたデータやアンケートから得られた回答などでは，そのままデータ分析に使えることは非常に稀である。そのために，前処理として入手したデータを整える必要がある。

前処理には決まった手順がない。対象データによって行うべき作業が異なる。一般的には，１）集まった全データの中から欲しいデータを抽出する。２）抽出された個々のデータを目的に合わせて結合と集約する。３）データをクリーニングする。文字データの場合は表記ゆれのチェックが必要である。例えば，「コンピューター」と「コンピュータ」を統一しないといけない。全角と半角の違いを修正して統一する。また，数値データの場合は欠損値があるかどうかをチェックしなければならない。４）時には文字データを数値データに変換する必要もある。例えば，天気の「晴れ」を「１」に，「曇り」を「0」に，「雨」を「−1」に変換してから分析に備える。

前節でダウンロードした表番号１番のデータを例に，データの抽出について説明する。ダウンロードしたCSVファイルをダブルクリックすると，Windowsの環境では自動的にExcelで開かれる（図8.3.4)。このデータは平成27年国勢調査人口等基本集計であり，日本全国都道府県市部・郡部，市区町村のデータである。

	A	B	C	D	E	F	G	H	I	J	K
1	1	平成27年国勢調査人口等基本集計（総務省統計局）									
2	2							第1表　人口，人口増減(平成22年～27年)，面積，人口			
3	3							Table 1. Population, Population Change(2010-2015), A			
4	4										
5	5							(注) 人口欄の「平成22年（組替）」及び世帯数欄の「平			
6	6							1) 国土交通省国土地理院「平成27年全国都道府県市区町			
7	7							2) 「面積及び人口集中地区に関する留意事項」を参照。			
8	8							to21-01.0001	to21-01.0002	to21-01.0003	to21-01.0
9	9							0	0	0	0
10	10	※大項目	地域コード	地域識別コード	境域年次(	境域年次(2000)		人口　平成27年	人口　平成22年	平成22年～2	平成22年
11	11		0	a	2015	2000	全国	127094745	128057352	-962607	-0.7517
12	12		1	b	2015	2000	市部	116137232	116549098	-411866	-0.35338
13	13		2	b	2015	2000	郡部	10957513	11508254	-550741	-4.78562
14	14		1000	a	2015	2000	北海道	5381733	5506419	-124686	-2.26438
15	15		1001	b	2015	2000	市部	4395172	4449360	-54188	-1.21788
16	16		1002	b	2015	2000	郡部	986561	1057059	-70498	-6.66926

図8.3.4　ダウンロードした表１を開く

図8.3.4を確認すると，ダウンロードしたデータの中に，「国勢調査データベース」に必要な項目はG列とH列の「人口　平成27年」とI列の「人口　平成22年」のみであり，対象も47都道府県

図 8.3.5　フィルターによるデータの抽出

だけである。したがって，このデータから対象データのみを抽出する必要がある。

図 8.3.5 で示したように，この抽出作業は Excel のフィルター機能を利用する。フィルター機能に関する説明は 7.2 節の「Excel によるデータベースの活用」を参照する。

① 表頭の行番号「10」をクリックし，表全体を選択する。

② 〔データ〕タブから〔並べ替えとフィルター〕グループの〔フィルター〕アイコンをクリックする。

③ 項目「地域識別コード」右の▼をクリックする。

④ ドロップダウンリストから「a」のみを選択する。a は全国・都道府県のコードである。

抽出されたデータから，G 列と H 列と I 列をコピーして，他のシートに貼り付ければデータの抽出が完了する。同じ作業は表番号 2，3-1，38 のデータにも適応でき，それぞれのデータから必要な項目のみ抽出し，最後に同じ表に結合すれば目的のデータベースが構築できる。

【練習問題 8.3】　URL 参照

8.4 分析の活用法と可視化

データを収集し，前処理を行ったのち，いよいよ分析作業に入る。本章冒頭で述べたように，分析目的によって様々な分析手法から最適な方法を選ぶ必要がある。8.2.5 項「回帰分析」で単回帰分析の手法について説明した。本節では，目的変数に対し，説明変数が複数ある場合に対処する重回帰分析手法を利用して，ウェブページから収集した市販冷蔵庫データを使って，新発売冷蔵庫の値段を設定する。この練習で分析の活用法を体験してみる。また，データの内容や分析結果をよく理解するための可視化も説明する。

8.4.1 分析の活用法

今回の目的は，これから新発売する冷蔵庫の値段を設定することである。市場とかけ離れないように，すでに販売している冷蔵庫の値段を参考にしようと考えている。そのために，ウェブページから現在市販している冷蔵庫の値段と関連データを収集した（図 8.4.1）。表のデータはすでに前処理を行った結果である。

	A	B	C	D	E	F	G
1	市販冷蔵庫データ						
2	No.	実勢価格(円)	ドア数	冷蔵室(L)	冷凍室(L)	野菜室(L)	製氷室(L)
3	1	¥95,380	5	188	73	74	13
4	2	¥95,900	5	188	73	74	13
5	3	¥107,801	5	163	86	75	18
6	4	¥133,200	6	192	77	85	11
7	5	¥124,980	5	177	62	98	12
8	6	¥88,530	5	207	87	88	13
9	7	¥101,300	5	207	87	88	13
10	8	¥112,000	5	207	87	88	13
11	9	¥119,799	5	207	87	88	13
12	10	¥143,994	5	207	87	88	13

図 8.4.1 市販冷蔵庫データ

分析の手順：

1．冷蔵庫の「実勢価格」は目的変数で，説明変数「ドア数」，「冷蔵室」，「冷凍室」，「野菜室」，「製氷室」のどれに影響されているかを明確する。
2．価格の予測に使う項目を決定する
3．分析結果を利用して，新発売する冷蔵庫の値段を決める。

手順 1 では，「実勢価格」と各項目間の関係を測るために相関係数を計算する必要がある。分析ツールの〔相関〕を利用してすべての項目間を同時に計算できる。

操作 8.4.1 〔相関〕の設定方法

1. 表中の任意のセルを選択し，メニューの〔データ〕タブの〔分析〕グループから〔データ分析〕をクリックし，〔相関〕を選ぶ（図 8.4.2）。
2. 相関の設定画面で，入力範囲を「No.」を除いてすべての項目を選び，「先頭行をラベルとして使用」をチェックし，〔OK〕をクリックする（図 8.4.3）。
3. 新しいシートに各項目間の相関係数表が得られる（図 8.4.4）。

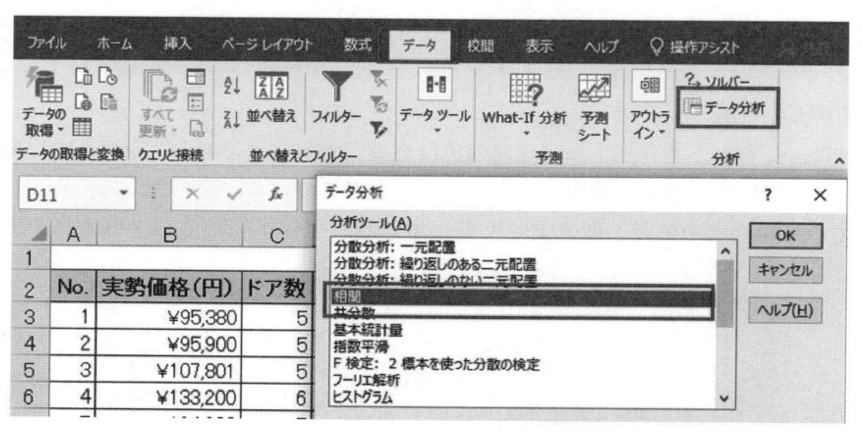

図 8.4.2　データ分析の「相関」

	A	B	C	D	E	F	G
1				市販冷蔵庫データ			
2	No.	実勢価格(円)	ドア数	冷蔵室(L)	冷凍室(L)	野菜室(L)	製氷室(L)
3	1	¥95,380	5				
4	2	¥95,900	5				
5	3	¥107,801	5				
6	4	¥133,200	6				
7	5	¥124,980	5				
8	6	¥88,530	5				
9	7	¥101,300	5				
10	8	¥112,000	5				
11	9	¥119,799	5				
12	10	¥143,994	5				
13	11	¥113,390	6				

相関
入力元
入力範囲(I): $B$2:$G$75
データ方向: ◉ 列(C)　○ 行(R)
☑ 先頭行をラベルとして使用(L)
出力オプション
○ 出力先(O):
◉ 新規ワークシート(P):
○ 新規ブック(W)
OK　キャンセル　ヘルプ(H)

図 8.4.3 「相関」の設定

	実勢価格(円)	ドア数	冷蔵室(L)	冷凍室(L)	野菜室(L)	製氷室(L)
実勢価格(円)	1					
ドア数	0.571838717	1				
冷蔵室(L)	0.661808044	0.39768	1			
冷凍室(L)	0.574498363	0.59931	0.57891	1		
野菜室(L)	0.247195572	0.13906	0.39805	0.34689	1	
製氷室(L)	0.183961171	0.12088	0.19683	0.30174	0.05215	1

図 8.4.4　各項目間の相関係数表

図8.4.4で示したように，「実勢価格」と各項目間の相関係数を確認すると，「野菜室」と「製氷室」は「実勢価格」との関係が弱く，値段予測に使うのは危険である。

手順1の結果を受けて，手順2では，残りの項目「ドア数」，「冷蔵室」，「冷凍室」を使って予測にする場合の状況を確認する。分析ツールの〔回帰分析〕を利用する。

操作8.4.2 〔回帰分析〕の設定方法

1. 表中の任意のセルを選択し，メニューの〔データ〕タブの〔分析〕グループから〔データ分析〕をクリックし，〔回帰分析〕を選ぶ（図8.4.5）。
2. 回帰分析の設定画面で，入力Y範囲を目的変数，入力X範囲をすべての説明変数の項目を選び，「ラベル」をチェックし，〔OK〕をクリックする（図8.4.6）。
3. 新しいシートに各項目に関する回帰分析の結果が得られる（図8.4.7）。

図8.4.5　データ分析の「回帰分析」

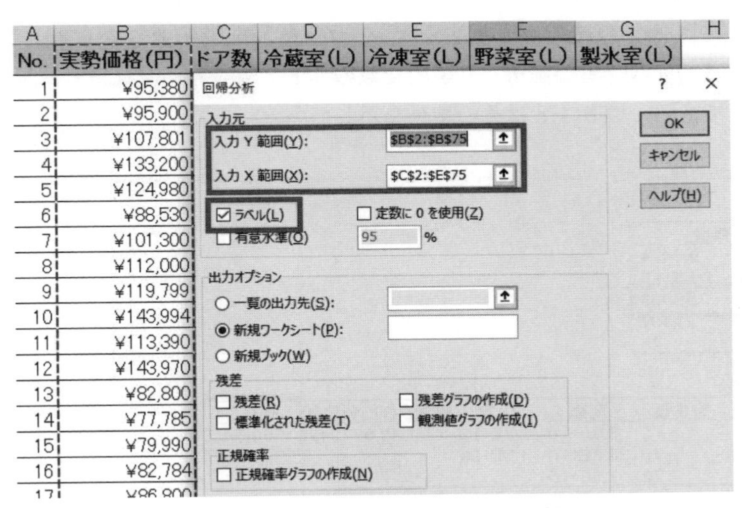

図8.4.6 「回帰分析」の設定

概要

回帰統計	
重相関 R	0.74659
重決定 R2	0.5574
補正 R2	0.53815
標準誤差	21311.1
観測数	73

補正R2：回帰方程式の当てはまりの良さ（自由度修正済み決定係数），0.5より大きいなら良い
有意F：分析結果が間違えている危険性，5%より低いなら良い
係数　：回帰方程式の係数である
t　　：要因の影響度を示し，絶対値が2より大きいなら影響力がある
P-値　：各要因の有意水準を示し，0.05を上回ると，説明変数として使うには危険である

分散分析表

	自由度	変動	分散	観測された分散比	有意 F
回帰	3	4E+10	1.3155E+10	28.9652164	3.1E-12
残差	69	3E+10	454161850		
合計	72	7E+10			

	係数	標準誤差	t	P-値	下限 95%	上限 95%	下限 95.0%	上限 95.0%
切片	-113568	29661	-3.8288099	0.000280166	-172740.3	-54395	-172740	-54394.9
ドア数	20068.5	6337.4	3.16668392	0.002296456	7425.7668	32711.3	7425.767	32711.27
冷蔵室(L)	504.25	105.49	4.77993881	9.5632E-06	293.79733	714.703	293.7973	714.7029
冷凍室(L)	198.916	201.6	0.98666222	0.327255547	-203.2747	601.106	-203.275	601.1063

図 8.4.7　「回帰分析」の結果

図 8.4.7 の結果を見ると以下の分析ができる。

- 「補正 R2」は 0.5 より大きいので，この回帰分析の結果は実データの半分以上を説明できる。
- 「有意 F」は指数表記で，5% よりはるかに低いため，分析結果が間違える危険性は低い。
- 「t」に関しては，「ドア数」と「冷蔵室」の値はともに 2 より大きいため，「実勢価格」に影響力があると判断できる。一方，「冷凍室」は 2 より低いため，影響力が低い。
- 「P- 値」に関しては，「ドア数」と「冷蔵室」の値はともに 0.05 を下回る。説明変数として使用しても危険性がない。「冷凍室」の場合は，0.05 を上回るため，使うには危険である。
- 「係数」より，もしこれらの項目を全部使う場合，回帰方程式は次のようになる。

  実勢価格 ＝ 198.916 ×冷凍室＋ 504.25 ×冷蔵室＋ 20068.5 ×ドア数－ 113568

しかし，「t」と「P- 値」の結果を考量すると，「冷凍室」を説明変数から外して予測すべきである。したがって，目的変数「実勢価格」と説明変数の「ドア数」と「冷蔵室」に対して，再度上記回帰分析を行うべきである。図 8.4.8 はその結果を示している。

概要

回帰統計	
重相関 R	0.7424
重決定 R2	0.55115
補正 R2	0.53833
標準誤差	21307
観測数	73

分散分析表

	自由度	変動	分散	観測された分散比	有意 F
回帰	2	3.9E+10	2E+10	42.977342	6.66E-13
残差	70	3.2E+10	4.5E+08		
合計	72	7.1E+10			

	係数	標準誤差	t	P-値	下限 95%	上限 95%	下限 95.0%	上限 95.0%
切片	-121655	28500.9	-4.2685	6.07041E-05	-178498	-64812	-178498	-64812
ドア数	23153.3	5511.43	4.20097	7.70829E-05	12161.13	34145.5	12161.13	34145.55
冷蔵室(L)	552.514	93.4486	5.91249	1.1173E-07	366.1369	738.892	366.1369	738.8916

図 8.4.8　「回帰分析」の新結果

図 8.4.8 の結果を見ると，今度はすべての数値が基準に満たしている。そして，「係数」より，予測用の回帰方程式は次のようになる。

実勢価格 ＝ 552.514 ×冷蔵室＋ 23153.3 ×ドア数－ 121655

図 8.4.9 のように，新発売の冷蔵庫のデータに対して，回帰方程式を適用すれば，「予定価格」の計算ができる。

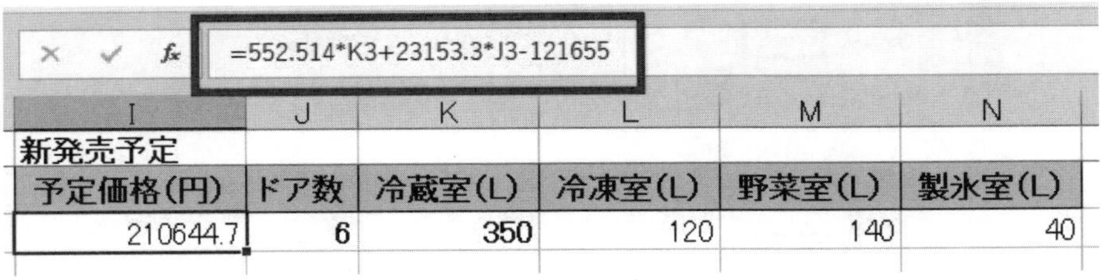

=552.514*K3+23153.3*J3-121655

I	J	K	L	M	N
新発売予定					
予定価格(円)	ドア数	冷蔵室(L)	冷凍室(L)	野菜室(L)	製氷室(L)
210644.7	6	350	120	140	40

図 8.4.9 「予定価格」の計算

8.4.2 可視化

データの可視化とは，直接見ることができない数字や文字の関係性を画像やグラフなどによって表現することである。数字や文字だけを見る時と比べて，よりわかりやすく知見を得ることができる。特に，ビッグデータに対して，適切な可視化はデータに対する理解や意思決定の支援に役立つ。

可視化の意義は主に3つ挙げられる。1）データの全体像を把握することである。2）データの特徴を発見することである。3）上記2つをデータの読み手に伝達することである。そのために，基本となるグラフの作成や，各種グラフが適している目的などについてわからないといけない。

例えば，前節で「実勢価格」と各項目間の相関係数を計算して相関関係を測っていた。一方，散布図を利用すれば，相関関係が可視化され，より視覚的に確認できる。ただし，「8.2.4 相関関係」で紹介した状況と異なり，この例では，複数項目間の散布図の作成となる。

散布図の作成手順：

1. 市販冷蔵庫データに対して，「No.」項目以外のすべてのデータ（項目名を含む）を選択する。
2. 〔挿入〕タブの〔グラフ〕グループで〔おすすめグラフ〕を選ぶ（図 8.4.10）。
3. 〔グラフの挿入〕から〔すべてのグラフ〕をクリックし，左から〔散布図〕を選択し，右から散布図の見本から2番目を選ぶ（図 8.4.10）。

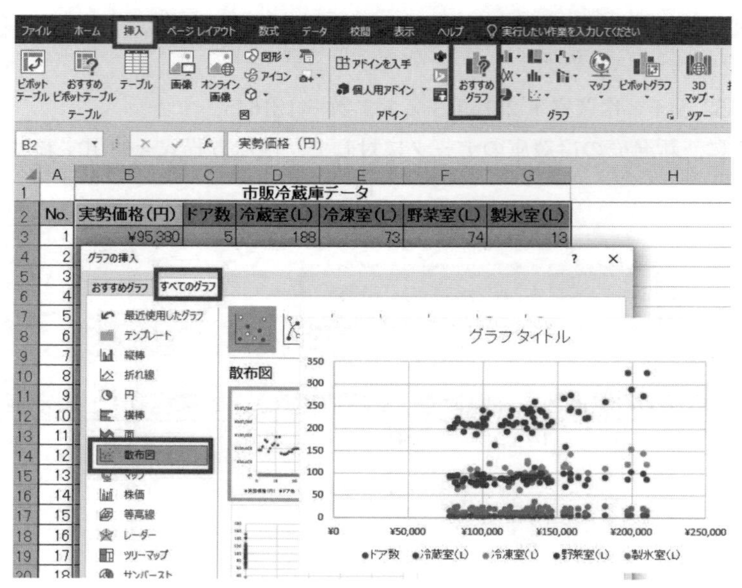

図 8.4.10　複数項目間の散布図作成

図 8.4.11 は結果の散布図である。「ドア数」は他の項目と単位が異なるため，第 2 軸を設定した。また，グラフタイトルや軸ラベルなどを入れて，グラフのマーカを区別できるように設定すれば図のようになる（設定に関しては 5.5 節「グラフの作成」を参照する）。この散布図から「実勢価格」と各項目間の相関関係を視覚的に確認することができる。

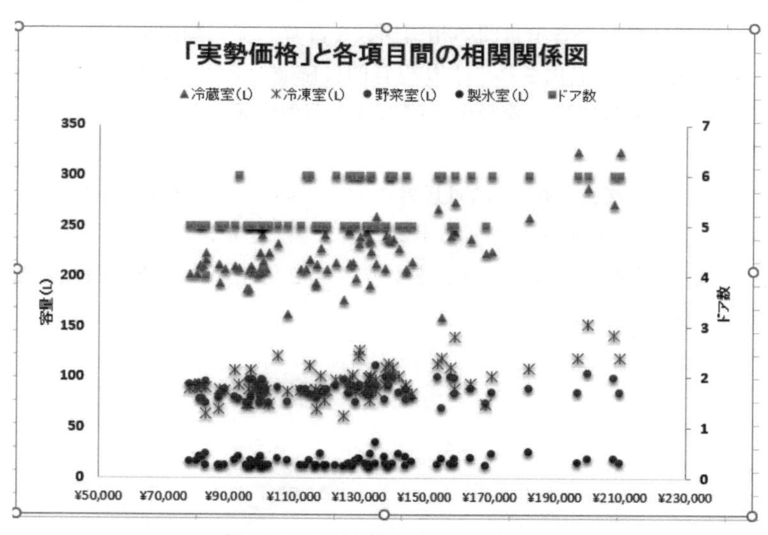

図 8.4.11　複数項目間の散布図

【練習問題 8.4】　URL 参照

9 Excel 記録マクロの活用

この章は，Excel 2019（以降，Excel）で行う日々の処理をより早く正確に，実践的に活用するための記録マクロについて学習する。本書とは異なるバージョンでも同様にできるので是非学んでほしい技法である。Excel の基本的な知識があれば十分理解できる内容となっている。

Excel では様々な処理を行うことができるが，代表的なものとして売上処理や成績処理などがある。データの値を月末などに入力し，毎回同じ処理を行うケースはよくあるが，処理の過程で簡単なミスをしてしまうこともある。また，特定の人にしかできない複雑な処理が含まれていると，その人がいないと困るという場合もある。

Excel のマクロには「操作手順を記録する機能」と「記録した操作手順を自動的に実行する機能」がある。毎回の同じ操作手順を記録マクロとして設定しておくと，新たな値を入力して 1 回のクリックで記録した操作手順を瞬時に終えることが可能になる。例えば図 9.1.1 のように各教科の点数を入力し，記録マクロで結果を出した状態である。

Excel の記録マクロは操作手順を記録することで作成できるが，記録した処理内容は VBA（Visual Basic for Application）言語のプログラムへと自動生成されている。したがって，記録マクロを作成した Excel ファイルはプログラムを含んでいると判断される。悪意を持ったプログラムの侵入を防ぐため，マクロを含む Excel ブックは開く度に「セキュリティの警告」が表示される。このメッセージが表示され，マクロに心当たりがない場合は慎重に扱う必要がある。

記録マクロの作成と実行について学習していくが，マクロの作成には欠かせない VBA プログラムの基本ルールと編集機能である VBE（Visual Basic Editor）の見方にも少し触れていく。

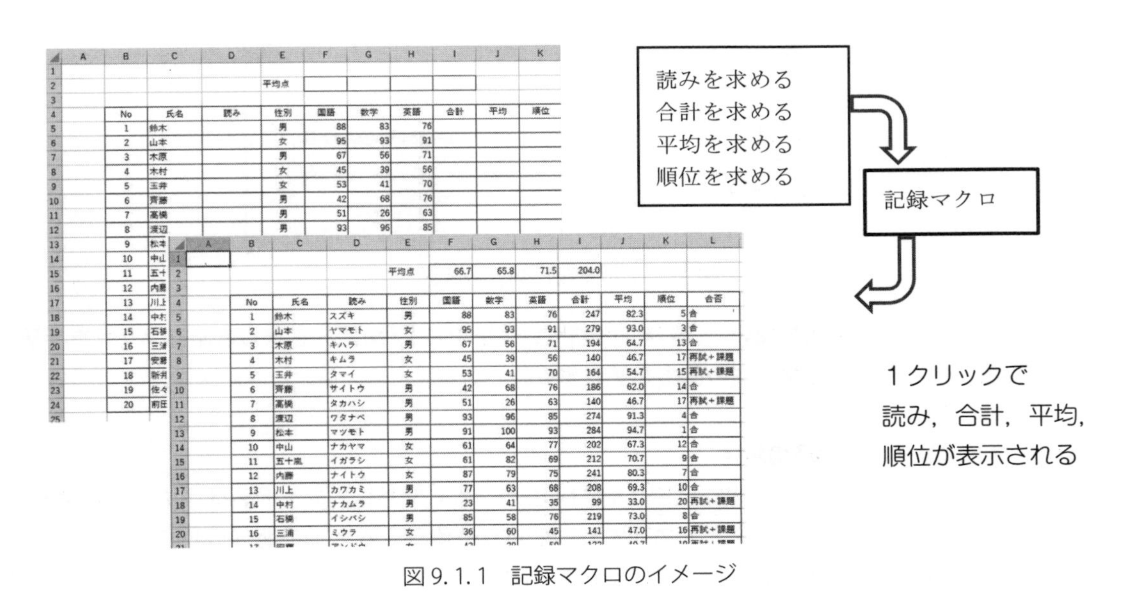

図 9.1.1　記録マクロのイメージ

9.1　記録マクロの作成から実行

図 9.1.2　記録マクロの手順

9.1.1　記録マクロの環境設定

記録マクロを作成するには，リボンに〔開発〕タブを追加する必要がある。次にデータおよびシートの環境設定と操作手順の確認が大切な前準備となる。環境設定は最初のみ行う。**シート名やデータの位置に変更があると正しい結果が得られなくなる**ので，環境設定は注意が必要である。

操作 9.1.1　開発タブの追加

1．〔ファイル〕をクリックし，〔オプション〕を選択する。
2．オプションの左側メニューから〔リボンのユーザー設定〕をクリックする。
3．図 9.1.3 の一覧から〔開発〕にチェックを入れ，〔OK〕をクリックする。

図 9.1.3　〔開発〕タブの選択

ここでは，図 9.1.4 の例題を使い，「読み」「合計点」「平均点」「順位」を求める記録マクロを手順に沿って作成していき，記録マクロの基本を学習する。

(1)　データおよびシートの環境設定

データの入力は図 9.1.4 を参考に同じセルに同じデータを入力し，シート名は「テスト結果」，ファイル名は「マクロ用データ」で保存する。平均点の値が入るセル番地【J5:J24】はセルの書式設定から小数点第 1 位までの表示にあらかじめ設定しておく。

(2)　操作手順の確認

以下の操作手順の確認が終わったら，データを図 9.1.4 の初期状態（D，I，J，K 列は空白）に戻す。

読み……【D5】に「=PHONETIC(C5)」を入力し，【D24】まで計算式をコピーする。
合計……【I5】に「=SUM(F5:H5)」を入力し，【I24】まで計算式をコピーする。
平均……【J5】に「=AVERAGE(F5:H5)」を入力し，【H24】まで計算式をコピーする。
順位……【K5】に「=RANK.EQ(I5,$I$5:$I$25,0)」を入力し，【K24】まで計算式をコピーする。

	A	B	C	D	E	F	G	H	I	J	K
1											
2					平均点						
3											
4		No	氏名	読み	性別	国語	数学	英語	合計	平均	順位
5		1	鈴木		男	88	83	76			
6		2	山本		女	95	93	91			
7		3	木原		男	67	56	71			
8		4	木村		女	45	39	56			
9		5	玉井		女	53	41	70			
10		6	齊藤		男	42	68	76			
11		7	高橋		男	51	26	63			
12		8	渡辺		男	93	96	85			
13		9	松本		男	91	100	93			
14		10	中山		女	61	64	77			
15		11	五十嵐		女	61	82	69			
16		12	内藤		女	87	79	75			
17		13	川上		男	77	63	68			
18		14	中村		男	23	41	35			
19		15	石橋		男	85	58	76			
20		16	三浦		女	36	60	45			
21		17	安藤		女	43	29	50			
22		18	新井		男	86	76	80			
23		19	佐々木		男	94	90	96			
24		20	前田		女	56	71	78			

図 9.1.4　マクロの例題用データ

9.1.2　記録マクロの作成

記録マクロの作成時に**マクロ名**の入力を求められる。記録マクロを実行する際に**正確なマクロ名の指定**が必要となるので，処理内容がわかる名称とし，マクロ名を記録しておくことが大切である。

操作 9.1.2 の 1 で示したように，表以外のセルをクリックした状態で 2 と 3 を行う。**計算式を入れるセルをアクティブセルにするという処理から記録することがポイント**となる。

操作 9.1.2　記録マクロの作成

1．セル番地【A1】をクリックした状態で行う。
2．〔開発〕タブの〔コード〕グループの〔マクロの記録〕をクリックする。
3．図 9.1.5 のマクロの記録画面から〔マクロ名〕を入力して〔OK〕をクリックする。
　＊＊ここからの処理が記録される＊＊
4．処理内容を記録する。
5．記録が終了したら，〔開発〕タブの〔コード〕グループの〔記録終了〕をクリックする（図 9.1.6）。

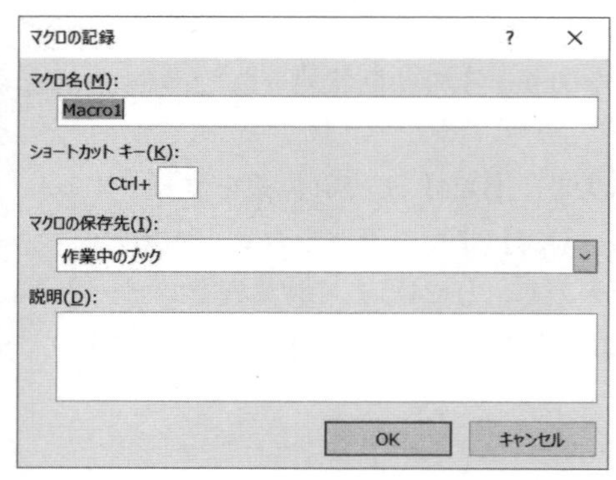

図 9.1.5　マクロ名の指定

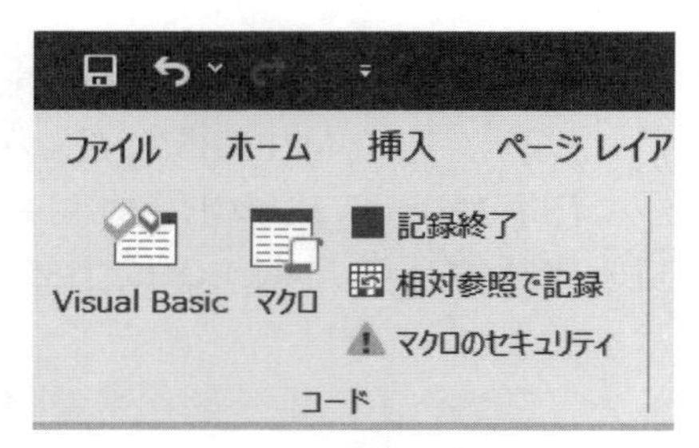

図 9.1.6　記録終了ボタン

9.1.3　記録マクロの削除

処理を記録している過程で操作方法の間違いに気づいたら，その時点でいったん終了し，作成した記録マクロを削除してから，再度作成する。

操作 9.1.3　記録マクロの削除

1．〔開発〕タブの〔コード〕グループの〔マクロ〕をクリックする。
2．表示されたマクロ名の一覧から削除するマクロ名を指定して「削除」をクリックする。
3．「マクロを削除しますか？」という確認メッセージが表示される。
4．〔はい〕を選択する。

9.1.4　記録マクロの実行

作成した記録マクロを実行する方法を学習する。実行した結果が正しくない場合はマクロを削除し，操作 9.1.2「記録マクロの作成」の 1 と 4 を確認して再度作り直す。実行途中で VBE の画面が表示された場合は，エラーとなった原因を修正する（9.5 節を参照）。

操作 9.1.4　記録マクロの実行

1．データを図 9.1.4 の状態に戻し，セル番地【A1】をクリックする。
2．〔開発〕タブの〔コード〕グループの〔マクロ〕をクリックする。
3．表示されたマクロ名の一覧から，処理を実行するマクロ名を指定して〔実行〕をクリックする。

例題 9.1.1　ファイル「マクロ用データ」を使い，記録マクロの作成から実行までを行う。

1）　マクロ名「読み」でセル番地【D5：D24】に読みが表示される記録マクロを作成する。
2）　同様に「合計」「個人平均」「順位」のマクロを作成する。
3）　図 9.1.4 の状態に戻す（「読み」「合計」「平均」「順位」の結果を消去する）。
4）　マクロを「読み」「合計」「平均」「順位」の順番で実行し，正しく処理できるかを確認する。
5）　正しい結果が出ないマクロは，削除して再度作成する。

練習問題 9.1　URL 参照

9.2　マクロを含むブックの保存と開け方

9.2.1　マクロを含むブックの保存

記録マクロはプログラミングで構成されているため，マクロを含む Excel ブックは通常のブックとは異なる拡張子で保存する。また，ファイルアイコンも異なる。これは，ブックを開いた直後に悪意を持ったマクロ（VBA プログラム）が自動実行することを防ぐためである。拡張子とファイルアイコンを確認する。

操作 9.2.1　マクロを含むブックの保存

1.〔ファイル〕をクリックし，〔名前を付けて保存〕を選択する。
2.「名前を付けて保存」ダイアログボックスからファイル名を入力する。
3. ファイルの種類をクリックし，一覧から〔Excel マクロ有効ブック(*.xlsm)〕を選択し〔保存〕をクリックする。

マクロを含んでいるブックを通常の Excel ブックで保存しようとするとメッセージが表示される。

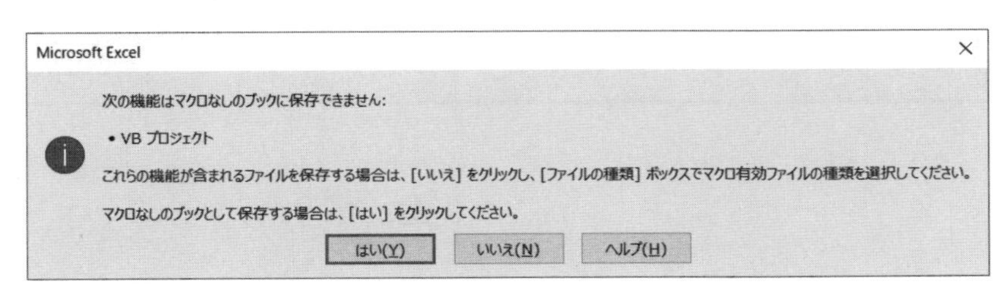

図 9.2.1　マクロを含むブック時のメッセージ

9.2.2　マクロを含むブックの開け方

操作 9.2.2　マクロを含むブックの開け方

1.〔ファイル〕をクリックし，〔開く〕を選択する。
2. 保存先を選択すると「ファイルを開く」ダイアログボックスが表示される。
3. 表示されたファイル名の一覧から該当ファイル名を選択して「開く」をクリックする。
4. ファイルを開くと，上部に「セキュリティの警告」が表示されるので，〔コンテンツの有効化〕をクリックする。

例題 9.2.1　例題で作成したファイル「マクロ用データ」について行う。

1）　マクロ有効ブックで保存する。ファイル名は同じ「マクロ用データ」とする。
2）　エクスプローラーを開き，ファイルアイコンと拡張子を確認する。

練習問題 9.2　URL 参照

9.3　複数のマクロを1クリックで実行する

記録マクロの数が多くなるとマクロを実行する順番が重要となる。この節では一度の操作ですべての記録マクロを実行する方法を学習する。誰がいつ実行しても，同じ結果を得ることができる。

9.3.1　実行用ボタンの作成と設定

シート内にマクロ実行用のボタンを作成し，その中に記録マクロを設定する。図 9.3.1 の〔デザインモード〕が ON の状態のみボタンの編集ができる。

操作 9.3.1　マクロ実行用ボタンの作成

1. 〔開発〕タブの〔コントロール〕グループの〔挿入〕の▼をクリックする。
2. プルダウンメニューの〔ActiveX コントロール〕の「コマンドボタン」をクリックする（図 9.3.1）。
3. マウスでドラッグしてボタンを作成する。
4. ボタンを選択し，〔開発〕タブの〔コントロール〕グループの〔プロパティ〕をクリックしプロパティ画面（図 9.3.2）からオブジェクト名と Caption を設定する。
5. 右上の閉じるボタンで閉じる。

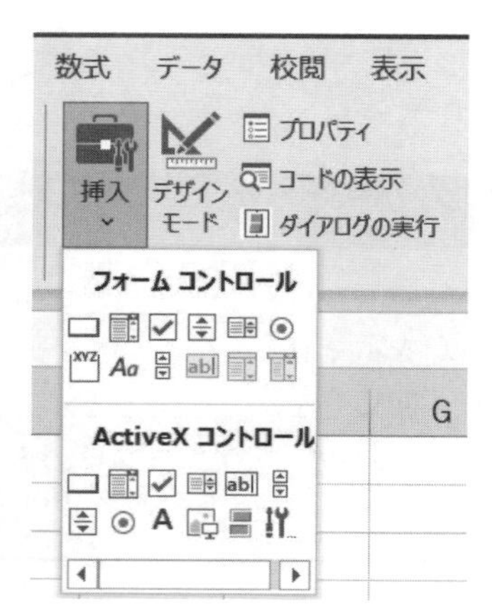

図 9.3.1　マクロ実行用ボタンの作成

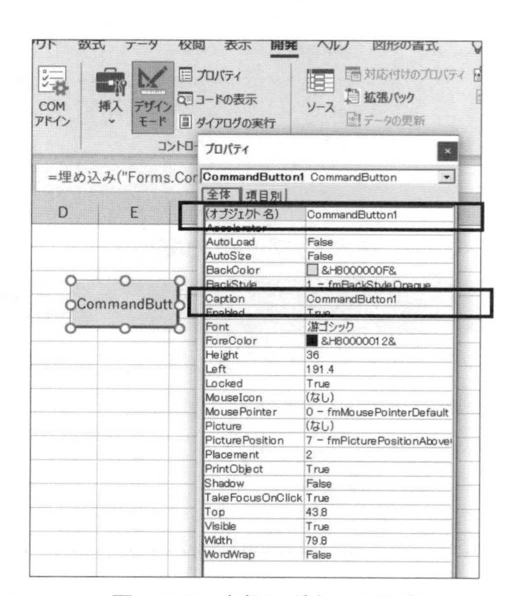

図 9.3.2　実行用ボタンの設定

【オブジェクト名】
- 処理の内容がわかる名称にする。
- マクロ名にはない名称とする。同じ名称だとエラーとなるので○○ボタンなどの名称とする。

【Caption】
- Caption に指定した文字がボタンに表示される。

9.3.2　マクロ実行用ボタンに記録マクロを設定する

マクロ実行用ボタンに記録マクロを設定する方法を学習する。

操作 9.3.2　マクロ実行用ボタンに記録マクロを設定する

1. 〔開発〕タブの〔コントロール〕グループの〔デザインモード〕をONにする。
2. マクロ用実行ボタンを右クリックし，一覧から〔コードの表示〕をクリックする（図9.3.3）。
3. VBEの画面が表示されるので，「End Sub」の上部分に実行する順番で記録マクロ名を改行しながら入力する（図9.3.4）。

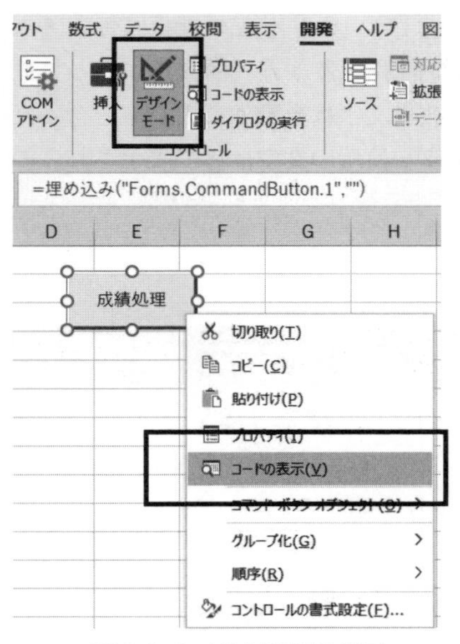

図 9.3.3　VBA 画面の表示

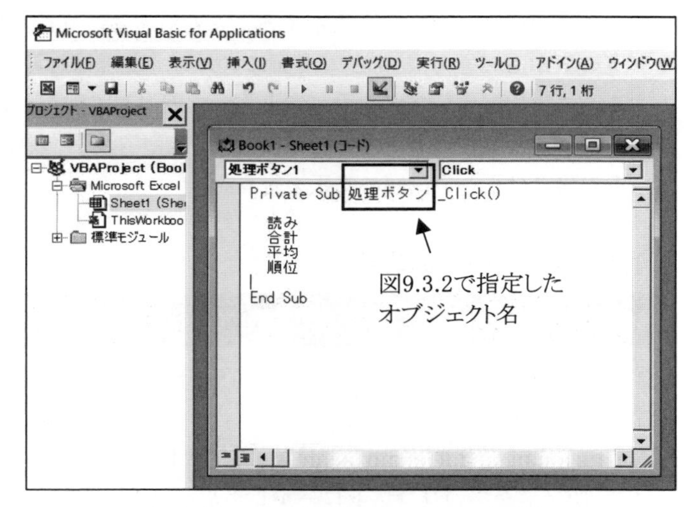

図 9.3.4　実行用ボタンにマクロを設定

9.3.3　マクロ実行用ボタンからの実行

実行する前に，データを図 9.1.4 の入力時の状態に戻す。

操作 9.3.3　マクロ実行用ボタンからの実行

1.〔開発〕タブの〔コントロール〕グループの〔デザインモード〕を OFF にする。
2. 処理には関係ないセルをクリックしアクティブセルにする。
3. マクロ実行用ボタンをクリックする。

例題 9.3.1　例題 9.2.1 で保存した「マクロ用データ」ファイルを開き，以下の処理を行う。

1）マクロ実行用ボタンを作成する。オブジェクト名は「テスト結果ボタン」，Caption は「テスト結果」。
2）マクロ実行用ボタンに記録マクロ「読み」「合計」「平均」「順位」を設定する。
3）マクロ用実行ボタンから実行し，結果を確認する。

練習問題 9.3　URL 参照

9.4　メッセージコマンドの利用

処理の途中でメッセージを表示することができる。また「はい」「いいえ」などの選択肢付きメッセージの表示もできる。VBE の画面にコマンドと呼ばれる「命令語」を書き方（**構文**）に従って入力する。コマンドは英字で，すべて小文字で入力して構わない。該当文字は自動的に大文字を含んだ表記に変わる。コマンドを入力すると構文チェックが行われ，エラー箇所の文字は赤で表示されるので，その場合は正しい内容に修正を行う。

9.4.1　メッセージの表示

操作 9.4.1　メッセージコマンドの表示　（メッセージの表示のみ）

1.〔開発〕タブの〔コントロール〕グループの〔デザインモード〕を ON にする。
2. マクロ実行用ボタンを右クリックしてコードを表示し，VBE のウィンドウを開く。
3. メッセージコマンドを入力し（図 9.4.1），VBE のウィンドウを閉じる。
4.〔開発〕タブの〔コントロール〕グループの〔デザインモード〕を OFF にする。
5. マクロ実行用ボタンをクリックすると，メッセージが表示される（図 9.4.2）。

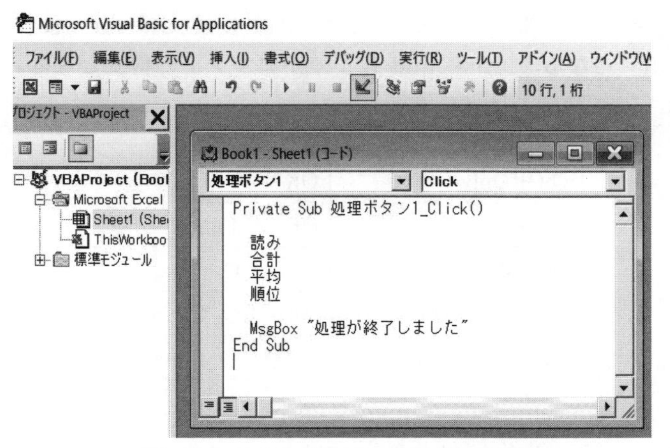

図 9.4.1　メッセージコマンドの利用

メッセージを出すコマンド
MsgBox の構文

MsgBox　"表示するメッセージ"

図 9.4.2　Msg Box コマンドでの表示

例題 9.4.1　例題 9.3.1 で保存したマクロを含むブックを開き，以下の処理を行う。

1）マクロ実行用ボタンからコードを表示する。
2）「読み・合計・平均・順位の処理が終了しました。」というメッセージを表示する。

9.4.2　選択肢付きメッセージの表示

選択肢付きメッセージとは，メッセージとともに「はい」「いいえ」「キャンセル」などのボタンが表示され，ユーザーが選択したボタンで次に行う処理を決定できる機能である。手法は操作 9.4.1 と一緒である。操作 3 のメッセージコマンドの入力となる選択肢付きメッセージコマンドについて学ぶ。

選択肢付きコマンドの構文

```
If  MsgBox(“メッセージの内容”, vbYesNo)    =    vbYes    Then
  Yes を選択した時の処理を記述
Else
  No を選択した時の処理を記述
End  If
```

If 文と MsgBox コマンドを組み合わせて行う。If 文の構文は「If　条件　Then　　処理　Else　　処理　End If」となる。If から End If までがコマンドの構文となる。条件に合致した場合のみ処理を行う時は「Else 処理」は省略できる。

vbOKOnly	OK
vbOKCancel	OK　　Cancel
vbYesNo	YES　NO
vbYesNoCabcel	YES　NO　Cancel
vbRetryCancel	再試行　　Cancel

例題 9.4.2　例題 9.4.1 で保存した「マクロ用データ」ファイルを開き，以下の処理を行う。

1）データを入力時の状態にする（読み・合計・平均・順位の値を消去する）。

2）マクロ実行用ボタンから選択肢付きメッセージのコードを入力する。
　表示するメッセージ「読み・合計・平均・順位の処理を実行しますか？」
　表示する選択肢 vbYesNo　（「はい」「いいえ」）

3）「いいえ」選択時は何も処理されずに終了し,「はい」選択時のみ記録マクロが実行することを確認する。

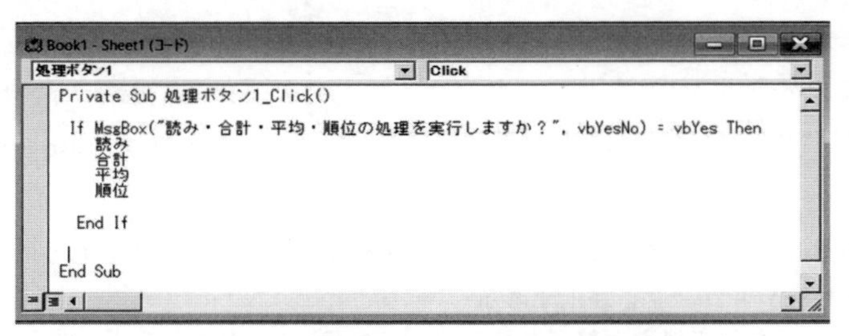

図 9.4.3　例題のサンプルプログラム

4）「いいえ」選択時は「処理は実行しないで終了します」というメッセージを表示するようコードを変更する。

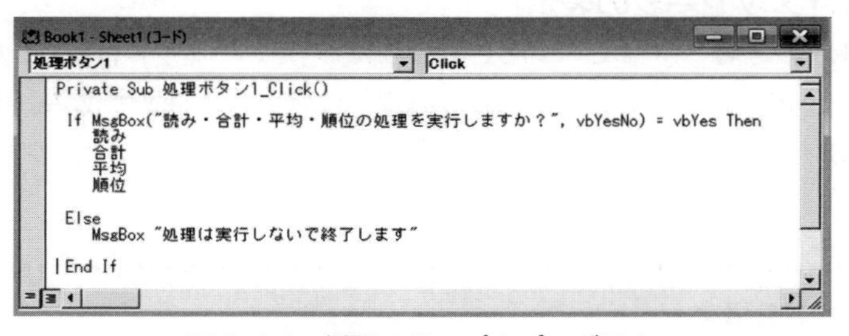

図 9.4.4　例題のサンプルプログラム

5）上書き保存を行う。

練習問題 9.4　URL 参照

9.5　エラー処理

記録マクロの作成過程，実行時にエラーが発生すると VBE 画面が表示され，エラーとなった原因がメッセージで表示される。エラーには構文エラーと実行時のエラーがある。

9.5.1　構文エラーと対処法

VBA コマンド入力にエラーがある場合は図 9.5.1 のようなメッセージが表示される。

操作 9.5.1　構文エラーの対処

1．構文エラーは文字が赤くなり，エラーメッセージが表示される（図 9.5.1)。
2．メッセージの内容を確認し〔OK〕をクリックすると VBE 画面に戻る。
3．VBE の赤い文字の箇所を修正して，作業を続ける。

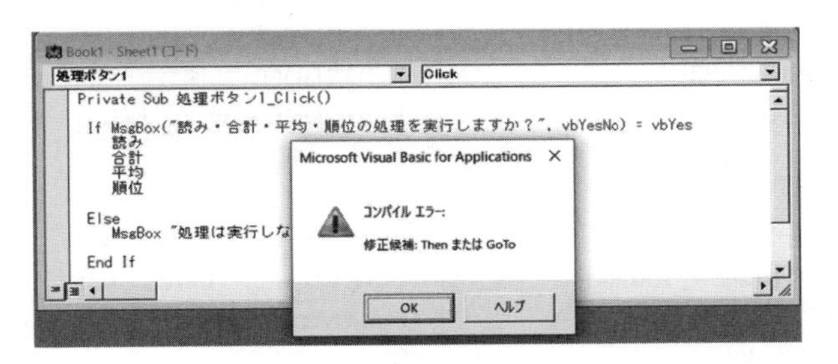

コンパイルエラーとはコマンドの構文エラーを意味する。
図 9.5.1 の場合は If 文に対する Then が入力されていないという書き方に関するエラーメッセージを意味している。

図 9.5.1　構文エラーメッセージの場合

9.5.2　実行時のエラーと対処法

実行時はエラー個所が反転表示され，メッセージが表示される。名称などが正しいか確認する。

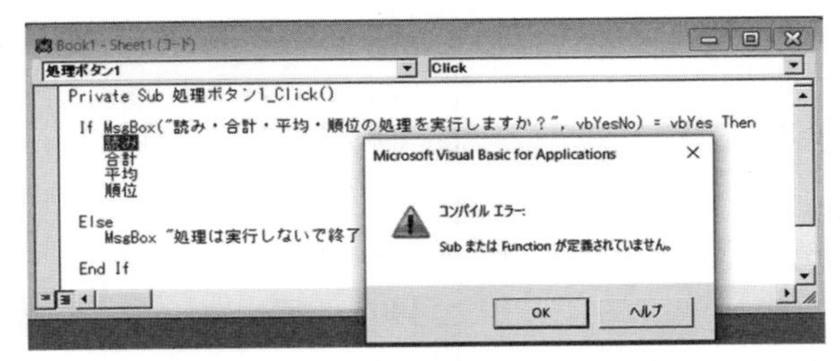

実行時のコンパイルエラーとはコマンドの構文は正しいが処理ができないことを意味する。
図 9.5.2 の場合は「読み」というマクロが見つからないというエラーメッセージを意味している。

図 9.5.2　実行時のエラーメッセージの場合

索　引

【著者紹介】

松山恵美子（まつやま えみこ）
淑徳大学総合福祉学部 教授

黄 海湘（こう かいしょう）
獨協大学経済学部 非常勤講師
淑徳大学総合福祉学部・看護栄養学部 非常勤講師
流通経済大学経済学部 非常勤講師

八木英一郎（やぎ えいいちろう）
東海大学政治経済学部 教授

黒澤敦子（くろさわ あつこ）
東海大学政治経済学部 非常勤講師

石野邦仁子（いしの くにこ）
淑徳大学総合福祉学部・看護栄養学部 非常勤講師

堀江郁美（ほりえ いくみ）
獨協大学経済学部 教授

Officeによる
データリテラシー
—大学生のデータサイエンス—

Data Literacy by Office:
Data Science for University Students

2022年 3月10日 初版1刷発行
2023年 2月20日 初版3刷発行

著 者 松山恵美子・黄 海湘
八木英一郎・黒澤敦子 ©2022
石野邦仁子・堀江郁美

発行者 南條光章

発 行 **共立出版株式会社**
東京都文京区小日向4-6-19（〒112-0006）
電話 03-3947-2511（代表）
振替口座 00110-2-57035
www.kyoritsu-pub.co.jp

印 刷
製 本 星野精版印刷

一般社団法人
自然科学書協会
会 員

検印廃止
NDC 007
ISBN 978-4-320-12483-7

Printed in Japan

JCOPY ＜出版者著作権管理機構委託出版物＞
本書の無断複製は著作権法上での例外を除き禁じられています．複製される場合は，そのつど事前に，出版者著作権管理機構（TEL：03-5244-5088，FAX：03-5244-5089，e-mail：info@jcopy.or.jp）の許諾を得てください．

酒井聡樹 著

これから論文を書く若者のために

【究極の大改訂版】

「これ論」!!

- 論文を書くにあたっての決意・心構えにはじまり，論文の書き方，文献の収集方法，投稿のしかた，審査過程についてなど，論文執筆のための技術や本質を余すところなく伝授している。
- 「大改訂増補版」のほぼすべての章を書きかえ，生態学偏重だった実例は新聞の科学欄に載るような例に置きかえ，本文中の随所に配置。
- 各章の冒頭には要点ボックスを加えるなど，どの分野の読者にとっても馴染みやすく，よりわかりやすいものとした。
- 本書は，論文執筆という長く険しい闘いを勝ち抜こうとする若者のための必携のバイブルである。

A5判・並製・326頁・定価2,970円(税込)・ISBN978-4-320-00595-2

これからレポート・卒論を書く若者のために

【第2版】

「これレポ」!!

- これからレポート・卒論を書く若者全員へ贈る必読書である。理系・文系は問わず，どんな分野にも通じるよう，レポート・卒論を書くために必要なことはすべて網羅した本である。
- 第２版ではレポートに関する説明を充実させ，“大学で書くであろうあらゆるレポートに役立つ”ものとなった。
- ほとんどの章の冒頭に要点をまとめたボックスを置き，大切な部分がすぐに理解できるようにした。問題点を明確にした例も併せて表示。
- 学生だけではなく，社会人となってビジネスレポートを書こうとしている若者や，指導・教える側の人々にも役立つ内容となっている。

A5判・並製・264頁・定価1,980円(税込)・ISBN978-4-320-00598-3

これから学会発表する若者のために

—ポスターと口頭のプレゼン技術—【第２版】

「これ学」!!

- 学会発表をしたことがない若者や，経験はあるものの学会発表に未だ自信を持てない若者のための入門書がさらにパワーアップ！
- 理系・文系を問わず，どんな分野にも通じる心構えを説き，真に若者へ元気と勇気を与える内容となっている。
- ３部構成から成り立っており，学会発表前に知っておきたいこと，発表内容の練り方，学会発表のためのプレゼン技術を解説する。
- 第２版では各章の冒頭に要点がおかれ，ポイントがおさえやすくなった。良い例と悪い例を対で明示することで，良い点と悪い点が明確になった。説明の見直しなどにより，わかりやすさという点でも大きく進歩した。

B5判・並製・206頁・定価2,970円(税込)・ISBN978-4-320-00610-2

www.kyoritsu-pub.co.jp　　共立出版　　(価格は変更される場合がございます)